KAWASAKI ZXR 750

1 Einführung in die Modellreihe

Die ZXR 750 erblickte 1988 das Licht der Welt. Als Schwestermodell der GPZ 900 R ist sie 47 kp leichter und besitzt einen Alu-Doppelschleifrahmen. Der Jahrgang 90 wurde an Zylinderkopf, Vergasern, Kühlsystem und Fahrwerk stark überarbeitet. Der Doppelnockenwellen-Motor wird durch 36er-Keihin-Vergaser mit Kraftstoff versorgt. Der Vierventiler wird durch eine Flüssigkeitskühlung auf dem richtigen Temperaturniveau gehalten. Die Vorderradgabel wie das Uni-Trak-Federbein der Hinterradschwinge sind einstellbar. Am Vorderrad wird eine Doppel-, am Hinterrad eine Einfach-Scheibenbremse eingesetzt. Die elektrische Anlage arbeitet mit 12-Volt-Spannung.

Allgemeine Daten

Abmessungen/Gewichte:

– Länge	2150 mm
– Breite	755 mm

Bild 1
Seitenansicht der ZX 750 H1 Europa

Bild 2
Die ZX 750 H1
ohne Verkleidung

– Höhe	1170 mm
– Radstand	1455 mm
– Bodenfreiheit	110 mm
– Sitzbankhöhe	770 mm

Motor

Typ	Viertakt, Vierzylinder, 2 OHC-Nockenwellen
Kühlung	Flüssigkeitskühlung
Bohrung/Hub	68,0 / 51,5 mm
Hubraum	742 cm^3
Verdichtung	11,3:1
Motorleistung	73,5 kW (100 PS) bei 10000 U/min
Gemischaufbereitung	Vergaser Keihin CVK-D 36×4
Startsystem	Elektrostarter
Zündsystem	Transistor
Zündverstellung	von 10° vor OT / 1000 U/min
Zündzeitpunkt	bis 35° vor OT / 3500 U/min
Zündkerzen	NGK CR9E oder ND U27ESR-N
Zündfolge	1-3-4-2
Numerierung der Zylinder	von links nach rechts 1-2-3-4
Steuerwinkel:	
– Einlass öffnet	36° vor UT
– Einlass schliesst	65° nach OT
– Auslass öffnet	55° vor UT
– Auslass öffnet	35° nach OT
Schmiersystem	Druckumlaufsystem (Nassumpf mit Kühler)
Motorenöl	SAE 10 W-40 / SAE 10 W-50 / 20 W-40 / 20 W-50
	Qualität SE oder SF
Ölinhalt	3,7 Liter

Getriebe/Kupplung

Primärübersetzung	1,732 (97/56)
Kupplung	Mehrscheiben/Ölbad
Anzahl der Gänge	6

Übersetzungen:	
– 1. Gang	1,923 (38/13)
– 2. Gang	2,125 (34/16)
– 3. Gang	1,667 (35/21)
– 4. Gang	1,380 (29/21)
– 5. Gang	1,217 (28/23)
– 6. Gang	1,083 (26/24)
Kraftübertragung:	
– Typ	Kette
– Übersetzung	2,875 (46/16)
– Gesamtübersetzung	5,394 (6. Gang)

Rahmen/Fahrgestell

Typ	Doppelschleifen-Rohrrahmen
Nachlaufwinkel	24,5°
Nachlauf	100 mm
Vorderradreifen	120/70 VR 17-V 260 schlauchlos
Hinterradreifen	170/60 VR 17-V 260 schlauchlos
Vorderradfedern	Telegabel, Federweg 120 mm
Hinterradfedern	Schwinge/Uni-Trak, Federweg 140 mm
Bremsen vorn	Doppelscheiben-Bremse
Bremsen hinten	Einscheiben-Bremse

Elektrik

Batterie	12 V - 14 Ah
Scheinwerfer:	
– Typ	asymmetrisch
– Lampe	12 V links 60/55 W, rechts 55 W
– Rück-Bremslicht	12 V 5/21 W×2
Lichtmaschine:	
– Typ	Drehstrom
– Nennleistung	27 A / 6000 U/min – 14 V

2 Werkzeug

Das Bordwerkzeug eignet sich nicht für umfangreiche Arbeiten. Es sollte mit nachfolgendem Werkzeugsatz ergänzt werden.

1 Satz	Gabelschlüssel 6/7 bis 30/32
1 Satz	Ringschlüssel 15° gekröpft 6/7 bis 30/32
1 Satz	Steckschlüssel 8/9 bis 20/22 plus 30, 32, 36
1 Satz	Inbus-Schlüssel 2 bis 8
1 Satz	Schraubendreher 2 bis 7
1 Satz	Kreuzschlitz-Schraubendreher «Philips»
1 Satz	Kreuzschlitz-Schraubendreher «Pozi-Drive»
1 Satz	Schlosserhämmer (200/500/1000 g)
1	Flachmeissel
1	Kreuzmeissel
1 Satz	Durchschläge
1	Körner
1	Stroboskoplampe
1 Satz	Feilen (Schlicht-, Doppelschlicht-, Schrupp-)
1	Ölstein
1	Abziehstein fein
1	Flachschaber
1	Dreikantschaber
1	Flachzange
1	Rundzange
1	Seitenschneider
1 Satz	Seegerringzangen (innen, aussen)
1	Schlagschraubendreher mit Einsätzen
1	Rätsche 3/8″ Antrieb
1 Satz	Zwölfkant-Stecknüsse-3/8″
1	Rätsche 1/2″ Antrieb
1 Satz	Zwölfkant-Stecknüsse-1/2″
1	Drehmomentschlüssel
1 Satz	Gewindebohrer, metrisch
1 Satz	Schneideisen, metrisch
1 Satz	Heli-Coil Gewindeeinsätze/Eindrehwerkzeug
1	Bohrmaschine stufenlos
1	Werkbank mit Schraubstock
1 Satz	Schraubstockbacken glatt/weich
1 Satz	Abzieher Kukko
1	Industriefön
1	Heizplatte, elektrisch
1	Schieblehre
1	Tiefenmass
1	Messuhr mit Ständer
1 Satz	Schraubenzwingen
1	Ventilfederzange
1	Kolbenringzange
1	Mehrfach-Messinstrument, elektrisch
1	Ölpumpe
1	Saugheber

Dazu sind für bestimmte Arbeiten zusätzlich Spezialwerkzeuge erforderlich, auf die im Text hingewiesen wird. Teilweise sind diese Werkzeuge selbst anzufertigen, sonst beim KAWA-Händler zu beziehen.

3 Störungsursache

Die nachstehenden Hinweise dienen als grobe Richtlinien, wo eine Störung ursächlich sein kann. Meist liegen mehrere Symptome vor, aus denen auf die Ursache geschlossen werden kann.

3.1 Schmiersystem

Ölverbrauch zu hoch:
- Ölverlust
- Kolbenringe/Zylinder verschlissen
- Ventilschaftabdichter verschlissen

Öl verschmutzt:
- Ölwechsel-Filterwechsel-Intervalle nicht eingehalten
- Zylinderkopfdichtung defekt

Öldruck zu gering:
- Ölstand zu niedrig
- Ölpumpe verschlissen
- Überdruckventil defekt
- Öldruckleitungen undicht
- Öltemperatur zu hoch
- Öl verschlissen (Ölwechsel erforderlich)
- Lager verschlissen

Öldruck zu hoch:
- Überdruckventil defekt
- Druckleitung/Filter verstopft
- Falsche Ölviskosität

Kein Öldruck:
- Ölpumpe saugt kein Öl (Lufteinschluss)
- Antrieb der Pumpe defekt
- Motorinternes Leck

3.2 Gemischaufbereitung

Motor springt nicht an:
- Tank leer
- Pumpe defekt
- Filter verstopft
- Schwimmernadel defekt – Vergaser übergelaufen
- Luftfilter-Element stark verschmutzt
- Vergaseranschluss undicht
- Falsche Handhabung

Leerlauf nicht stabil:
- Gemisch falsch eingestellt
- Vergaseranschluss undicht
- Vergaserniveau falsch

Aussetzer beim Beschleunigen:
- Vergasermembran defekt/undicht

Fehlzündungen:
- Gemisch zu mager/zu fett

Mangelnde Motorleistung/Verbrauch zu hoch:
- Vergaser läuft über
- Schwimmerniveau zu hoch
- Luftfilterelement verschmutzt

Mangelnde Motorleistung/Verbrauch niedrig:
- Verstopfte Vergaserdüsen (Hauptdüse)
- Schwimmerniveau zu tief
- Kraftstoffpumpendruck fällt bei hohen Drehzahlen ab
- Tankbelüftung defekt
- Falschluft am Ansaugtrakt

3.3 Zylinderkopf, Ventile, Zylinder

Fehlende Kompression:
- Kein Ventilspiel
- Ventilsitz undicht
- Nockenwellen falsch eingestellt
- Ventilfeder gebrochen
- Zylinderkopfdichtung defekt
- Zylinderkopf verzogen
- Kolben/Kolbenringe defekt

Starke Geräuschentwicklung:
- Zuviel Ventilspiel
- Verschlissene Nockenwelle
- Kolben verschlissen
- Steuerkette verzogen

Starke Rauchentwicklung:
- Zylinderlaufbahn/Kolben verschlissen
- Kolbenringe defekt/falsch eingebaut/Höhenspiel
- Ventilschaftabdichter defekt

Überhitzen:
- Zylinderkopfdichtung lässt Wasser durch
- Ventilsteuerzeiten falsch
- Ventilspiel falsch

3.4 Kupplung, Getriebe

Kupplung rutscht:
- Kupplungsbeläge verschlissen
- Druckfedern lahm
- Federplattenspiel falsch

Kupplung trennt nicht:
- Betätigungshydraulik hat Luft
- Kupplungsscheiben verzogen

Getriebe schwer schaltbar:
- Kupplung trennt nicht vollständig
- Schaltgabeln verbogen
- Schaltwelle verbogen
- Schaltwalze defekt

Gänge springen heraus:
- Schaltklauen verschlissen
- Schaltwalze defekt
- Arretierung der Schaltwalze defekt

3.5 Kurbelgehäuse, Kurbelwelle

Starke Geräusche:
- Kurbelwellenlager verschlissen
- Abtriebkette verschlissen

3.6 Vorderbau

Lenkung schwergängig:
- Lenksäulenmutter zu stark angezogen
- Lagerung im Lenkkopf defekt
- Reifendruck zu niedrig

Vorderrad flattert:
- Felge krumm
- Vorderradlagerung hat Spiel
- Reifen falsch montiert
- Rad hat Unwucht
- Achsmutter nicht festgezogen

Motorrad zieht nach einer Seite:
- Gabelbeine ungleichmässig mit Öl befüllt
- Standrohr verbogen
- Vorderachse verbogen
- Rad falsch montiert

Federung zu weich:
- Gabelfedern lahm
- Fehlendes Gabelöl
- Falsches Gabelöl

Federung zu hart:
- Zuviel Gabelöl eingefüllt
- Falsches Gabelöl

Geräusch beim Einfedern:
- Gleitrohr/Führungsbuchsen verschlissen
- Zuwenig Gabelöl
- Befestigungsteile lose
- Tachoantrieb trocken

3.7 Bremsen

Schlechte Bremswirkung:
- Luft im Hydrauliksystem
- Bremsbeläge verschlissen
- Bremsbeläge verschmutzt/verbrannt
- Bremsscheibe verbrannt

3.8 Hinterrad, Schwinge

Trommeln oder seitliches Flattern des Rades:
- Felge krumm
- Radlager hat Spiel
- Reifen falsch montiert
- Rad hat Unwucht
- Achse nicht festgezogen

Federung zu weich:
- Feder lahm
- Stossdämpfer defekt/falsch eingestellt

Geräusch beim Einfedern:
- Stossdämpfer defekt
- Befestigungsteile lose
- Hebelgelenk verschlissen
- Lagerung der Schwinge defekt

3.9 Elektrik

Kein Strom bei eingeschalteter Zündung:
- Batterie entladen
- Säurestand der Batterie zu niedrig
- Säuredichte falsch
- Batterieanschluss korrosions-isoliert
- Hauptsicherung defekt
- Zündschalter defekt

Zuwenig Spannung bei eingeschalteter Zündung:
- Batterie nicht voll geladen
- Batterieanschluss korrosions-isoliert
- Säureniveau der Batterie zu niedrig
- Säuredichte nicht korrekt

Zuwenig Spannung bei laufendem Motor:
- Lichtmaschine defekt
- Anschlüsse mangelhafter Kontakt

Zeitweilig aussetzende Spannung:
- Lose Anschlüsse
- Defekter Regler/Lichtmaschine

3.10 Zündsystem

Motor springt nicht an:
- Zündunterbrecher auf OFF
- Geber Zündsystem defekt
- Zündkabel/Kerzen schlagen durch
- Zündgerät/Spulen defekt

Motor läuft stotternd oder dreht nicht hoch:
- Zündspule defekt
- Lose Kabel
- Wackelkontakt
- Zündkerze defekt
- Zündkabel schlagen durch
- Zündzeitpunkt falsch eingestellt
- Zündgerät defekt

3.11 Anlasser

Anlasser dreht nicht durch:
- Batterie zu weit entladen
- Zündschalter defekt
- Anlasser-Relaisschalter defekt
- Anschlüsse lose/isoliert

Anlasser dreht nur schwach:
- Batterie zu schwach
- Widerstand im Stromkreis
- Anlasser defekt

Anlasser dreht, treibt aber nicht an:
- Anlasserkupplung defekt
- Anlasser defekt

3.12 Kühlsystem

Zu hohe Motortemperatur:
- Fehlendes Kühlmittel
- Thermostat defekt
- Kühlmittelpumpe defekt
- Wärmetauscher verstopft

4 Wartung

SYMBOLBEDEUTUNG

- ● ⚠ – Wenn besondere Vorsicht angezeigt ist
- ● TIP – Wenn ein Fingerzeig gegeben wird
- ● 👁 – Wenn Inaugenscheinnahme erforderlich ist
- ● 📏 – Wenn genaues Messen erforderlich ist

Wer lange Freude am zuverlässigen Funktionieren seiner Maschine haben will, sollte die nebenstehenden Wartungsarbeiten in den vorgegebenen Zeiträumen vornehmen.
Der Pflegedienst ist bei der Kawasaki 750 ZXR einfach und erfordert wenig Werkzeug und Zeitaufwand.
Die Kawasaki bringt viel Leistung und besitzt einen Motor mit hoher Literleistung.
Die vorgegebenen Wartungsintervalle sollten deshalb eingehalten werden. Liegt eine längere Fahrt an, während der eine Wartung fällig wird, sollten die Wartungsarbeiten vorgezogen werden.
● TIP Im Hinblick auf das Leistungspotential der Maschine sind auch bei Wartungsarbeiten grösste Sorgfalt, gute handwerkliche Fähigkeiten und das entsprechende passende Werkzeug unbedingt erforderlich.

4.1 Inspektionstabelle

Periode	Was zuerst anfällt → ↓	Tachometeranzeige (km)						
Vorgang	alle	1000	5000	10000	15000	20000	25000	30000
Zündkerze reinigen			●	●	●	●	●	●
Zündkerze kontrollieren*			●	●	●	●	●	●
Ventilspiel kontrollieren*		●		●		●		●
Luftansaugventil kontrollieren* (US, W)			●	●	●	●	●	●
Luftfilterelement reinigen		●		●		●		●
Luftfilterelement erneuern	5 Reinigungen					●		
Gasdrehgriffspiel kontrollieren*		●		●		●		●
Leerlaufdrehzahl kontrollieren*		●	●	●	●	●	●	●
Vergasersynchronisierung kontrollieren*		●	●	●	●	●	●	●
Kraftstoffsystem kontrollieren*				●		●		●
Kraftstoffverdunstungsanlage kontrollieren* (Ca)		●	●	●	●	●	●	●
Motoröl wechseln	Jahr	●		●		●		●
Ölfilter erneuern		●		●		●		●
Kühlerschläuche und Anschlüsse kontrollieren*	Jahr	●		●		●		●
Kühlflüssigkeit wechseln	2 Jahre							●
Kraftstoffilter erneuern						●		
Kraftstoffschläuche erneuern	4 Jahre							
Keilriemen der Lichtmaschine nachstellen		●		●		●		●
Kupplungsflüssigkeit kontrollieren*	Monat	●	●	●	●	●	●	●

Periode Vorgang	Was zuerst anfällt → ↓ alle	Tachometeranzeige (km) 1000	5000	10000	15000	20000	25000	30000
Kupplungsflüssigkeit wechseln	2 Jahre					●		
Kupplungsschlauch und Rohr erneuern	4 Jahre							
Kupplungshauptzylindermanschette und Staubdichtung erneuern	2 Jahre							
Nehmerzylinder-Kolbendichtung erneuern	2 Jahre							
Antriebskettenverschleiss kontrollieren*			●	●	●	●	●	●
Antriebskette schmieren	300 km							
Kettenspannung kontrollieren*	800 km							
Bremsbelagverschleiss kontrollieren*			●	●	●	●	●	●
Bremsflüssigkeit kontrollieren*	Monat	●	●	●	●	●	●	●
Bremsflüssigkeit wechseln	2 Jahre					●		
Bremsschlauch erneuern	4 Jahre							
Hauptbremszylinder-Primärmanschette und Staubdichtung erneuern	2 Jahre							
Bremssattel-Kolbendichtung und Staubdichtung erneuern	2 Jahre							
Bremslichtschalter kontrollieren*		●	●	●	●	●	●	●
Lenkung kontrollieren*		●	●	●	●	●	●	●
Steuerkopflager schmieren	2 Jahre					●		
Gabelöl wechseln								●
Reifenverschleiss kontrollieren			●	●	●	●	●	●
Schwingenlagerung und Uni-Trak-Verbindungsstück schmieren				●		●		●
Batterieflüssigkeitsstand kontrollieren		●	●	●	●	●	●	●
Allgemeine Schmierung ausführen			●	●	●	●	●	●
Muttern, Schrauben und Befestigungen kontrollieren		●		●		●		●
Kühlflüssigkeit reinigen*	Jahr							

Bild 3
Wartungsplan

* Höhere Tachometeranzeigen nach den in Frage kommenden Perioden richten
(US) US-Modell
(Ca) Kalifornisches Modell
(W) Schweizerisches Modell

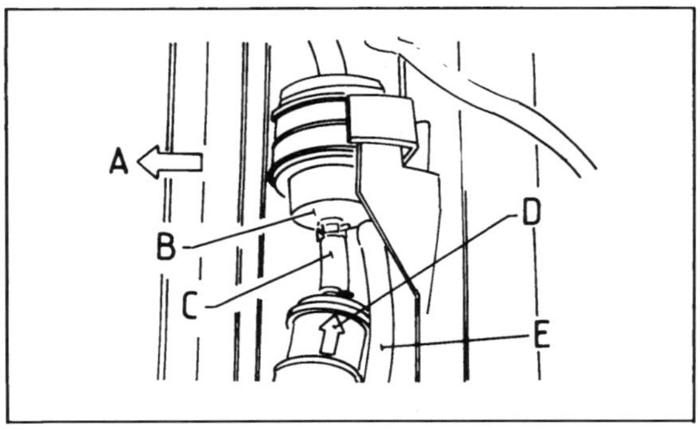

Bild 4
Einbaulage des Kraftstoffilters
A Vorn
B IN-Markierung
C Schlauch Filter-Pumpe
D Pfeil am Filter
E Schlauch zu den Vergasern

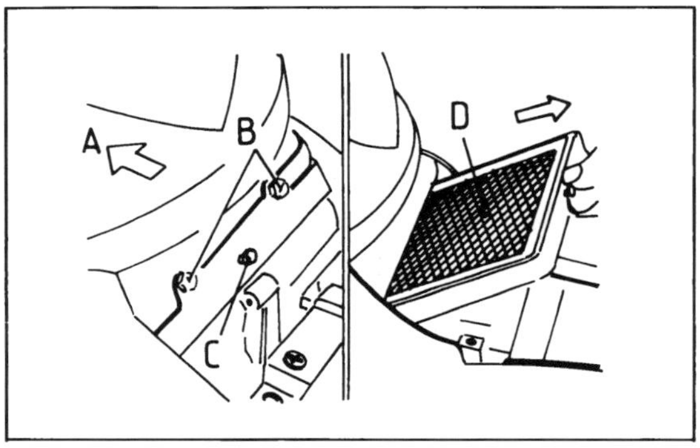

Bild 5
Luftfilter ausbauen
A Front
B Deckelschrauben
C Knopf
D Filterelement

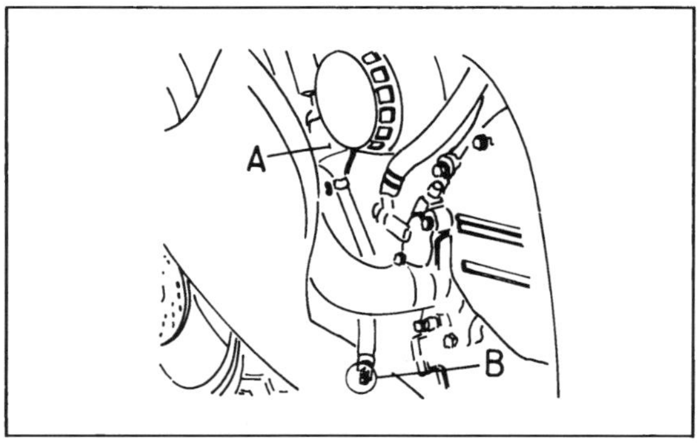

Bild 6
Lage der Ablassschraube
A Auffangbehälter
B Ablassschraube

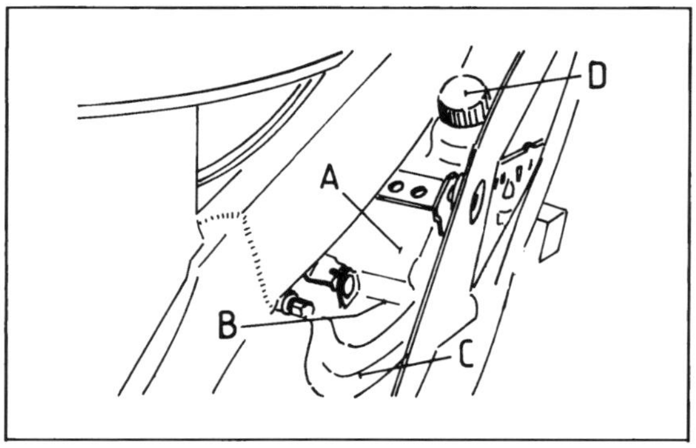

Bild 7
Lage des Ausgleichgefäss
A Ausgleichgefäss
B Max.-Marke
C Min.-Marke
D Einfüllöffnung

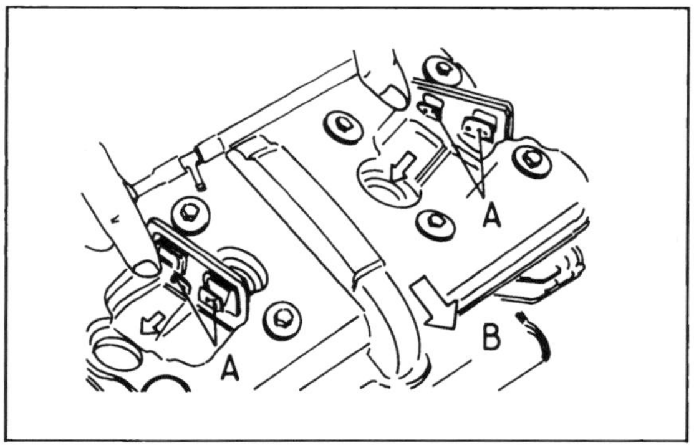

Bild 8
Einbaulage der Ventile
A Anschläge
B Front

4.2 Kraftstoffsystem

Treibstoffilter ersetzen (Bild 4):
- Rechten Seitendeckel demontieren.
- Luftfiltergehäuse abbauen.
- Kraftstoffschlauch vor und hinter dem Filter mit Schlauchklemmen abklemmen.
- Schlauchbriden lösen und Filter abnehmen.
- TIP Neues Filter so einsetzen, dass der Pfeil in Flussrichtung des Kraftstoffs weist.
- Schlauchbriden sorgfältig anbringen und Klemmen entfernen.
- Teile in umgekehrter Reihenfolge der Demontage anbauen.

Reinigen des Luftfilters:
- Vordere Sitzbank entfernen.
- Luftfilterdeckel abschrauben (Bild 5).
- Filterelement herausnehmen.
- Filterelement mit Reinbenzin reinigen.

Arbeit im Freien durchführen und jegliche offene Flamme vermeiden (Rauchverbot).
- Filterelement mit Druckluft vollständig ausblasen.
- Mit fusselfreiem Lappen an Filteraussenseite Motorenöl SAE 20–30 dünn auftragen.
- TIP Element mit Geflechtseite zu den Vergasern weisend einsetzen.
- Demontierte Teile wieder einbauen.

Schmutzfangbehälter des Luftfilters reinigen:
Unter dem Filterelement befindet sich eine Auffangschale für Wasser und Öl.
Die Schale besitzt eine Ablassschraube zum Entfernen der Ansammlung (Bild 6).
- Mit sauberem Lappen Schale sauber reiben.
- Ablassschraube wieder dicht eindrehen.

4.3 Kühlsystem

Prüfen des Kühlmittelstands:
- Niveau wird bei normaler Umgebungstemperatur und kaltem Motor geprüft.
- Fahrzeug waagerecht aufstellen.
- Niveau soll zwischen Min.- und Max.-Marke liegen.

Das Kühlsystem besitzt ein Ausgleichsgefäss, an dem Niveaumarken angebracht sind. Das Kühlmittel darf nur durch den Verschluss des Ausgleichsgefässes eingefüllt werden (Bild 7).
Das Kühlmittel soll aus einer Mischung von destilliertem Wasser und Originalkonzentrat bestehen. Das Mischungsverhältnis beträgt 50/50. Das Originalkonzentrat bewirkt Gefrierschutz bis −35°C beim angegebenen Mischungsverhältnis und schützt die Alu-Teile des Motors gegen Korrosion.

Zur Not kann nur destilliertes Wasser verwendet werden.
Anschliessend ist aber das Mischungsverhältnis wieder richtigzustellen.

Reinigen des Wärmetauschers:
- Verschalung abbauen.
- Mittels Pressluft entgegen der Fahrrichtung Wärmetauscher ausblasen.
- ⚠ Luftpistole dabei so weit wie möglich von Waben entfernt halten, damit diese nicht beschädigt werden. Luftdruck ist entsprechend zu reduzieren.

4.4 Motoroberteil

Abgasreinigungssystem Ausführung Schweiz/Kalifornien.
Inspektion des Luftansaugventils:
- Die Luftansaugventile sind auf dem Ventildekkel angebracht (Bild 8).
- Ventile abnehmen.
- Blattfedern einer Sichtkontrolle unterziehen.
- ⚠Blattfederkontaktfläche auf Rillen, Kratzer, Anzeichen von Abtrennung vom Halter und Hitzeschäden untersuchen (Bild 9).

Bestehen Zweifel, ist das Ventil durch ein Neuteil zu ersetzen.
- Sind die Ventile verschmutzt oder zugesetzt, sind sie mit einem Lösungsmittel sorgfältig zu reinigen.

Ventilflächen dürfen nicht geschabt oder mit irgendeinem Werkzeug bearbeitet werden (der Sitz würde beschädigt).

Vakuum-Schaltventil der Kalifornia-Ausführung prüfen:
- Benzintank abbauen.
- Vakuumventil ausbauen.
- Unterdruckmessgerät gemäss nachstehendem Schema anschliessen (Bild 10).
- Ölheber anbringen.
- Mit Ölheber Unterdruck erzeugen und wieder abbauen. Dabei durch Beobachten des Unterdruckmessers Funktion des Ventils prüfen.
- Ventil muss bei 430 bis 460 mm Hg Unterdruck schliessen (Bild 11).
- Wird Funktion nicht erfüllt, muss Ventil ersetzt werden.

Kompressionsdruck prüfen:
- Motor gründlich warmfahren.
- Benzintank demontieren.
- Zündkerzen ausbauen.
- Kompressionsdruckprüfer an einem Zylinder (Kerzenöffnung) anschliessen (Bild 12).

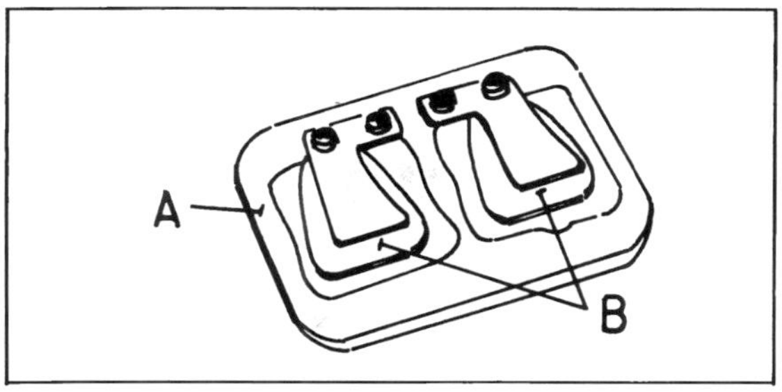

Bild 9
Ventil
A Ventilhalter
B Blattfedern

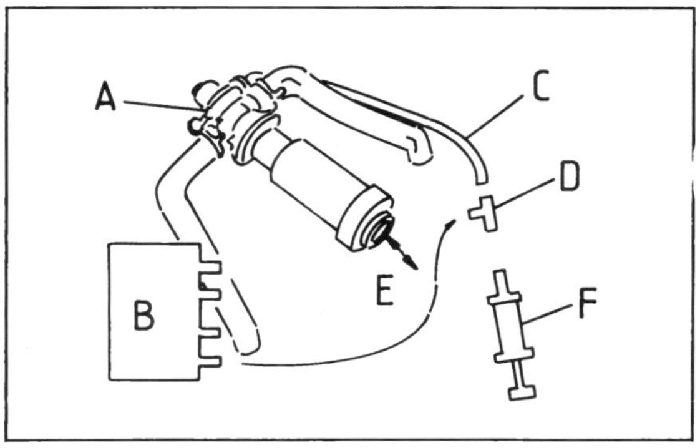

Bild 10
Anschluss-Schema Vakuumventil
A Vakuumventil
B Unterdruckmessgerät
C Schlauch
D Abzweiger
E Ein- und Austritt Luft
F Saugheber

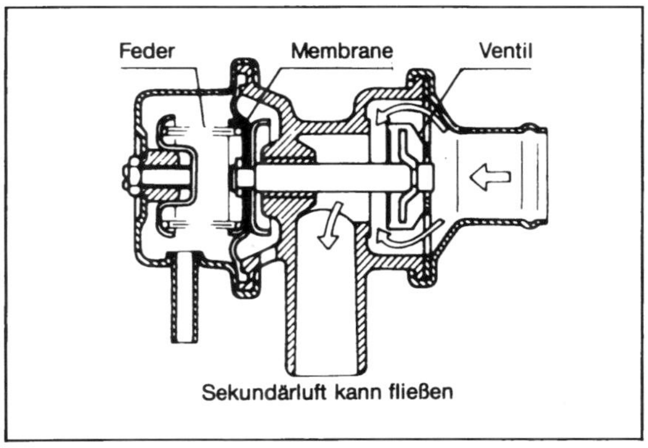

Bild 11 a
Schnitt durch Vakuumventil Stellung bei offener Drosselklappe

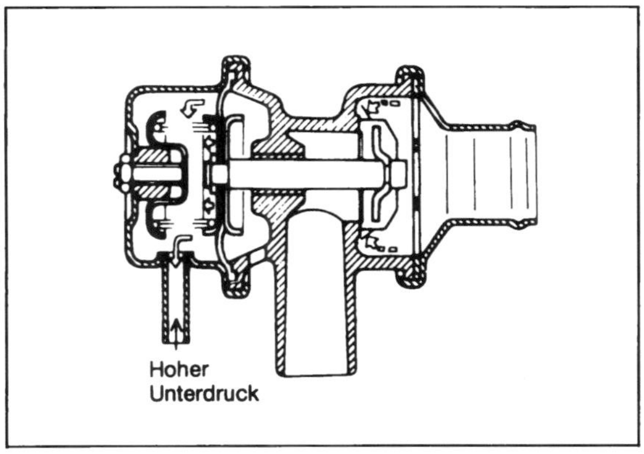

Bild 11 b
Schnitt durch Vakuumventil Stellung bei geschlossener Drosselklappe

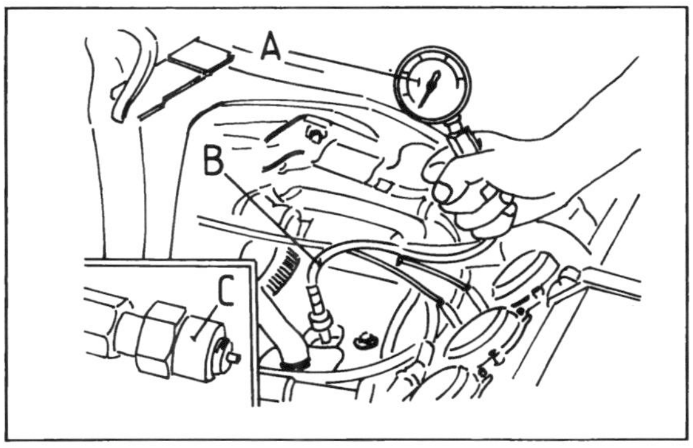

Bild 12
Prüfen der Kompression
A Messgerät
B Adapter
C Dichtung

● Vergaser auf Vollgasstellung bringen und Motor mit Elektrostarter durchdrehen.
Messwert soll zwischen 9,8 bis 15 bar liegen.
Wird der Maximalwert überschritten, prüfen, ob im Brennraum übermässige Russablagerungen vorhanden sind. Wenn ja, diese entfernen.
Liegen die Werte der einzelnen Zylinder mehr als 1,5 bar auseinander, liegt ein Defekt an Ventilen, Kolbenringen oder Zylinderkopfdichtung vor.
Dasselbe gilt, wenn der Wert von 9,8 bar unterschritten wird.

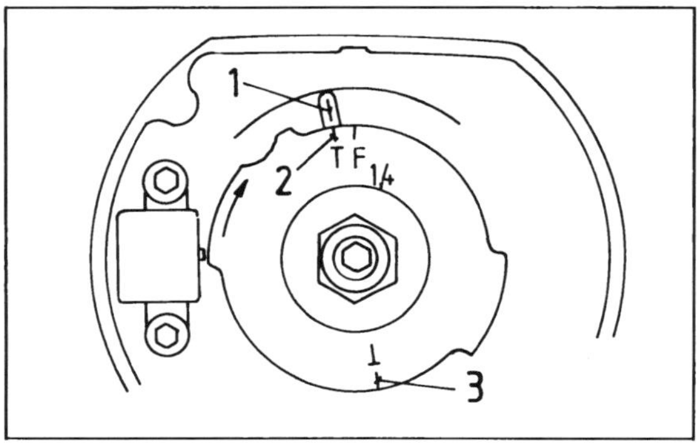

Bild 13
Einstellmarken OT
1 Bezugsmarke
2 OT-Marke Zylinder 1/4
3 OT-Marke Zylinder 2/3

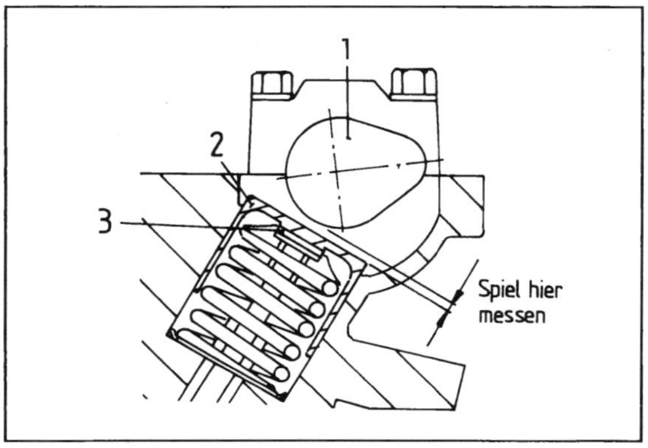

Bild 14
Schnitt durch Ventiltrieb
1 Nocken
2 Ventilstössel
3 Einstellplatte

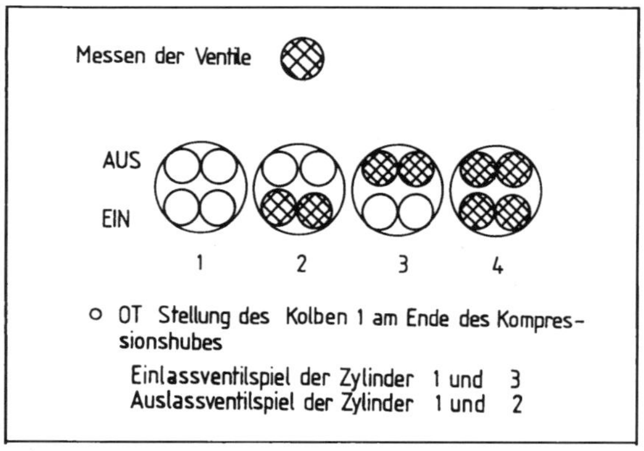

Bild 15
Messschema OT-Zylinder 4

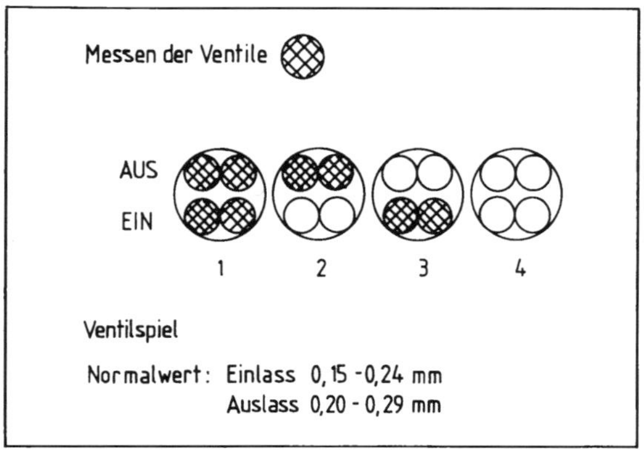

Bild 16
Messschema OT-Zylinder 1

Ventilspiel prüfen:
Ventilspiel wird bei «kaltem» Motor geprüft!
● Deckel des Impulsgebers der Zündung abnehmen.
● Benzintank demontieren.
● Zündspulen entfernen.
● Vergaser abschrauben.
Dazu die entsprechende Kapitel Gemischversorgung/Zündung beachten.
● Leitblech ausbauen.
● Ventildeckel abschrauben.
● Angegebenes Ventilspiel muss bei OT-Lage des zu prüfenden Zylinders/Kolben vorhanden sein.
● OT-Lage der Zylinder 1/4 und 2/3 kann am Impulsgeber der Zündung eingestellt werden (Bild 13).
Zylinder sind von links nach rechts numeriert.
Nocken stehen dabei nicht senkrecht über dem Tassenstössel!
● Spiel wird mit einer einwandfreien Blattlehre ausgemessen. Die Blattlehre von entsprechender Stärke soll satt, mit leichter Klemmung, eingeschoben werden können.
Dazu ist ein wenig Fingerspitzengefühl erforderlich (Bild 14).
Das Ventilspiel soll folgende Werte aufweisen:
Einlass 0,15 bis 0,24 mm
Auslass 0,20 bis 0,29 mm
● Motor auf OT 4. Zylinder drehen.
● Ventilspiel gemäss nachstehendem Schema feststellen (Bild 15).
● Gemessene Werte notieren.
● Motor auf OT 1. Zylinder drehen.
● Ventilspiel gemäss nachstehendem Schema prüfen (Bild 16).
● TIP Werte notieren.
Beim Vorgehen nach dem dargestellten Schema können alle Ventile in zwei Arbeitsgängen vermessen werden.
Werden abweichende Spiele festgestellt, müssen zur Korrektur die Nockenwellen demontiert werden.
● TIP Beachte dazu das entsprechende Kapitel.
● TIP Tassenstössel aus den Bohrungen nehmen und so ablegen, dass sie am selben Ort wieder eingesetzt werden können.
● ⚠ Tassenstössel sind sehr empfindlich auf Schmutz und Deformierungen. Also keine Gewalt anwenden und nur fusselfreie Putzlappen verwenden. Auf Putzfäden verzichten.
● Entnommene Einstellplatten mit Mikrometer 0–25 genau vermessen.
● «Neue» Einstellplatte mit entsprechend korrigierter Stärke auswählen und einsetzen. Auflagen der Platte sollen beidseitig ölfrei sein.

● Tassenstössel in saubere, geölte Bohrung einsetzen.
● Nachdem das zu korrigierende Spiel richtiggestellt ist, Nockenwellen einbauen.
● Jetzt Ventilspiel nochmals feststellen. Bestehen noch Abweichungen, Einstellvorgang wiederholen.
Fahrzeug wieder zusammenbauen.

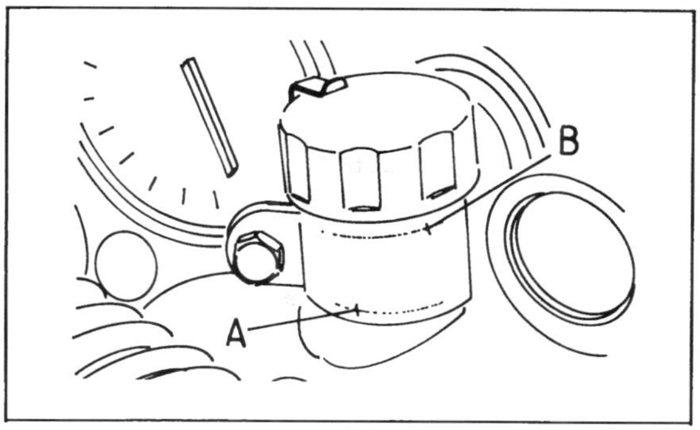

Bild 17
Niveau im Vorratsbehälter
A Min.-Marke
B Max.-Marke

4.5 Kupplung

Betätigung:
Flüssigkeitsniveau prüfen.
● Niveau muss in horizontaler Lage des Motorrads zwischen den Marken liegen (Bild 17).
Zur Ergänzung nur Bremsflüssigkeit Qualität DOT 4 verwenden.
Diese Flüssigkeit wirkt ätzend und zerstört den Lack.
● ⚠ Entsprechend vorsichtig ist damit umzugehen.

Wechseln der Flüssigkeit:
● Deckel des Vorratsbehälters abnehmen.
● Gummikappe vom Entlüftungsventil des Nehmerzylinders entfernen.
● Passenden, transparenten Kunststoffschlauch auf Entlüfternippel stecken. Schlauch in ein Auffanggefäss führen (Bild 18).
● Mittels Saugheber Vorratsbehälter entleeren.
● Mit sauberem weissem Putzlappen Behälter säubern.
● Neue Flüssigkeit einfüllen.
● Entlüfternippel öffnen und Kupplungshebel ziehen (Bild 19).
Nippel schliessen und Kupplungshebel loslassen. Vorgang solange wiederholen, bis neue saubere Flüssigkeit am Entlüfternippel austritt.
Austretende Flüssigkeit muss blasenfrei sein!

Entlüften des Betätigungssystems:
● Kupplungshebel mehrmals betätigen, bis am Boden des Vorratsbehälters keine Luftblasen austreten.
Dadurch ist Oberteil des Systems entlüftet.
● Vorratsbehälter bis zur Max.-Marke auffüllen.
● Passenden, transparenten Kunststoffschlauch auf Entlüfternippel aufstecken.
Schlauch in ein Gefäss führen.
● Kupplungshebel mehrmals betätigen, bis er sich hart anfühlt, Hebel gezogen halten.
● Entlüfternippel öffnen, Gemisch aus Flüssigkeit und Luft entweichen lassen und Nippel wieder verschliessen.
● Kupplungshebel loslassen.
● Vorgang wiederholen, bis blasenfrei Flüssigkeit austritt.

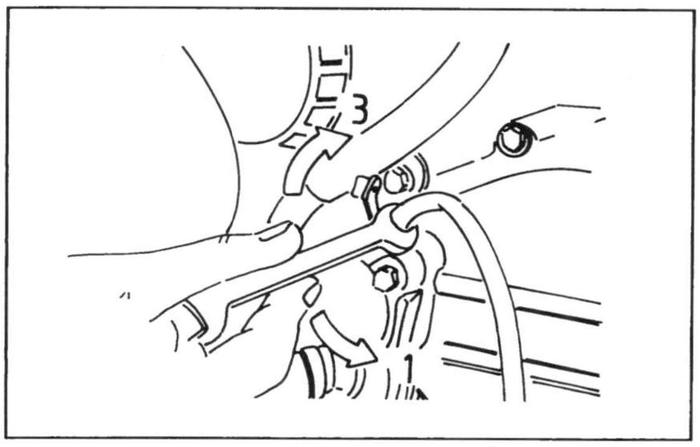

Bild 18
Betätigung des Entlüfters
1 Schliessen
3 Öffnen

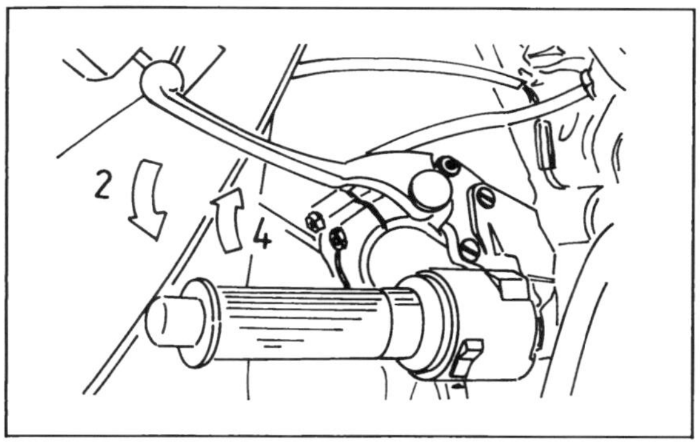

Bild 19
Betätigung des Kupplungshebels
2 Ziehen
4 Lösen

● Niveau im Vorratsbehälter laufend auf Max.-Marke halten.

Geberzylinder:
● Prüfen, ob Zylinder dicht ist.
Tritt Flüssigkeit aus, muss sie komplett ersetzt werden.
● Kann die Kupplung, trotz sorgfältigem Entlüften, nicht ordnungsgemäss betätigt werden, prüfen, ob Ausgleichs- und Zulaufbohrungen vom Vorratsbehälter zum Zylinder frei sind.

Nehmerzylinder:
● Prüfen ob Zylinder dicht ist.
Wird Flüssigkeitsaustritt festgestellt, Zylinder komplett ersetzen.
Wird Zylinder zerlegt und ist die Dichtung beschädigt, muss diese ersetzt werden.

Federplattenspiel der Kupplung:
● Wenn Kupplungsspiel nicht ausreichend, beginnt das Hinterrad beim Schalten zu springen.

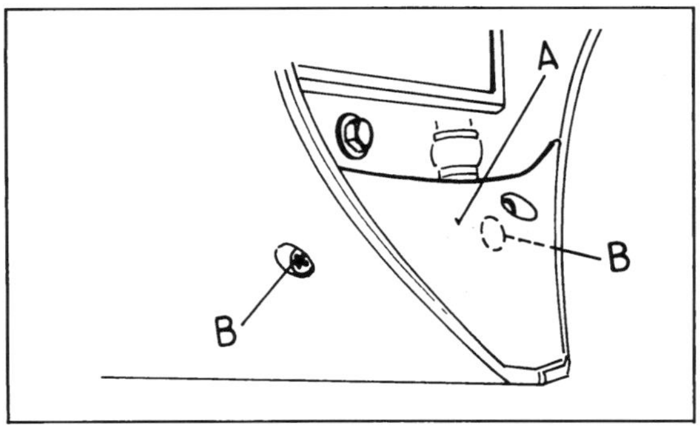

Bild 20
Verkleidung vorn-unten demontieren
A Verkleidung
B Schrauben

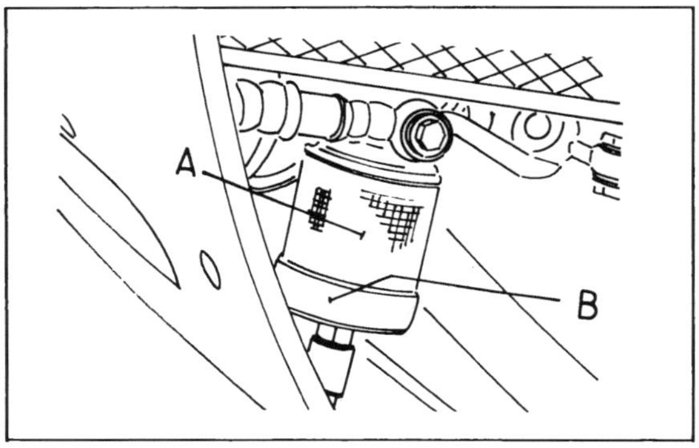

Bild 21
Lage des Ölfilters
A Filter
B Filterschlüssel 57001-1249

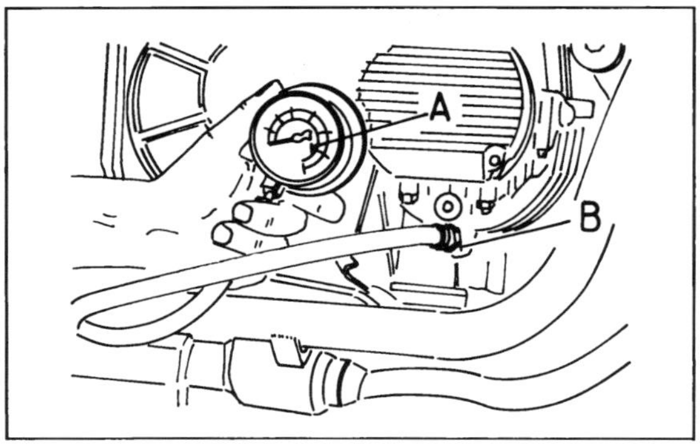

Bild 22
Ölmanometer anschliessen
A Ölmanometer 57001-164
B Adapter 57001-1233

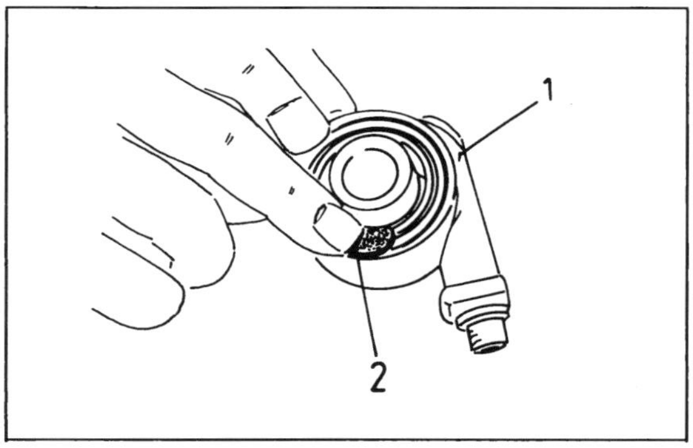

Bild 23
Tachontrieb schmieren
1 Gehäuse
2 Schmieren

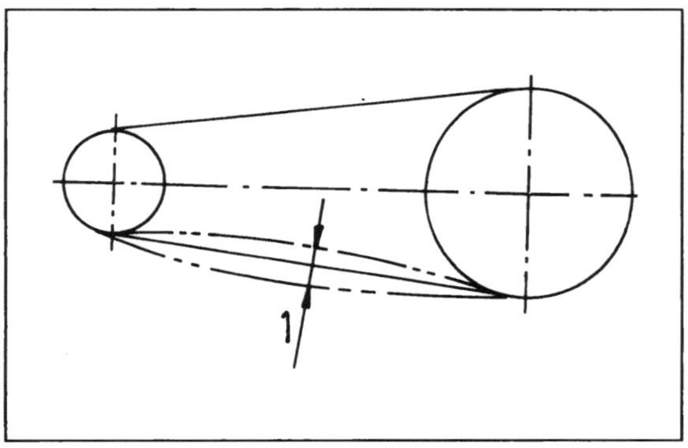

Bild 24
Kettendurchhang
1 Durchhang

Wenn sich Kupplungshebel teigig anfühlt, ist das Federplattenspiel zu gross.
Zum Nachstellen dieses Spiels muss die Kupplung demontiert werden. Beachte dazu das Kapitel «Kupplung einstellen».

4.6 Schmiersystem

Prüfen des Ölniveaus:
- Motorrad in waagerechte Position bringen.
- Deckel zum Schauglas abnehmen.
- War der Motor kurz vorher in Betrieb, einige Minuten warten, bis sich das Öl in der Ölwanne gesammelt hat.
- Niveau soll zwischen den beiden Marken liegen.
- Wird Öl nachgefüllt, einige Minuten warten, bis das Öl in der Wanne angelangt ist. Zu hohes Ölniveau bedingt vermehrte Planscharbeit des Kurbeltriebs zu Lasten der Leistung.

Ölwechsel:
- Motor gründlich warmfahren.
- Ablassschrauben lösen und Öl in ein Gefäss fliessen lassen.
- Vordere, untere Verkleidung abnehmen (Bild 20).
- Ölfilter abschrauben und das ausfliessende Öl auffangen.
- Ablassschraube mit neuer Dichtung eindrehen und mit 20 Nm festziehen.
- Neues Ölfilter an der Dichtung schmieren (Motorenöl).
- Filter aufdrehen und mit 20 Nm festziehen.
- 2,9 Liter Motorenöl SAE 10W-40 oder 20W-50 (je nach Klima) einfüllen.
- Verkleidung wieder anbauen.

Messen des Öldrucks:
Öffnungsdruck des Überdruckventils messen. Dieser Druck wird bei kaltem Motor geprüft.
- Rechte untere Verkleidung demontieren.
- Verschlussschraube des Ölkanals entfernen.
- Ölmanometer anschliessen (Bild 22).
- Motor starten und anliegenden Druck feststellen.

Überdruckventil soll den Druck bei 3,2 bis 5,5 bar regulieren.
Wird der Druck wesentlich überschritten, muss die Ursache sofort festgestellt werden.
Messen des Öldrucks bei warmer Maschine:
- Motor warmfahren.
- Ölmanometer anschliessen.
- Druck soll bei 2,7 bis 3,7 bar bei 4000 U/min und 90° Öl liegen.

Wird dieser Druck unterschritten, Ölqualität, Ölwechselintervall, Ölpumpe, Überdruckventil oder Kurbelwellenlager (Haupt- und Pleuellager) prüfen.

4.7 Räder/Reifen

Reifendruck prüfen:
● Druck wird bei kalten Reifen gemessen.
● Druck soll folgende Werte aufweisen:
Vorn 2,5 bar
Hinten 2,9 bar

Prüfen der Reifen:
● Durch Sichtkontrolle Schäden, wie Risse oder Schnitte, feststellen. Sind solche vorhanden, Reifen ersetzen.
● Profiltiefe in Reifenmitte mit Profillehre feststellen.
Vorne:
– Normalwert 4,0 mm
– Grenzwert 1,0 mm
Hinten:
– Normalwert 6,0 mm
– Grenzwert 2,0 mm bis 130 km/h
– Grenzwert 3,0 mm über 130 km/h
Tachometerantrieb schmieren (Bild 23):
● Umgebung des Tachoantriebs reinigen.
● Tachosaite von Antriebsgehäuse abnehmen.
● Befestigungsmutter lösen und Gehäuse abnehmen.
● Noch vorhandenen Schmutz entfernen.
● Öffnung des Gehäuses mit Wälzlagerfett füllen.
● Gehäuse mit neuer Dichtung aufsetzen. Darauf achten, dass Mitnehmeraussparung eingreift.
● Gehäuse festziehen und Saite anbringen.
Wird ein Defekt am Antrieb festgestellt, komplettes Gehäuse ersetzen.

4.8 Hinterradantrieb

Antriebskette:
Spannen der Kette.
● Motorrad auf den Seitenständer stellen.
● Kettendurchhang messen (Bild 24).
Sollwert beträgt:
– normal 20–25 mm
– Grenzwert 30 mm
● Beim Messen des Durchhangs prüfen, ob mittlere Markierung am Exzenternocken mit Spalt in der Schwinge fluchtet (Bild 25).
● Prüfen ob die Markierungen der Steckachse auf beiden Seiten der Schwinge dieselbe Stellung haben (Ausrichten des Rades).

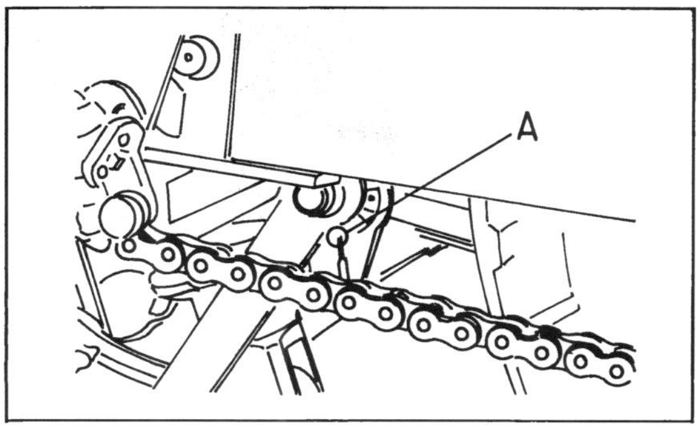

Bild 25
Markierung Nocken-Schwinge
A Mittlere Markierung
B Spalt

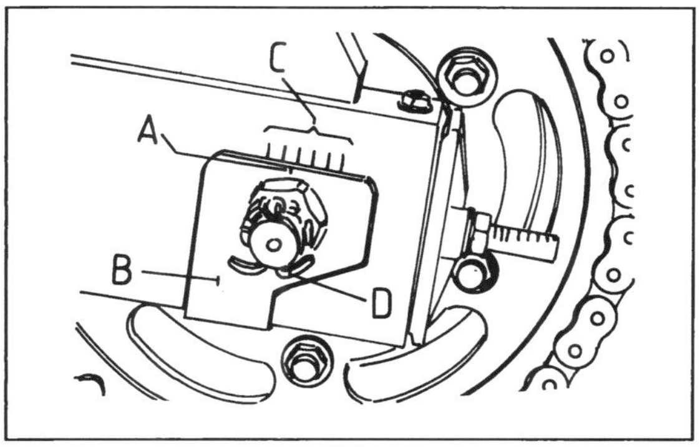

Bild 26
Skala linke Schwingenseite
A Kerbe
B Abdeckung
C Skala auf der Schwinge
D Sicherungssplint

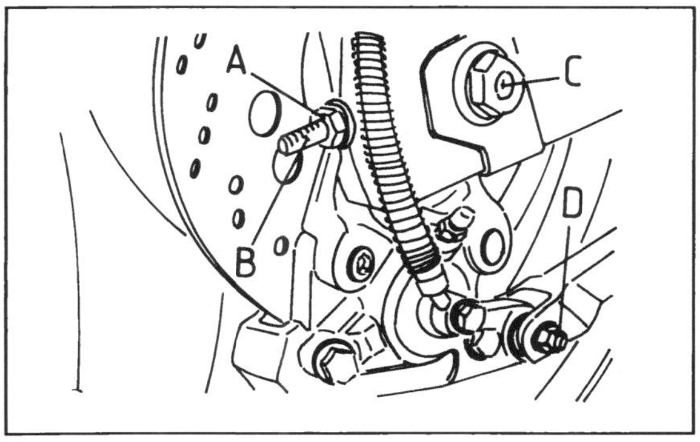

Bild 27
Kettenspanner rechts
A Gegenmutter
B Spannschraube
C Achse
D Zugankermutter

Spannen der Kette:
● Achsmutter lösen.
● Gegenmutter an beiden Spannern lösen.
● Spannerschrauben so drehen, dass beidseitig dieselben Skalenwerte vorhanden sind und der Durchhang der Kette 20 bis 25 mm beträgt. (Bild 26 und 27)
● Gelöste Muttern wieder festziehen.
Kettenverschleiss prüfen:
● Am unteren Trumm der Kette 10 kp Gewicht anhängen (Bild 28).
● Kettenlänge über 20 Glieder, Mitte – Mitte Bolzen messen.
Normalwert beträgt 317,5 bis 318,4 mm.
Grenzwert 323 mm.
● Messung an verschiedenen Stellen der Kette vornehmen.
● Wird Grenzwert überschritten, müsse Kette, Ritzel und hinteres Kettenrad ersetzt werden.

Reinigen/Schmieren der Kette:

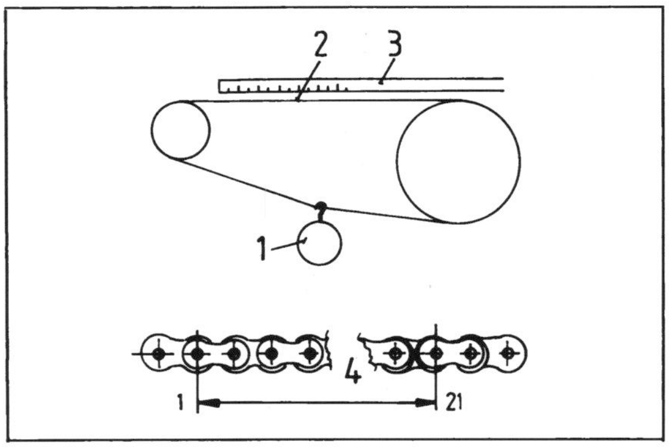

Bild 28
Gewicht anbringen
1 Gewicht 10 kp
2 Oberes Trumm
3 Lineal
4 Messlänge

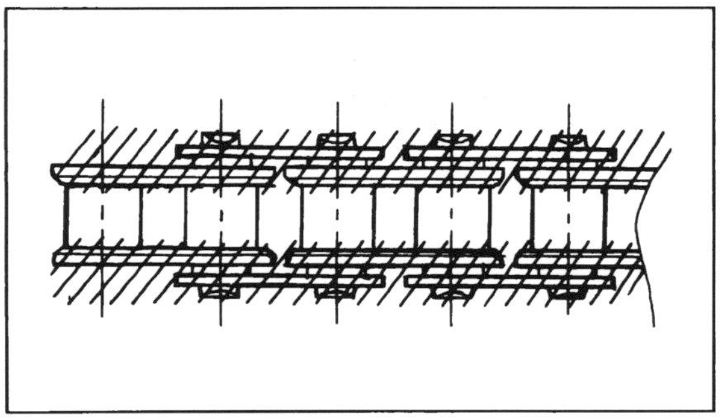

Bild 29
Schmieren der Kette
graue Stellen – Öl auf diese Flächen auftragen

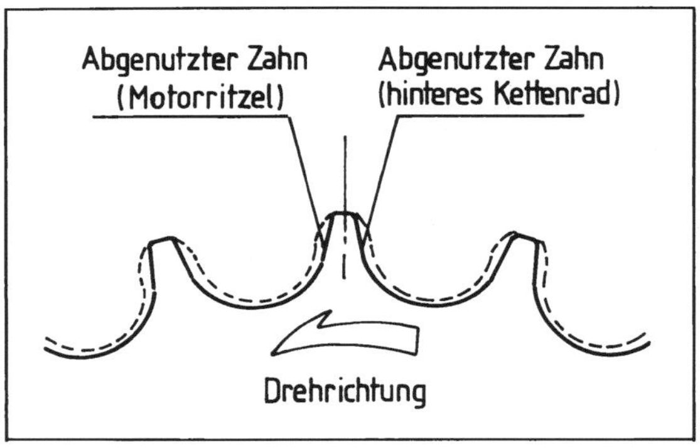

Bild 30
Kettenradverschleiss

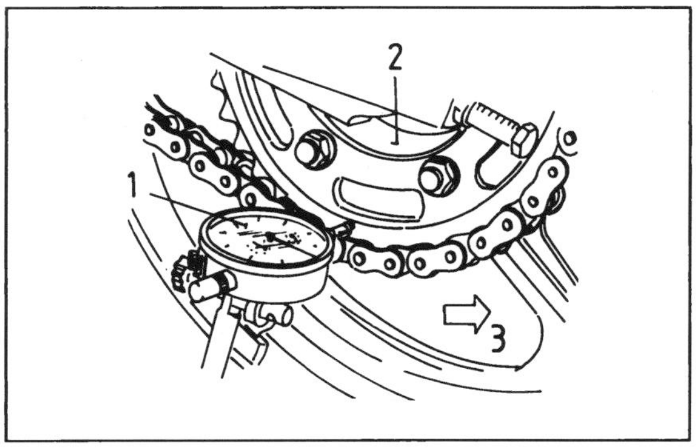

Bild 31
Seitenschlag des Kettenrades
1 Messuhr
2 Kettenrad hinten
3 Drehrichtung

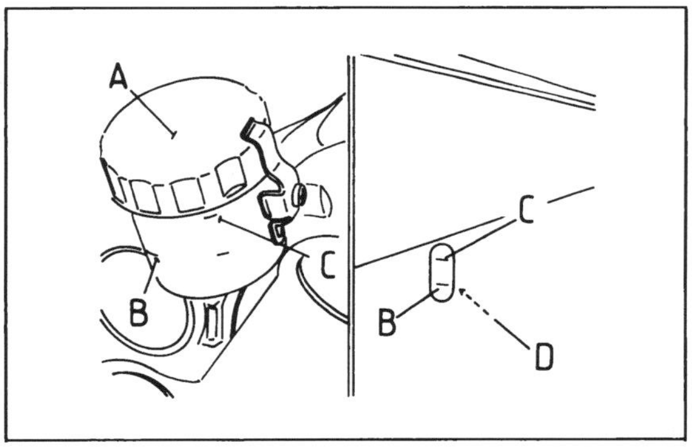

Bild 32
Vorratsbehälter
Bremsflüssigkeit
A Behälter Vorderrad
B Min.-Marke
C Max.-Marke
D Behälter Hinterrad

● Kette ist standardmässig mit O-Ringen ausgerüstet. Zum Reinigen darf nur Diesel oder Kerosin verwendet werden. Andere Lösungsmittel lassen die O-Ringe quellen, wodurch sie unbrauchbar werden.
● Nach Reinigung Kette sofort abtropfen lassen und mittels schwachem Druckluftstrahl abblasen.
● Kette anschliessend mit Kettenschmieröl bestreichen. Wenn kein Spezialschmiermittel zur Verfügung steht, dickes EP-Hypoidöl (SAE 90) verwenden (Bild 29).

Kettenrad hinten prüfen:
● Der dargestellte Kettenradverschleiss ist übertrieben, stellt sich aber in etwa so ein (Bild 30).
● Durch Sichtkontrolle diesen Verschleiss prüfen.
● Kettenradverzug kontrollieren (Bild 31).
Messuhr seitlich am Kettenrad ansetzen und durch Drehen des Rades Verzug feststellen.
Als normal gilt ein Wert von unter 0,4 mm.
Grenzwert 0,5 mm.
● Wird Verschleiss oder Verzug festgestellt, sind Kettenrad, Ritzel und Kette zu ersetzen. Diese Teile sind meist ebenfalls verschlissen und ruinieren die neu eingebauten Teile in Kürze.

4.9 Bremsen

Bremsflüssigkeitsstand:
● Dieses Fahrzeug hat für Vorder- und Hinterrad je einen Vorratsbehälter (Bild 32).
● Niveau im Vorratsbehälter soll sich zwischen beiden am Behälter angebrachten Marken befinden.
● Bremsflüssigkeit ist ätzend und greift Lacke an.
Entsprechend vorsichtig und sorgfältig damit umgehen!
● Als Bremsflüssigkeit nur Qualität DOT 4 verwenden.
● Zur Kontrolle und Ergänzung des Niveaus Motorrad waagerecht stellen.

Bremsflüssigkeitswechsel:
● Bremsflüssigkeit sollte alle zwölf Monate ausgewechselt werden. Diese Flüssigkeit ist hygroskopisch und nimmt deshalb sehr leicht Wasser auf, wodurch der Siedepunkt sinkt. Bei starker Beanspruchung der Bremsen kann es dadurch zum Ausfall der Bremsen kommen.
● Behälterdeckel abnehmen.
● Gummikappe am Entlüfter der Bremszange entfernen.
● Passenden transparenten Kunststoffschlauch am Entlüfter anbringen.

● Das andere Ende des Schlauchs in ein Gefäss führen.
● Mit Saugheber Vorratsbehälter entleeren.
● Behälter mit sauberem Lappen reinigen.
● Neue Bremsflüssigkeit bis zur Max.-Marke einfüllen.
● Entlüfternippel öffnen und Bremshebel ziehen.
● Nippel wieder schliessen und Bremshebel loslassen.
● Vorgang solange wiederholen, bis saubere Flüssigkeit am Nippel austritt.
Austretende Flüssigkeit muss blasenfrei sein! Niveau laufend ergänzen, damit keinesfalls Luft angesaugt werden kann.
● Bremshebel muss sich anschliessend hart und bestimmt anfühlen.
Ist er weich und «gummig», befindet sich Luft im System, die durch dessen Entlüften entfernt werden muss.

Entlüften der Bremsen:
●⚠ Wurde das hydraulische System der Bremsen geöffnet, oder es gelangte beim Bremsölwechsel Luft in das System, müssen Bremsleitungen und Zylinder entlüftet werden. Das System arbeitet nur dann einwandfrei, wenn es frei von Lufteinschlüssen ist.
● Vorratsbehälter bis zur Max.-Marke mit neuer Bremsflüssigkeit auffüllen.
● Mit Bremshebel mehrmals pumpen, bis am Boden des Vorratsbehälters keine Blasen mehr austreten.
● Passenden transparenten Kunststoffschlauch am Entlüfternippel der Bremszangen anbringen.
● Schlauch in sauberen Behälter führen.
● Mit Bremshebel pumpen, bis Druck spürbar ist. Hebel und Druck halten.
● Entlüfternippel öffnen und Flüssigkeit/Luft ausströmen lassen.
● Nippel wieder schliessen.
● Diesen Vorgang solange wiederholen, bis die Flüssigkeit blasenfrei austritt.
● Vorratsbehälter laufend nachfüllen.
●⚠ Folgende Vorsichtsmassnahmen und Verhaltensregeln müssen unbedingt beachtet und eingehalten werden:
● Einmal verwendete Bremsflüssigkeit darf nicht mehr verwendet werden.
● Nur Flüssigkeit aus verschlossenen Behältern verwenden.
● Verschiedene Flüssigkeiten nicht vermischen.
● Vorratsbehälter und Bremsflüssigkeitsbehälter nach Einfüllen oder Entnahme sofort wieder verschliessen.
● Arbeiten am hydraulischen System nur in überdachten Räumen durchführen.

Einstellen des Fussbremshebels:
Grundstellung des Fussbremshebels ist 55 mm unterhalb des Fussrasters (Bild 33).
● Gegenmutter am Bremszylinder lösen.
● Druckstange am Sechskant drehen, bis gewünschte Position erreicht ist (Bild 34).
● Gegenmutter mit 18 Nm festziehen.
Nachstellen des Bremslichtschalters:
Bremslicht soll nach 10 mm Pedalweg aufleuchten.
● Am Schalter Einstellmutter so verdrehen, dass obenstehende Funktion erfüllt wird (Bild 35).
Schaltergehäuse darf nicht verdreht werden, sonst können die internen Kontakte beschädigt werden.

Bremsbeläge vorn ersetzen:
● Bremsklotzfeder ausbauen. Dazu die beiden Schrauben B entfernen (Bild 36).
● Federsicherung ausziehen (Bild 37).
● Haltestift der Beläge austreiben.
● TIP Bremsbeläge aus den Schächten ziehen.
Werden die alten Beläge wieder verwendet, müssen sie am selben Ort wieder eingebaut werden.
Werden neue Beläge eingebaut, so müssen die

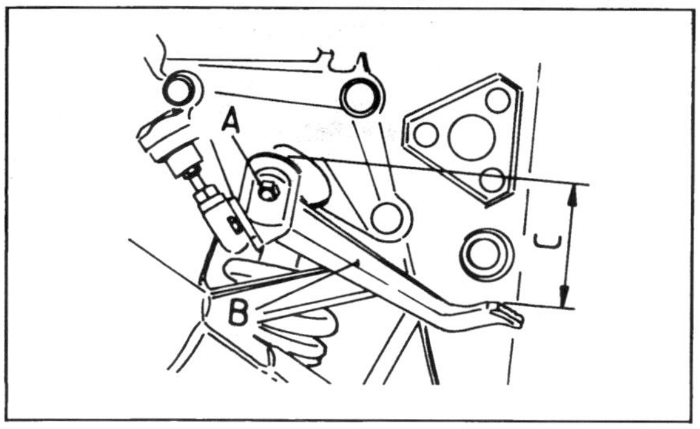

Bild 33
Grundstellung des Fussbremshebels
A Fussraste
B Fussbremshebel
C Mass 55 mm

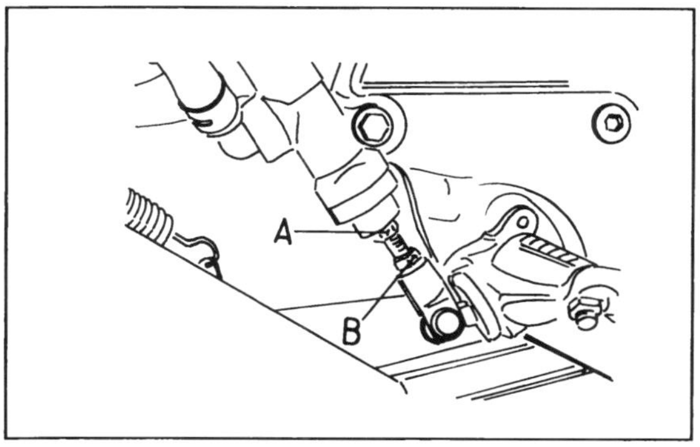

Bild 34
Druckstange Bremszylinder hinten
A Sechskant der Druckstange
B Kontermutter

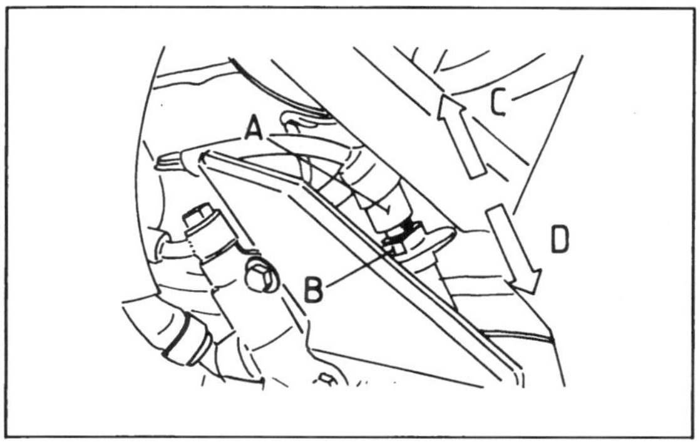

Bild 35
Lage des Bremslichtschalters
A Schalter
B Einstellmutter
C Leuchtet früher auf
D Leuchtet später auf

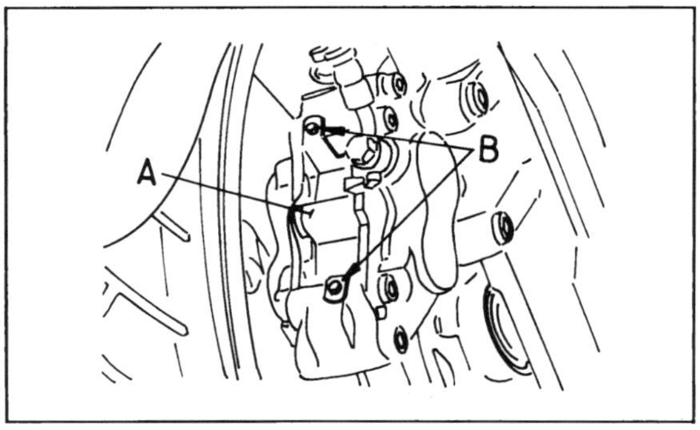

Bild 36
Einbaulage der Bremsklotzfeder vorn
A Bremsklotzfeder
B Schrauben

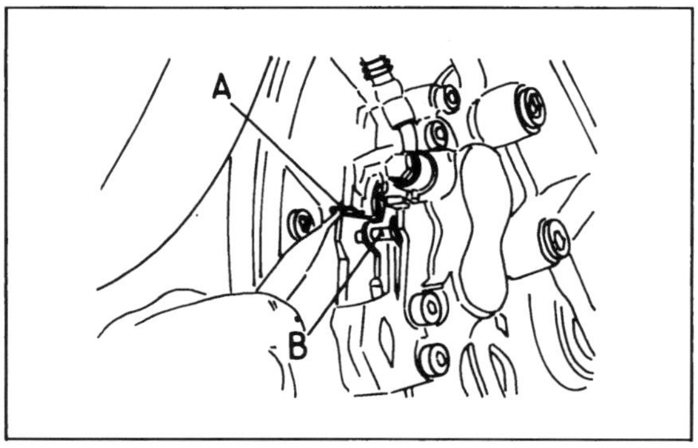

Bild 37
Bremsklotz ausbauen
A Federsicherung
B Stift

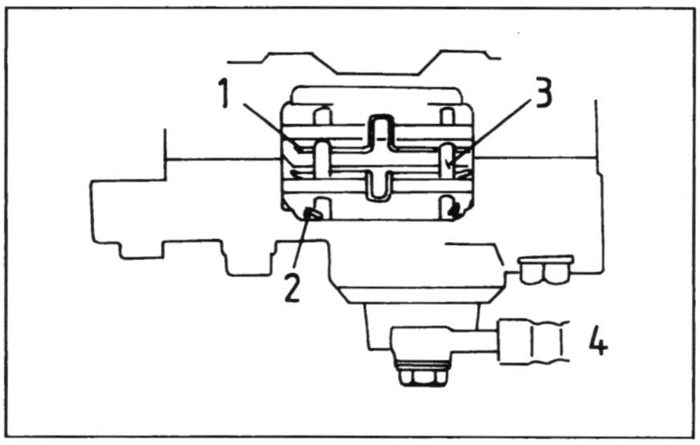

Bild 38
Federsicherungen Hinterradbremszange
1 Feder
2 Federsicherung
3 Haltestifte
4 Bremsölleitung

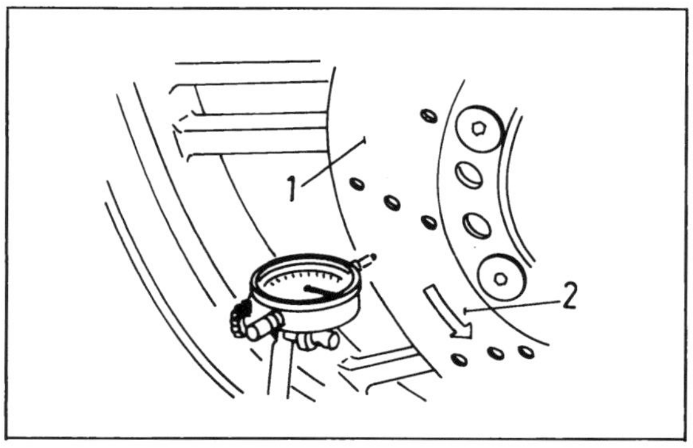

Bild 39
Schlag der Bremsscheibe messen
1 Bremsscheibe
2 Drehrichtung

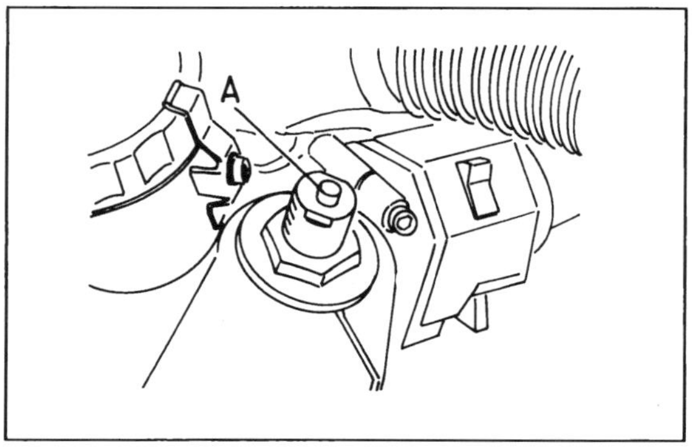

Bild 40
Einsteller für den Dämpfer
A Einsteller

Bremskolben mit einer Kolbenrücksetzzange vollständig zurückgedrückt werden.
Dazu darf kein anderes Werkzeug verwendet werden, sonst können Kolben und Manschetten beschädigt werden.
Aus Vorratsbehälter der Bremsflüssigkeit überschüssige Flüssigkeit absaugen.
Werden verbrannte Manschetten oder klemmende Kolben festgestellt, so ist die komplette Bremszange zu ersetzen. Auf einen Reparaturversuch sollte aus Sicherheitsgründen verzichtet werden.

- Bremsbelagschächte von Schmutz reinigen.
- Neue Beläge an den Gleitflächen dünn mit Trockenschmiermittel bestreichen.
- Beläge in Schächte einsetzen. Dabei auf leichtes Gleiten der Beläge achten.
- Stift einsetzen und Sicherung montieren.
- Bremsfeder einbauen.

Bremsbeläge hinten ersetzen:
Es gelten die gleichen Grundregeln wie vorstehend beschrieben.

- Federsicherungen der Haltestifte abziehen.
- Haltestifte austreiben (Bild 38).
- Federklammer entnehmen.
- Beläge aus Schächten ziehen.
- Bremskolben mit Rücksetzzange in Grundstellung zurückdrücken.
- Schächte reinigen.
- Beläge an Schmalseite dünn mit Trockenschmiermittel versehen.
- Beläge einsetzen und Haltestifte mit Feder einsetzen.
- Federsicherungen montieren.
- ⚠ Achtung: Nach Einsetzen der Beläge müssen diese durch mehrmaliges Betätigen der Bremsen an die Bremsscheiben angelegt werden. Ansonsten ist bei der ersten Bremsung in Fahrt keine Bremswirkung vorhanden.

Prüfen des Bremsscheiben-Schlages:

- Messuhr seitlich an Bremsscheibe ansetzen (Bild 39).
- Normalwert des Schlages beträgt max. 0,2 mm. Grenzwert 0,3 mm.
- Wird dieser Grenzwert überschritten, muss Bremsscheibe ersetzt werden.

4.10 Federung

Dämpfereinstellung Vorderradgabel:

- Der Einsteller kann in 13 Stufen verstellt werden (Bild 40).

Pro Stufe ist eine Raste vorhanden.
Beim Drehen des Einstellers ist beim Erreichen

der Dämpferstufe ein Klicken hörbar.
- Beide Dämpfer der Vorderradgabel müssen dieselbe Einstellung aufweisen, ansonsten wird das Fahrverhalten unsicher.
- Wird Einstellung verändert, Einsteller immer in Position 13 drehen, und danach die gewünschte Anzahl Rasten (Klicks) eindrehen.
- Einstellung bei 68 kp Fahrergewicht (ohne Beifahrer) ist die Stufe 4.

Ist der Fahrer schwerer oder soll mit hoher Geschwindigkeit gefahren werden, sind die Dämpfer entsprechend nachzustellen. (Bild 41).

Stellung des Einstellers	Dampfungskraft	Einstellung	Belastung	Straße	Geschwindigkeit
12-13		weich	leicht	gut	niedrig
↑↓	↓	↑↓	↑↓	↑↓	↑↓
0	härter	hart	schwer	schlecht	hoch

Bild 41
Einstelldiagramm

Einstellung der Federvorspannung:
- Für höhere Federvorspannung ist Einsteller nach innen, für niedrigere nach aussen zu drehen (Bild 42).
- Einstellung für einen Fahrer mit 68 kp Gewicht ist ein Mass A von 16 mm (Bild 43).
- Einstellbereich beträgt 5 bis 20 mm.
- Beide Federbeine müssen unbedingt die gleiche Einstellung aufweisen (Bild 44).

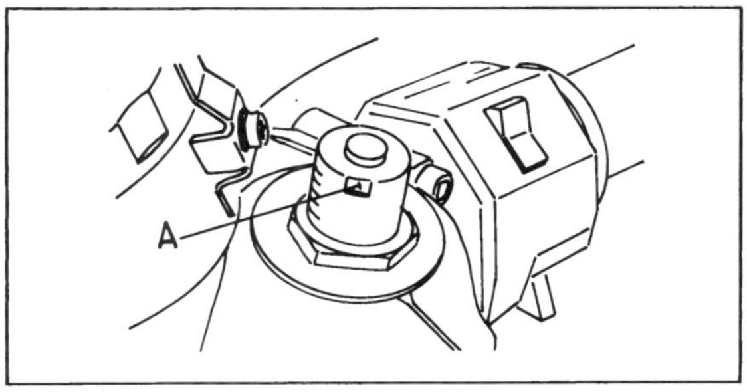

Bild 42
Einsteller für Federvorspannung
A Schlüsselweite

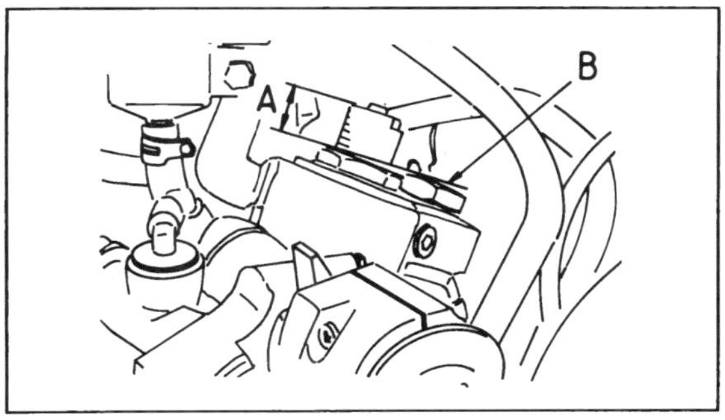

Bild 43
Messpunkte Federvorspannung
A Einstellmass
B 6,5 mm-Markierungen

Stellung des Einstellers	Dämpfungskraft	Einstellung	Belastung	Straße	Geschwindigkeit
20 mm		weich	leicht	gut	niedrig
↑↓	↓	↑↓	↑↓	↑↓	↑↓
5 mm	härter	hart	schwer	schlecht	hoch

Bild 44
Wirkung der Einstellungen

Gabelöl ersetzen:
- Gabelbein ausbauen (siehe «Ausbau der Vorderradgabel»).
- Folgende Teile abbauen (Bild 45):

Verschlussstopfen oben
Federteller
Feder
- Gabelbein mit Oberteil nach unten halten und Öl in ein Gefäss auslaufen lassen.
- TIP Mit Kolbenstangen-Abziehwerkzeug Kolbenstange mindestens zehnmal hin und her bewegen, um das gesamte Öl aus der Gabel herauszupumpen (Bild 46).
- Vorgeschriebene Menge Gabelöl einfüllen.

Viskosität SAE 5 W.
Menge pro Gabelbein (Ölwechsel) 380 cm^3 (vollständig trocken 445 ± 4 cm^3).
- Wenn erforderlich, kann der korrekte Ölstand wie folgt gemessen werden:

Aussenrohr senkrecht in Schraubstock festhalten.
Mit Innenrohr mehrere Pumpbewegungen ausführen, bis Luft entwichen ist.
Mit Kolbenstangen-Abzieher Kolben mindestens zehnmal hin und her bewegen.
Warten, bis sich Ölniveau stabilisiert hat.
Kolbenstange vollständig einführen.
Bei vollständig eingefahrenem Gabelbein mit Bandmass Ölniveau ab Oberkante Innenrohr feststellen.
Mass soll 135 mm betragen (ohne eingebaute Feder).

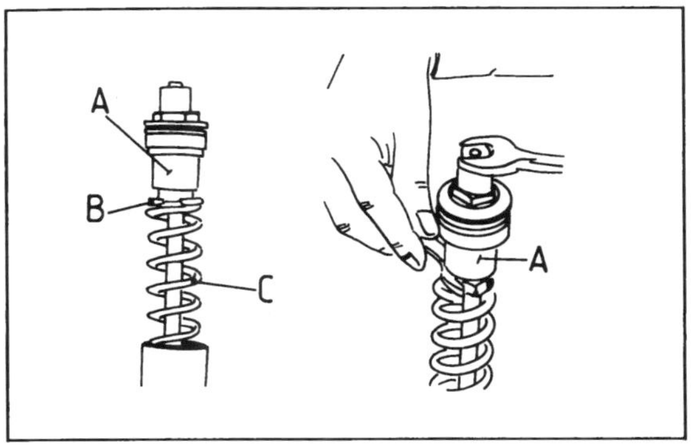

Bild 45
Auszubauende Teile
A Verschlussstopfen oben
B Federteller
C Feder

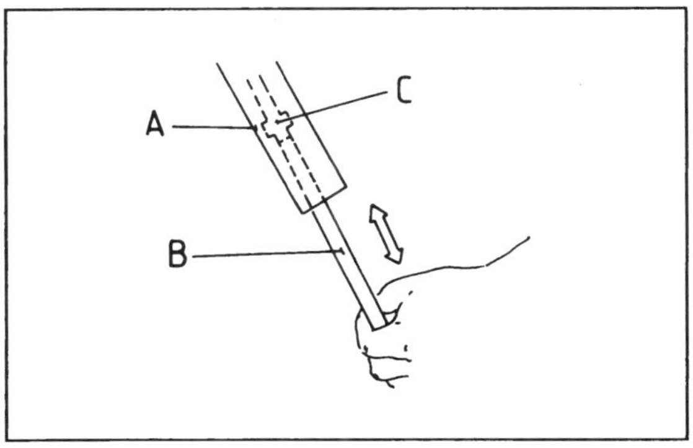

Bild 46
Öl entfernen
A Innenrohr
B Abziehwerkzeug 57001-1298
C Kolbenstange

Dämpfereinstellung Hinterradstossdämpfer:
- Kunststoffkappe am unteren Ende des Stossdämpfers abziehen.

● Einsteller auf gewünschte Marke drehen, bis ein Klicken hörbar ist (Bild 47).
● Grundeinstellung bei 68 kp Fahrergewicht (ohne Beifahrer) ist Stufe II.
Es stehen vier Stufen zur Verfügung. Je höher die Stufe, desto härter die Dämpfung.

Einstellung der Federvorspannung:
● Stossdämpfer ausbauen (Ausbau des Stossdämpfers)
● Gegenmutter der Einstellmutter lösen.
● Einstellmutter auf gewünschte Position drehen.
Grundeinstellung für 68 kp Fahrergewicht (ohne Beifahrer) 10 mm Federvorspannung, gemessen ab der ungespannten Federlänge (Bild 48).
Einstellbereich beträgt 26 mm!
● Nach Einstellung Gegenmutter festziehen.
Anmerkung:
Der Stossdämpfer ist als Gasdruckdämpfer konstruiert. Dämpfer kann nicht zerlegt und Dämpferöl nicht ersetzt werden.
Bei Defekt Stossdämpfer gegen Originalteil auswechseln.

Schwingenlagerung:
● Die Schwingenlagerung ist wartungsfrei. Wird Fettaustritt festgestellt, müssen Lagerung zerlegt und Nadelhülsen (resp. das Kugellager) ersetzt werden (Bild 49).
Die Lagerwelle ist gleichzeitig auch zu ersetzen.

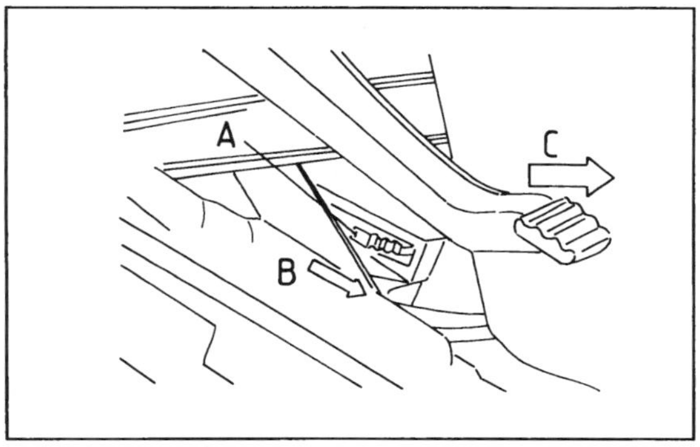

Bild 47
Einsteller Stossdämpfer hinten
A Einsteller
B Drehrichtung
C Vorn

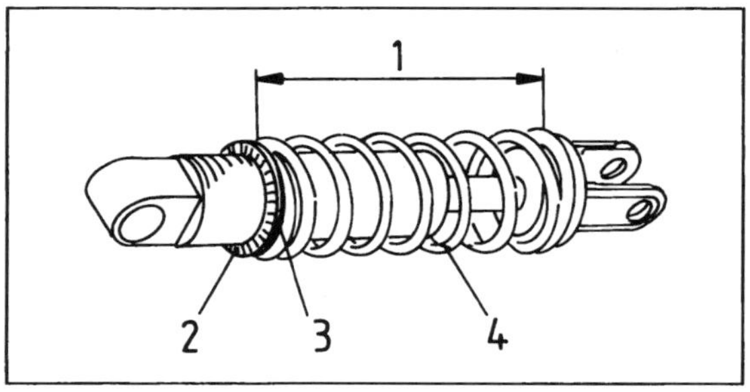

Bild 48
Teile des Stossdämpfers hinten
1 Federlänge
2 Gegenmutter
3 Einstellmutter
4 Feder

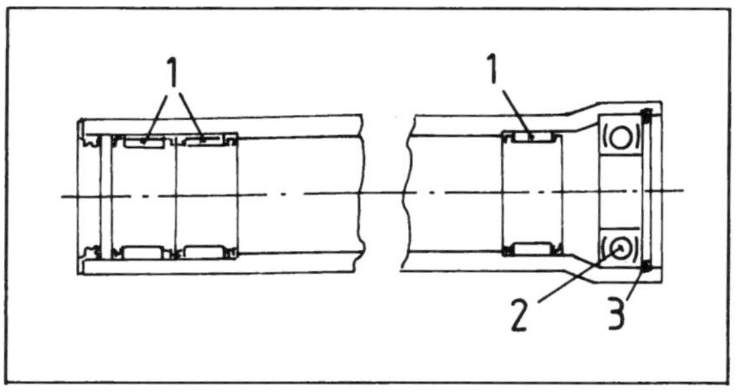

Bild 49
Lagerung der Schwinge
1 Nadellager
2 Kugellager
3 Seegerring

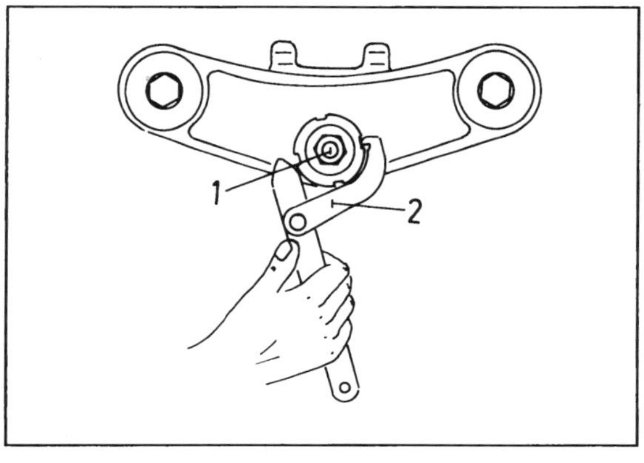

Bild 50
Einstellung der Lagerung
1 Befestigungsmutter
2 Hakenschlüssel

4.11 Lenkung

Prüfen der Lenkung:
● Motorrad vorn anheben, so dass das Rad frei ist.
● Lenker wechselweise von Anschlag zu Anschlag pendeln lassen.
Wenn die Lenkerbewegung vor dem Anschlag zum Stillstand kommt, ist die Lenkerlagerung zu stramm eingestellt.
Durch Ziehen und Drücken der Gabelbeine eventuell vorhandenes Spiel der Lagerung feststellen und dieses durch Nachstellen der Lagerung beseitigen.
Züge und Leitungen nehmen etwas Einfluss auf Freigängigkeit der Lenkung. Deshalb auf korrekte Verlegung dieser Teile achten.

Einstellung der Lenkerlagerung:
● Obere Verkleidung demontieren.
● Benzintank entfernen.
● Beide untere Klemmbolzen lösen.
● Befestigungsmutter der Gabelbrücke oben lösen (Bild 50).
●⚠ Mit Hakenschlüssel Einstellmutter entsprechend verdrehen. Mutter in Schritten von Achtel-Drehungen bewegen.
● Ist Einstellung im dargestellten Sinn nicht möglich, ist Lagerung defekt und muss revidiert werden.
● Gelöste Verbindungsschrauben wieder mit vorgeschriebenen Drehmoment festziehen:
– Befestigungsmutter der Gabelbrücke 40 Nm
– Gabelklemmbolzen 20 Nm
● Einstellung nochmals prüfen und gegebenenfalls wiederholen.

Schmieren der Lenkkopflager:

● Lenkkopf zerlegen (siehe «Zerlegung der Lenkung»).
● Kegelrollenlager zerlegen und mit Reinbenzin auswaschen.
● Laufringe ebenso reinigen.
● Saubere Lauffläche der Lager auf Verschleiss prüfen.
● Defekte Lager komplett ersetzen.
● Kegelrollenlager stark einfetten (Wälzlagerfett).
● Laufringe an den Laufflächen dünn bestreichen.
● Dichtring ersetzen (Bild 51).
● Lenkkopf zusammenbauen und einstellen.
Beim Anstellen der Einstellmutter Lenker laufend pendeln lassen, damit sich die Kegelrollenlager «setzen» können.

4.12 Elektrik

Bei der Wartung der elektrischen Anlage sind gewisse Punkte zu beachten und unbedingt einzuhalten, um kostspielige Schäden zu vermeiden.
●⚠ Bei Arbeiten an der Anlage Minuspol der Batterie abklemmen.
● Anschlüsse der Batterie nie vertauschen, Dioden des Alternators würden durchbrennen.
● Teile der Anlage nicht fallenlassen oder grob mit dem Hammer bearbeiten. Elektroteile sind empfindlich.
● Wenn nicht ausdrücklich beschrieben, dürfen Anschlüsse bei eingeschalteter Zündung oder angeschlossener Batterie nicht abgeklemmt werden.
● Starterknopf nur kurzzeitig betätigen.
Springt Motor nicht an, ist der Ursache nachzugehen. Bei zu langem «Orgeln» kann der Anlasser durchbrennen.
● Nur Lampen mit der vorgeschriebenen Wattzahl verwenden, Abdeckgläser oder Anderes könnten durch die entstehende Wärme beschädigt werden.
● Darauf achten, dass Anschlüsse und Steckverbindungen sauber, Schraubanschlüsse gut festgezogen sind.
● Angabe von Messwerten gilt immer für eine Raumtemperatur von 20°C.

Batterie:
● Niveau der Flüssigkeit am Schauglas der Batterie prüfen.
Zur Korrektur des Niveaus nur destilliertes Wasser verwenden.
Niveau soll zwischen den beiden Markierungslinien liegen (Bild 52).
● Säuredichte mittels Aerometer prüfen.

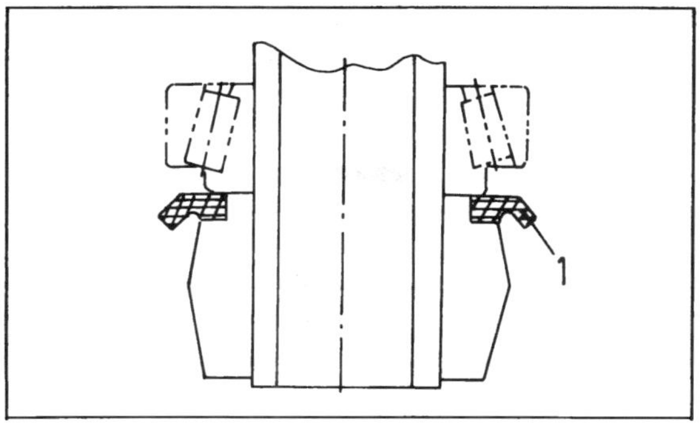

Bild 51
Lage des Dichtrings
1 Dichtring

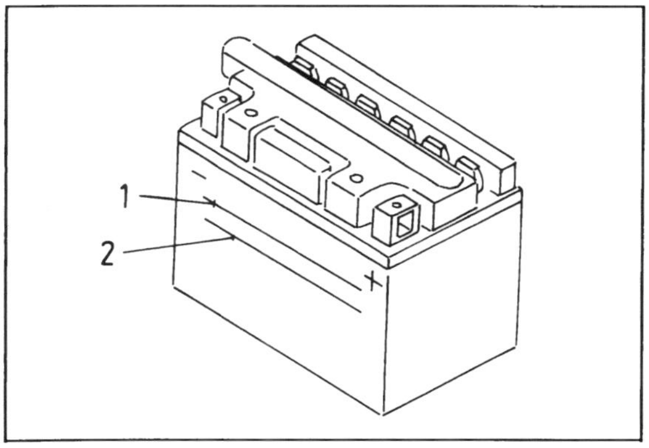

Bild 52
Batterieniveau
1 Max.-Marke
2 Min.-Marke

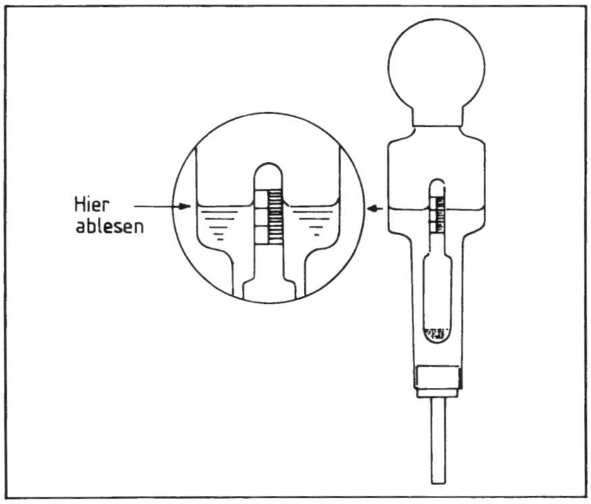

Bild 53
Aerometer

Gemessene Dichte zeigt, ob Batterie entladen ist. Liegt der Wert unter 1,20, muss die Batterie nachgeladen werden (Bild 53).
●⚠ Beim Öffnen der Batteriedeckel offenes Feuer vermeiden, da Batterie ein explosives Gemisch aus Wasser- und Sauerstoff enthält. Es darf auch nicht geraucht werden!
● Laden der Batterie:
Sitzbank demontieren.
Batterie ausbauen.
Beide Batteriepole abklemmen (Minuspol zuerst).
Niveau der Zellen richtigstellen (dest. Wasser).
30 Minuten warten, damit sich Säuredichte ausgleichen kann.
Ladegerät polrichtig anschliessen und Ladestrom auf 1,4 Ampère einstellen. Ladezeit 10 Stunden. Sogenannte Schnelladungen sollten vermieden

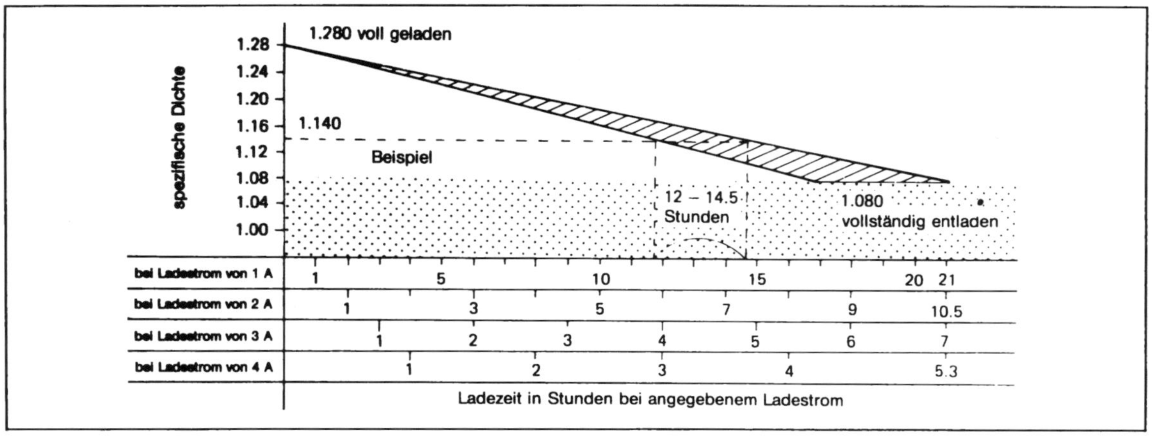

Bild 54
Diagramm Ladestrom/Zeit
Batterie 12 V/14 Ah

werden, sie können die Batterie zerstören (Bild 54).
Niveau der Flüssigkeit prüfen und, wenn erforderlich, richtigstellen.
Alternator:

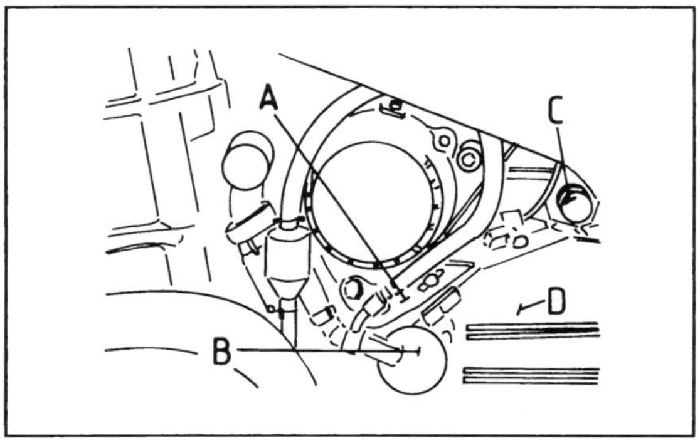

Bild 55
Auszubauende Teile
A Haltewinkel
B Nehmerzylinder
C Motorbefestigungsschraube
D Motorritzelabdeckung

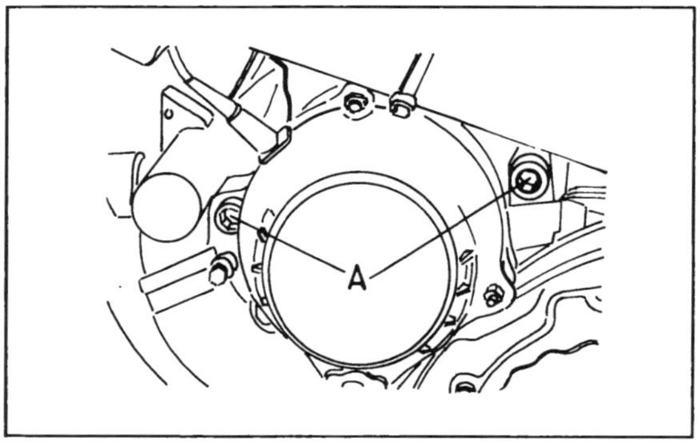

Bild 56
Befestigung des Alternators
A Schrauben

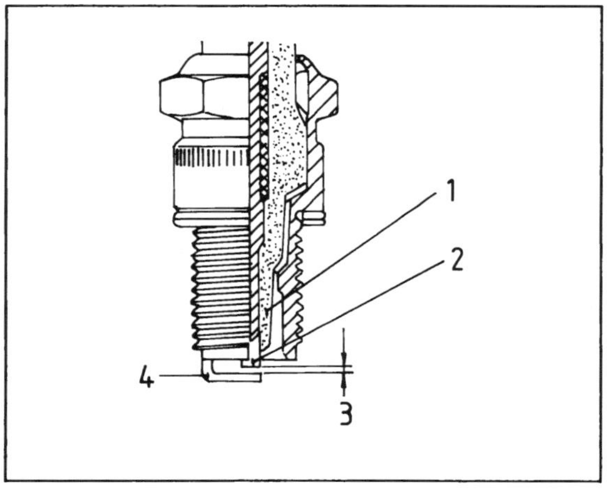

Bild 57
Zündkerze
1 Isolierkörper
2 Mittelelektrode
3 Elektrodenabstand
4 Masseelektrode

● Einstellung der Riemenspannung.
Einstellung soll bei Raumtemperatur vorgenommen werden.
Linke untere Verkleidung demontieren.
Nehmerzylinder der Kupplung abbauen.
Haltewinkel des Alternators ausbauen.
Motorritzelabdeckung demontieren (Bild 55).
Motorbefestigungsschraube herausdrehen.
Position des Alternators markieren (Bild 56).
Befestigungsschrauben des Alternators lösen.
Befestigungsschrauben fingerfest anziehen.
Inbus-Steckschlüssel in die Spannschraube einsetzen und mit Drehmomentschlüssel mit 16 Nm spannen.
Befestigungsschrauben mit 40 Nm festziehen.
Position des Alternators mit der ursprünglichen vergleichen.
Ist der Alternator weniger gespannt, Einstellung überprüfen und eventuell wiederholen.
Demontierte Teile wieder einbauen.
Zündsystem:
Die im Zündsystem erzeugte Zündspannung ist sehr hoch. Bei laufendem Motor bzw. eingeschalteter Zündung sollten elektrische Leitungen des Systems nicht berührt werden.
Eingangs erwähnte Grundsätze beachten!
● Zündkerzen ersetzen.
Benzintank demontieren.
● TIP Kerzenstecker abziehen und so ablegen, dass sie nicht vertauscht werden können.
Zündkerzen herausdrehen.
Entstandene Öffnungen mit sauberem Lappen abdecken.
● Elektrodenabstand der neuen Kerzen auf 0,7 bis 0,8 mm einstellen (Blattlehre).
Zur Einstellung darf nur die Aussenelektrode verbogen werden.
Zündkerzen trocken in den Zylinderkopf eindrehen und mit 13 Nm festziehen. Dieses Anzugsmoment unbedingt einhalten, sonst könnte bei der nächsten Demontage das Gewinde im Zylinderkopf zerstört werden (Bild 57).
Impulsgeber ersetzen:
Sitzbank demontieren.

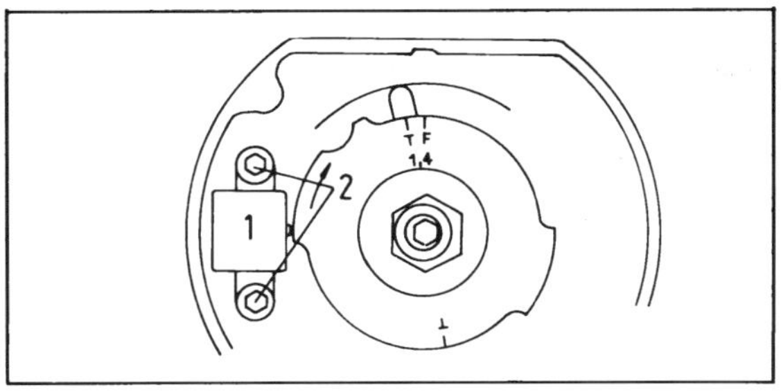

◀ **Bild 58**
Lage des Impulsgebers
1 Geber
2 Befestigungsschrauben

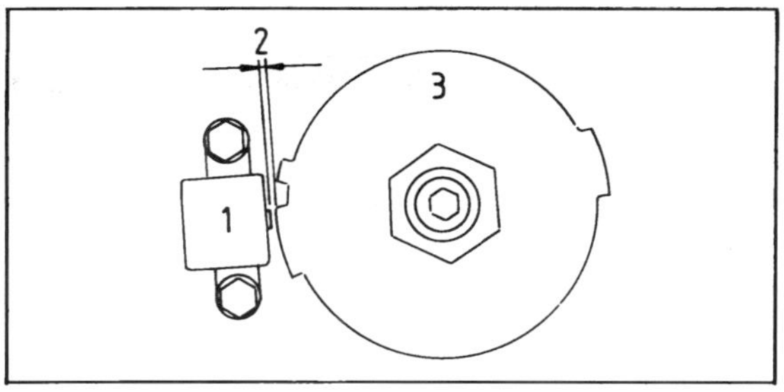

Bild 59
Geber einstellen
1 Geber
2 Luftspalt, Sollmass 0,5 mm
3 Nocken

Linken Seitendeckel abbauen.
Steckverbindung der Impulsgeberleitungen trennen.
Rechte untere Abdeckung entfernen.
Deckel des Impulsgebers abschrauben.
Impulsgeber ausbauen (Bild 58).
Neuen Geber einbauen.
Spiel zum Nocken auf genau 0,5 mm einstellen (Bild 59).
Geberleitung sauber verlegen.
Deckel zum Impulsgeber mit Nute am Rand nach unten anschrauben. Anzugsmoment 10 Nm. Sicherungslack auf Gewinde geben.
Prüfen der Zündspulen:
Zur Prüfung müssen die Spulen ausgebaut werden (Bild 60).
Benzintank demontieren.
Verbindungsleitungen zu Zündspulen abklemmen.
Die Spule an Kawasaki-Zündspulentester anschliessen (Bild 61).
Funkenlänge soll 7 mm oder mehr betragen.
Dieser Wert gilt nur bei Verwendung des Originaltesters.
Wird Funkenlänge nicht erreicht, sind Zündspule oder Kerzenstecker defekt.
Kerzenstecker entfernen und Prüfung wiederholen.
Ist Funkenlänge immer noch zu gering, liegt der Fehler an der Spule. Diese ist zu ersetzen.
Andernfalls Kerzenstecker ersetzen.
Ist kein Tester verfügbar, kann mittels Ohmmeter Widerstand der Sekundär- und Primärwicklung überprüft werden.
Ohmmeter nach dem nebenstehenden Schema anschliessen (Bild 62).
Sollwerte betragen:
– Primärseite 1,8 bis 2,8 Ohm
– Sekundärseite 10 bis 16 kOhm
Stimmen Messwerte mit Sollwerten nicht überein, Spule durch Neuteil ersetzen.

Anlasser:
Anlasser selbst ist wartungsfrei konstruiert.
Prüfen des Anlasserrelais
Linken Seitendeckel demontieren.
Anlasserrelais ausbauen.
Relais an Ohmmeter und 12 Volt Spannungsquelle anschliessen (Bild 63).

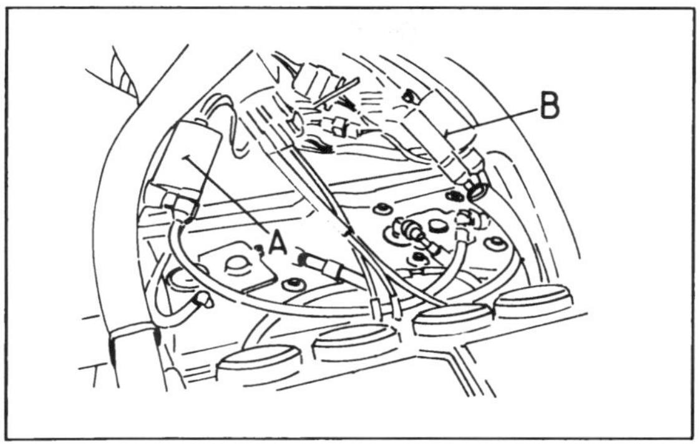

Bild 60
Lage der Zündspulen
A Spule der Zylinder 1/4
B Spule der Zylinder 2/3

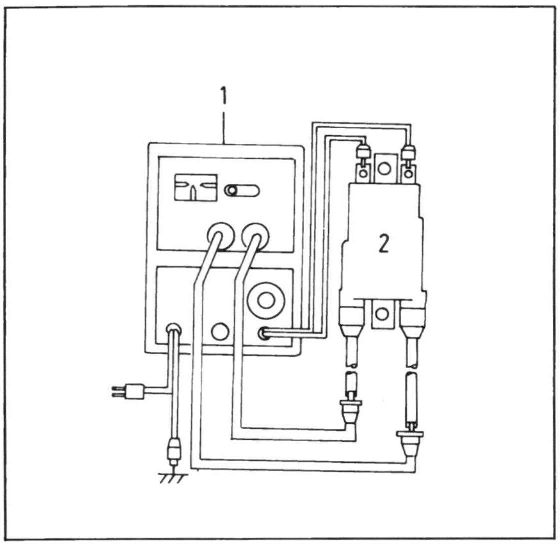

Bild 61
Zündspule anschliessen
1 Zündspulentester 57001-1242
2 Zündspule

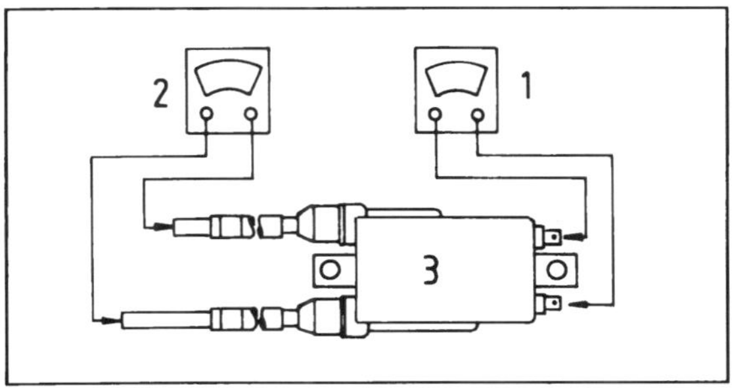

Bild 62
Messschema
für die Zündspule
1 Anschluss der Primärwicklung
2 Anschluss der Sekundärwicklung
3 Zündspule

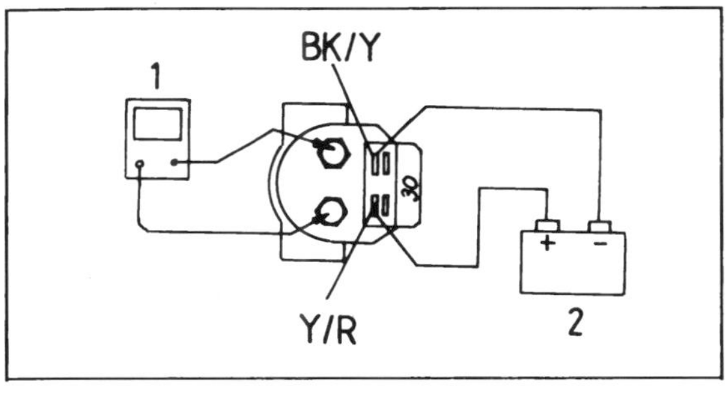

Bild 63
Anlasserrelais anschliessen
1 Prüfgerät
2 Spannungsquelle 12 V

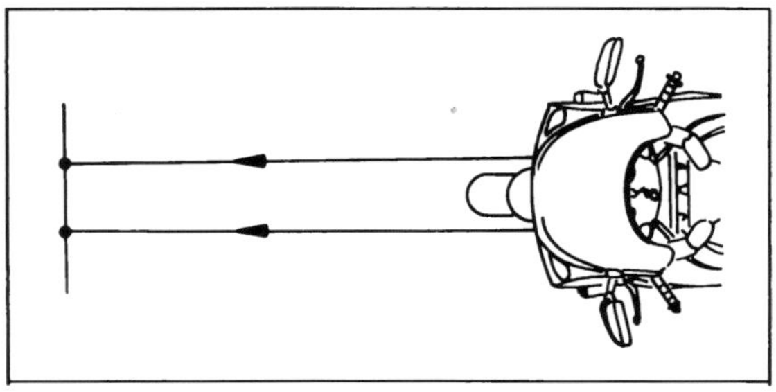

Bild 64 a
Messschema
der Scheinwerfer

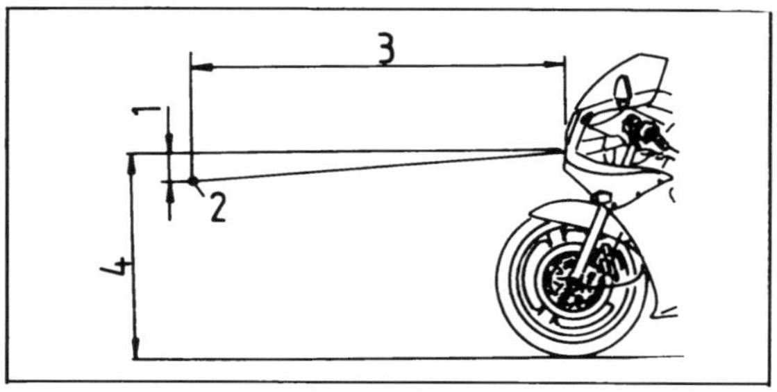

Bild 64 b ▶
Messschema
der Scheinwerfer
1 50 mm
2 Mitte hellster Punkt
3 7,6 m
4 Scheinwerferhöhe

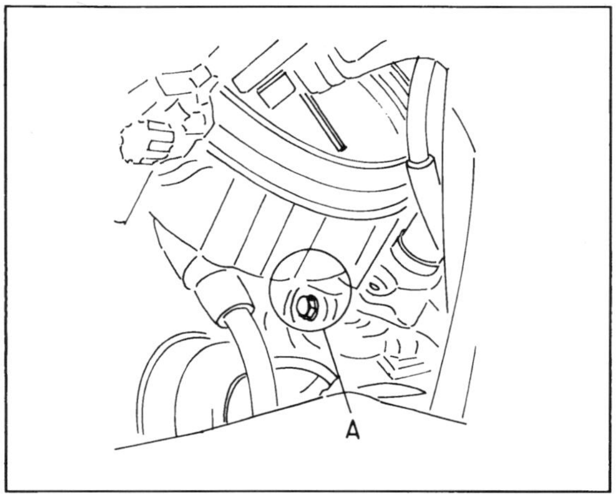

Bild 65 a ▶
Einsteller
A Horizontalsteller

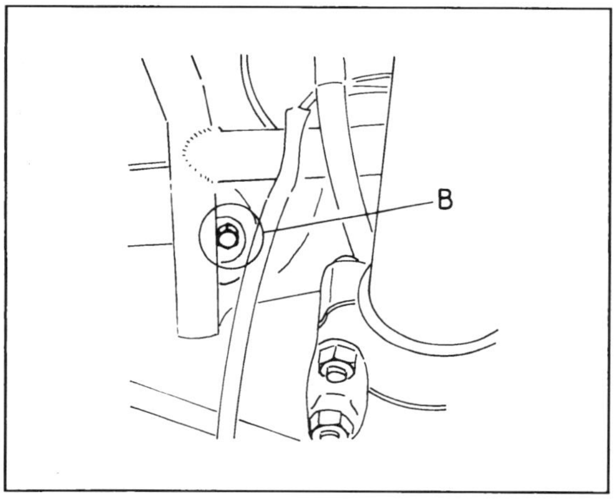

Bild 65 b
Einsteller
B Vertikalsteller

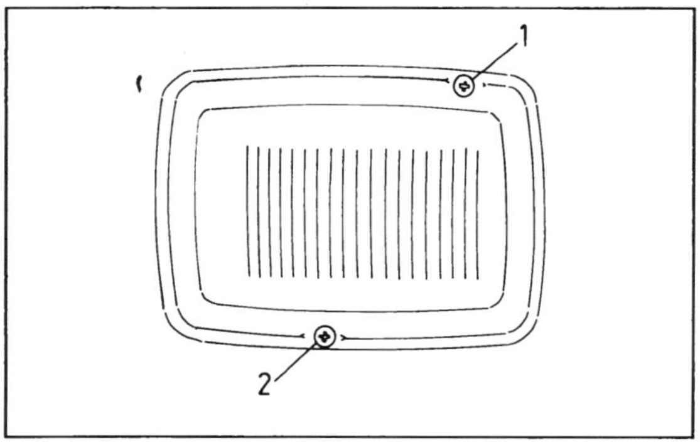

Bild 66
Scheinwerfer
Ausführung Schweiz
1 Horizontalsteller
2 Vertikalsteller

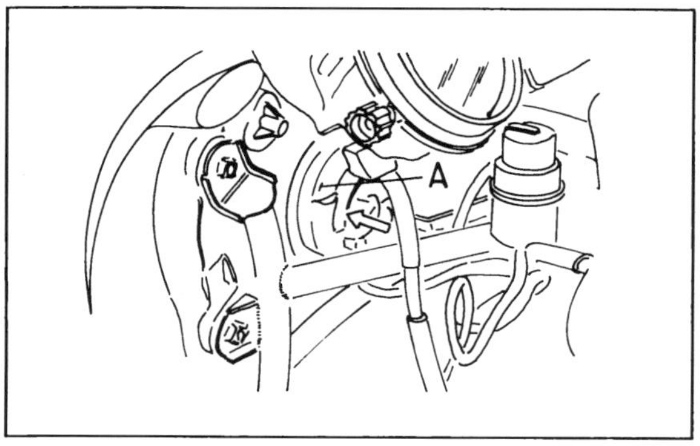

Bild 67 ▶
Scheinwerfer von hinten
A Staubkappe

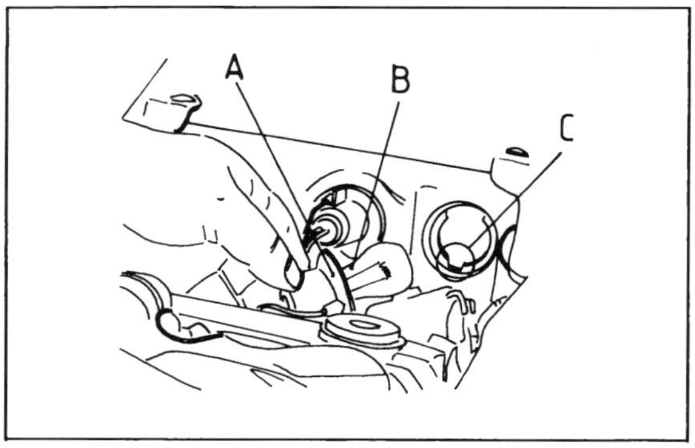

Bild 68
Fassung aus- und einbauen
A Dreieckmarkierung
B Nase
C Einkerbung

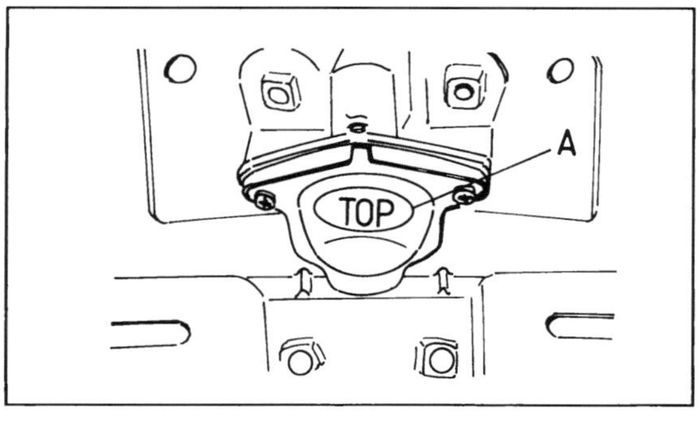

Bild 69
Nummernschildbeleuchtung
A «TOP»-Markierung

Wenn Spannung anliegt 0 Ohm
Wenn keine Spannung vorhanden ∞ Ohm
Ist die dargestellte Funktion nicht vorhanden, Relais ersetzen.

Beleuchtungsanlage:
Einstellung der Scheinwerfer.
Motorrad 7,6 m vor eine Messwand stellen und normal beladen.
Beide Scheinwerfer müssen genau parallel strahlen.
● Neigung der Scheinwerferstrahlen muss 0,4° betragen, entsprechend einem Mass an der Messwand von 50 mm bei 7,6 m Abstand (Bild 64).
An Einstellschrauben richtige Lage der Strahlen einregulieren (Bild 65).
Ausführung Schweiz ist mit nur einem Scheinwerfer ausgestattet (Bild 66).
Steller befinden sich im Scheinwerferrahmen.
Austausch der Scheinwerferlampen:
Stecker abziehen.

Staubkappe abnehmen.
Klammern öffnen und Lampe herausnehmen.
Neue Lampe am Glaskolben nur mit trockenem, sauberem Lappen halten!
Lampe einsetzen. Darauf achten, dass sie richtig in der Fassung sitzt.
Klammern schliessen und Stecker mit Staubkappe aufsetzen (Bild 67).
Ersetzen der Rück/Bremslichtlampen.
Hinteren Sitz demontieren.
Fassung gegen Uhrzeigersinn drehen und herausnehmen.
Lampe auswechseln.
Fassung mit Lampe einsetzen, im Uhrzeigersinn eindrehen und befestigen (Bild 68).
Beim Einsetzen der Fassung muss Nase an der Dreieckmarkierung mit Einkerbung fluchten.
Nummernschildbeleuchtung.
Streuscheibe so einsetzen, dass Markierung «TOP» nach oben weist (Bild 69).
Schrauben des Glasdeckels mit Gefühl festziehen.

Kraftstoffpumpe:
- Pumpe ist in Betrieb, wenn der Anlasserknopf betätigt wird oder der Motor läuft.

Pumpe läuft abhängig vom anliegenden Gegendruck des Kraftstoffs, wird also vom Schwimmerstand gesteuert (Bilder 70 und 71).
Prüfen des Pumpenrelais.
Sitze demontieren.
Pumpenrelais ausbauen.
Mittels Ohmmeter Messungen gemäss Schema durchführen (Bild 72).
Prüfen der Kraftstoffpumpe.
Pumpe mit Filter ausbauen.
Behälter mit Kraftstoff füllen und bereitstellen.
Mit passenden Schläuchen Pumpe mit Manometer (Bereich bis 2 bar) verbinden.
Kraftstoffpumpe mit Hilfsleitungen an Batterie anschliessen.
Wenn Pumpe läuft Relais überprüfen.
Läuft Pumpe nicht, ist sie defekt und muss ersetzt werden.
Wenn Pumpe und Relais in Ordnung, Drucklei-

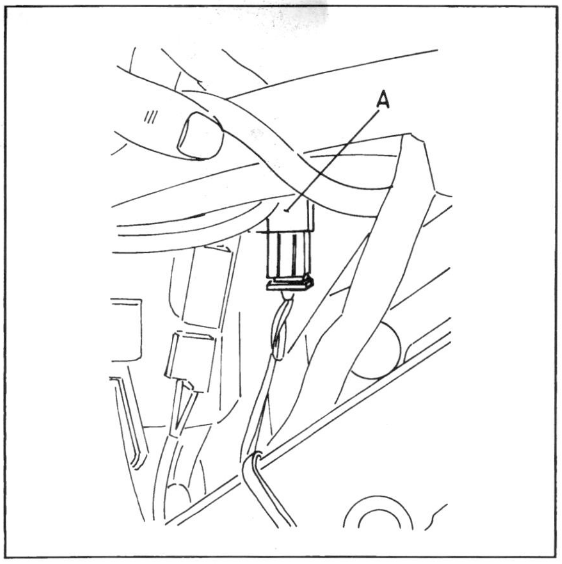

Bild 70
Lage des Pumpenrelais
A Pumpenrelais

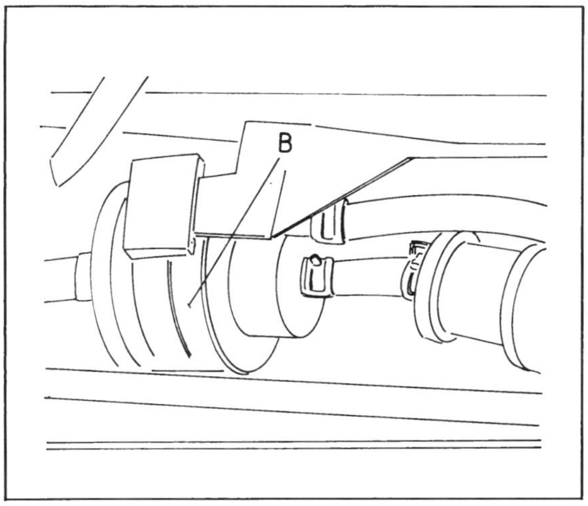

Bild 71
Lage der Kraftstoffpumpe
B Pumpe

Bereich x 1 kOhm		Anschluß der Testerplusleitung (+)			
		1	2	3	4
Anschluß der Testerminusleitung (-)	1		∞	∞	∞
	2	∞		∞	∞
	3	∞	10 – 100		∞
	4	∞	20 – 200	1 – 5	

Bild 72
Messschema für das Pumpenrelais

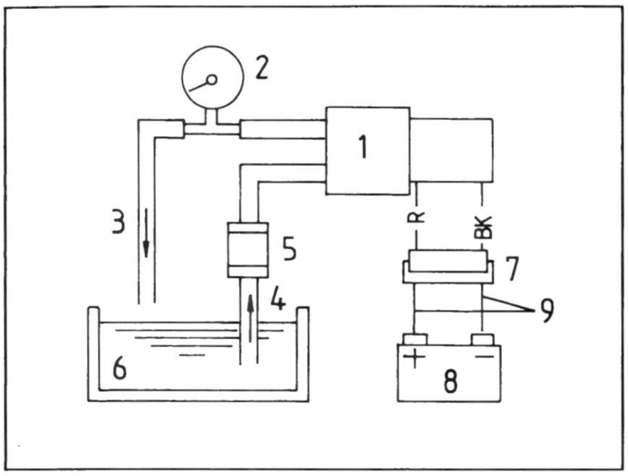

◀ **Bild 73**
Anschlussschema der Pumpe
1 Kraftstoffpumpe
2 Druckmesser
3 Ausgangsschlauch
4 Verbindungsschlauch
5 Filter
6 Treibstoff
7 Steckverbindung
8 Batterie
9 Hilfsleitungen

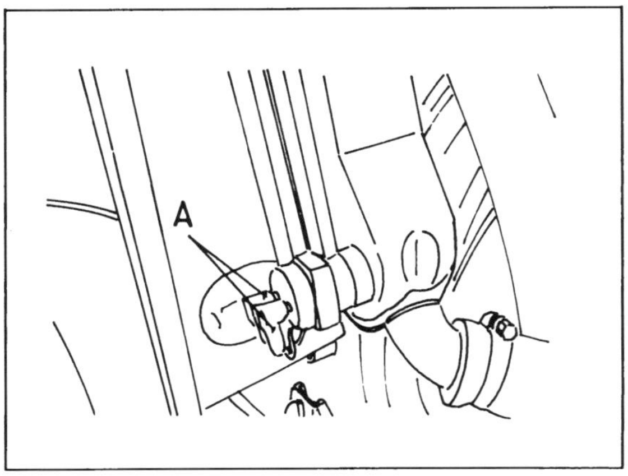

Bild 74
Gebläseschalter
A Stecker

tung der Pumpe verschliessen. Wenn Pumpe abschaltet Druck am Manometer ablesen.
● Druck soll 0,11 bis 0,16 bar betragen.
Liegt Druck ausserhalb dieses Bereichs, muss Pumpe ersetzt werden (Bild 73).

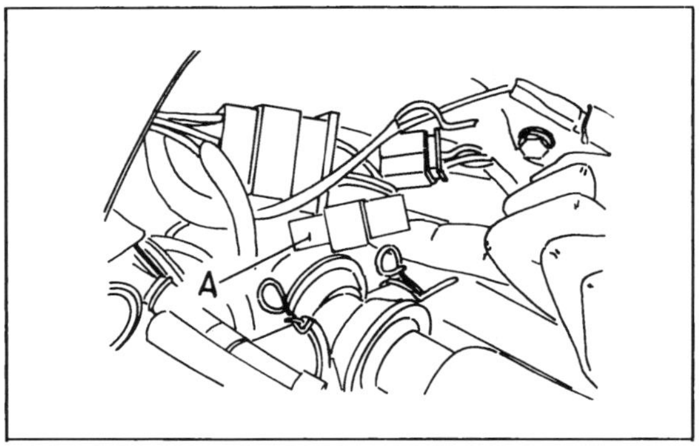

Bild 75
Steckverbindung zum Gebläse
A Stecker

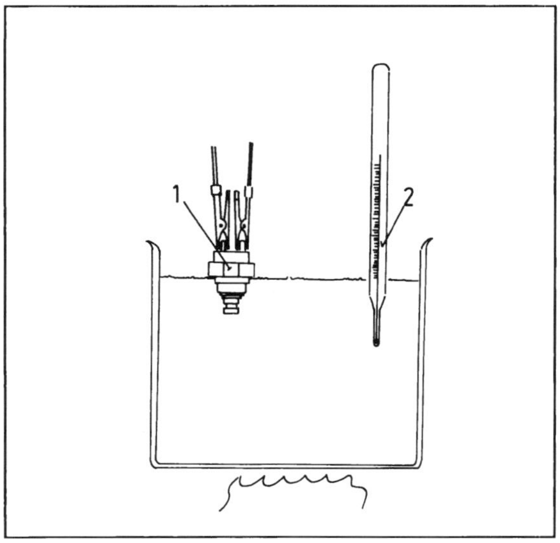

Bild 76
Prüfen des Gebläseschalters
1 Schalter
2 Thermometer

Kühlgebläse:
Prüfen des Schaltkreises.
Linke untere Verkleidung demontieren.
Stecker vom Gebläseschalter abziehen (Bild 74).
Beide Stecker mit Leitung direkt verbinden.
Wenn Gebläse läuft Schalter überprüfen.
Wenn Gebläse nicht läuft prüfen, ob 12 Volt Spannung anliegen. Wenn nicht, Leitungen, Steckverbindungen, Hauptsicherung und Gebläsesicherung kontrollieren (Bild 75).
Wenn Spannung vorhanden das Gebläse überprüfen.
Gebläse direkt an Batterie anschliessen. Wenn es nicht läuft, ist es defekt und muss ersetzt werden.
Gebläseschalter prüfen (Bild 76).
Schalter ausbauen.
Schalter in Gefäss mit Wasser halten und Wasser erhitzen.
Mittels Ohmmeter das Schliessen der Kontakte des Schalters prüfen.
Schliessen 96 bis 100°C
Öffnen 91 bis 95°C
Widerstand schliessen weniger als 0,5 Ohm
Widerstand öffnen mehr als 1,0 MOhm

Instrumente:
Austausch der Lampen.
Fassung aus Instrument herausziehen (Bild 78).
Lampe aus Fassung nehmen.
●⚠ Neue Lampe äusserst sorgfältig in die Fassung stecken.
Fassung im Instrument plazieren.

Verteilkasten:
Ersatz von Sicherungen.

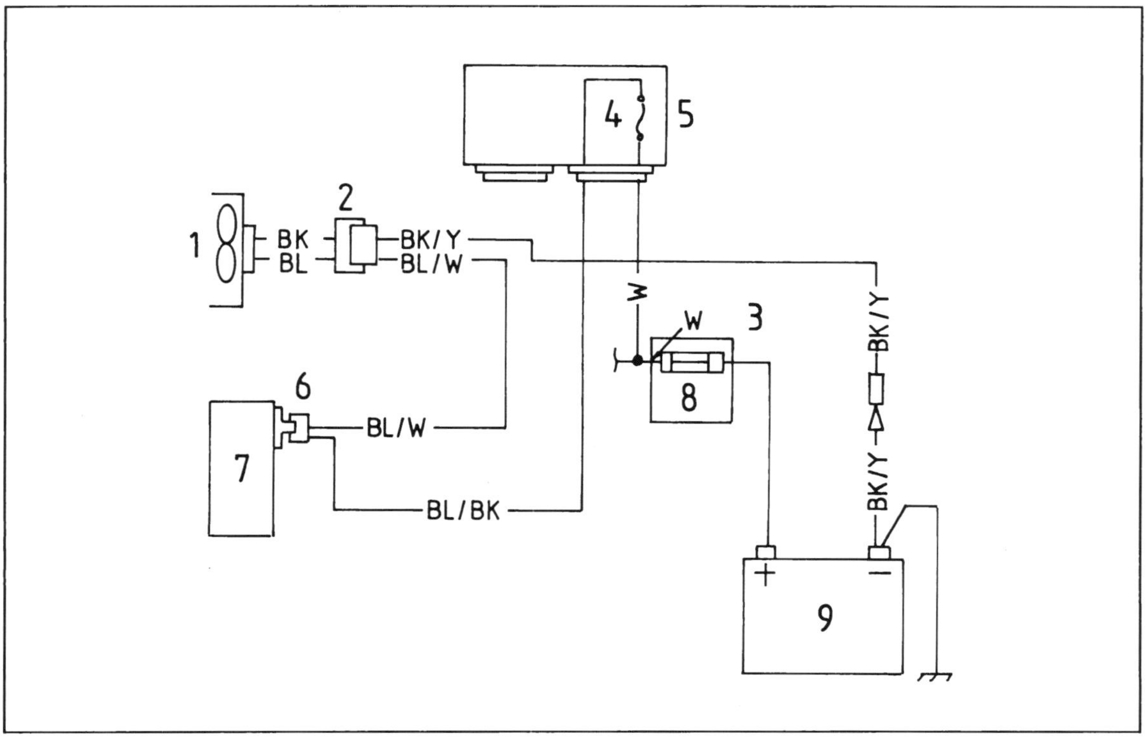

Bild 77
Gebläseschaltkreis
1 Gebläse
2 Steckverbindung
3 Anlasserrelais
4 Sicherung 10 A
5 Verteilkasten
6 Gebläseschalter
7 Kühler
8 Hauptsicherung 30 A
9 Batterie

◀ **Bild 78**
Lampenfassung der Instrumente
A Glühlampe

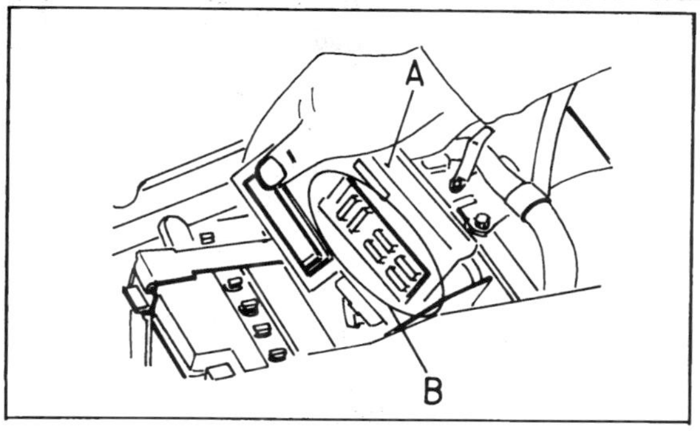

Bild 79
Sicherungskasten
A Sicherungskasten
B Sicherungen

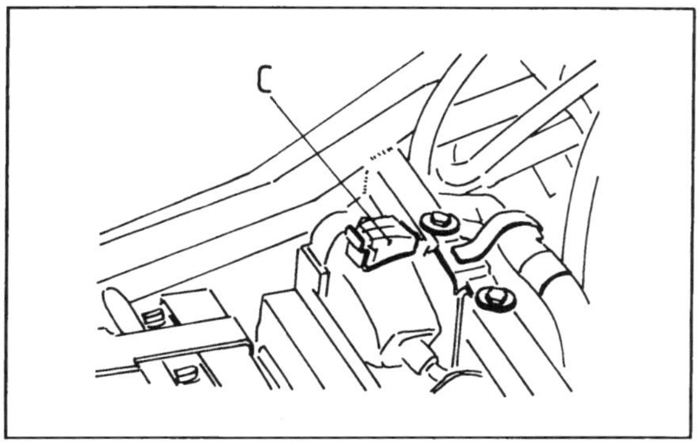

◀ **Bild 80**
Lage der Hauptsicherung
C Hauptsicherung

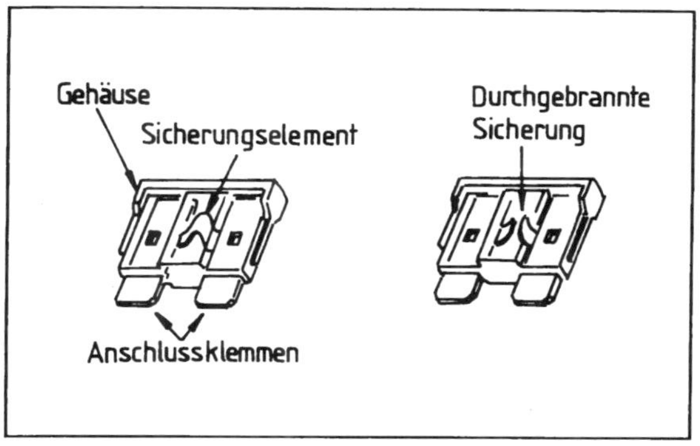

Bild 81
Sicherungen

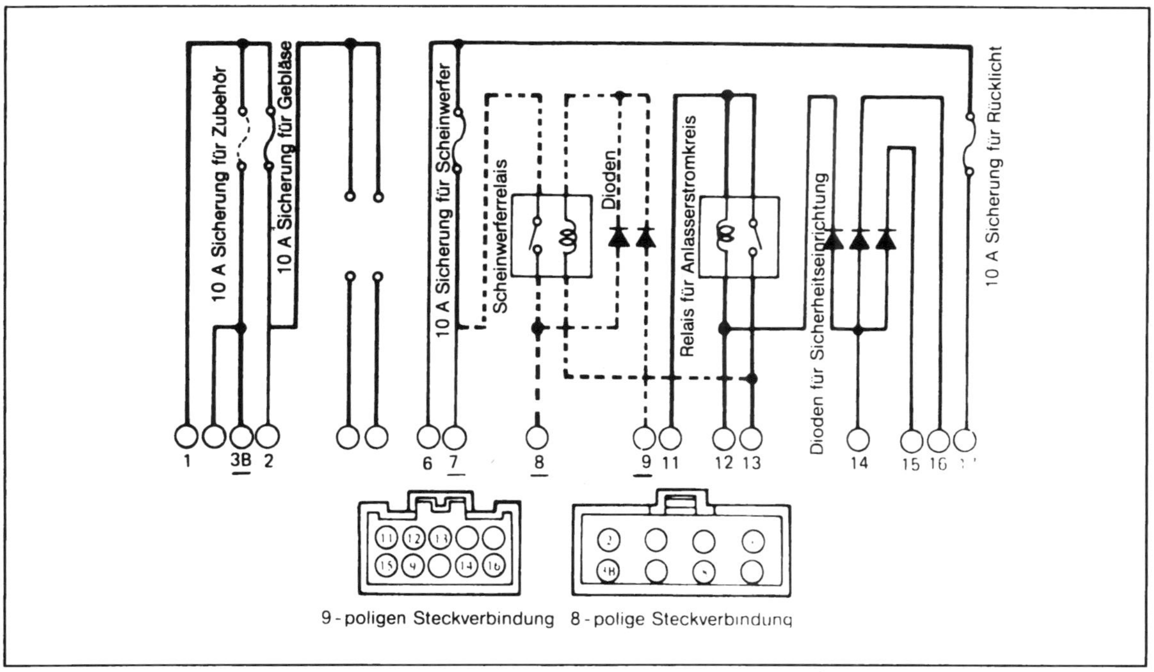

Bild 82
Schaltplan des Verteilerkastens

Sitze demontieren.
Haken entriegeln, um Schliesshebel öffnen zu können.
Sicherungen können mit Spitzzange entfernt und eingesetzt werden (Bild 79).
Hauptsicherung sitzt am Anlasserrelais (Bild 80).

Durchgebrannte Sicherungen erkennt man am zerstörten Sicherungselement (Bild 81).
● Werden defekte Sicherungen festgestellt, muss der Ursache nachgegangen werden.
Es darf nur wieder eine Sicherung gleicher Stärke (Farbe) eingesetzt werden (Bild 82).

5 Revision Kraftstoffsystem

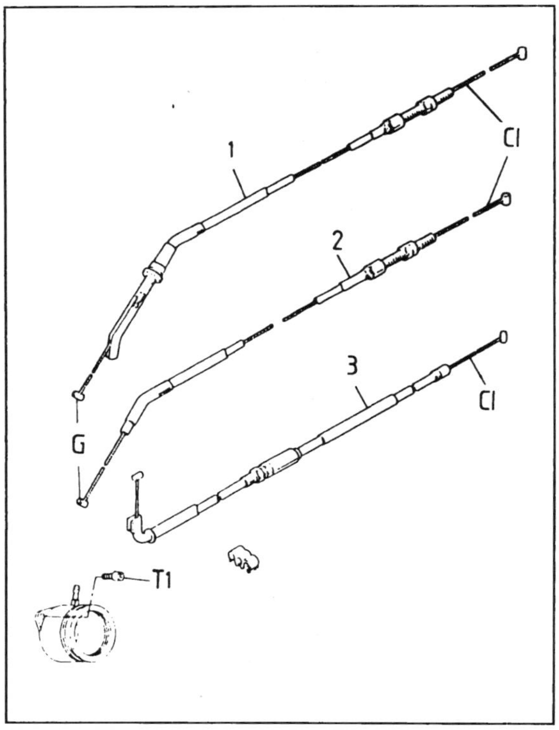

Bild 83
Vergaserzüge
1 Gaszug
2 Schliesszug
3 Chokezug
T1 Anzugsmoment 12 Nm

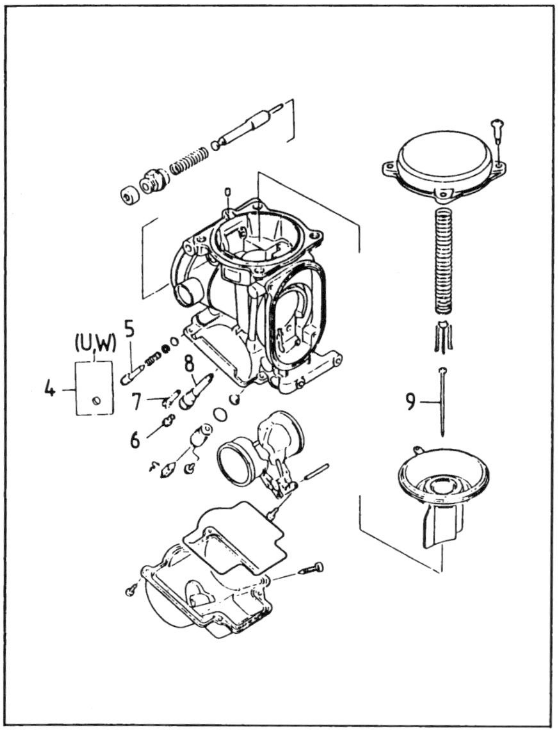

Bild 84 ►
Vergaserteile
4 Stöpsel
5 Leerlaufschraube
6 Hauptdüse
7 Leerlaufdüse
8 Nadeldüsenträger
9 Düsennadel

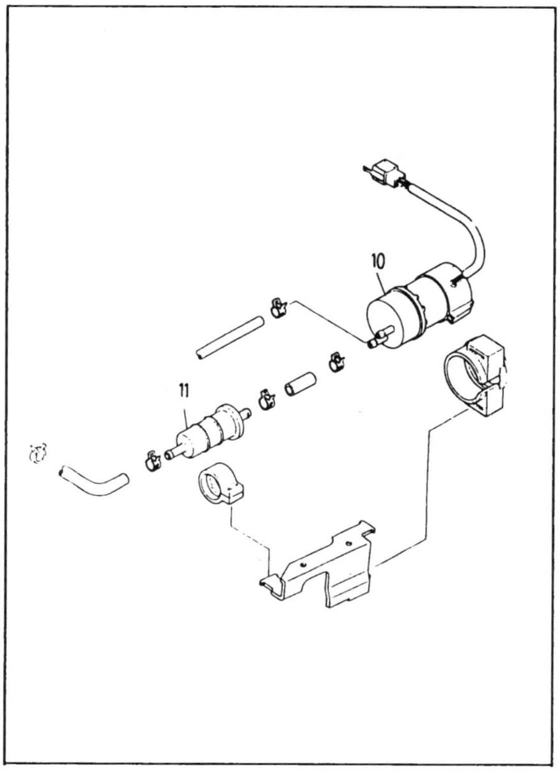

Bild 85
Kraftstoffpumpe mit Filter
10 Pumpe
11 Filter

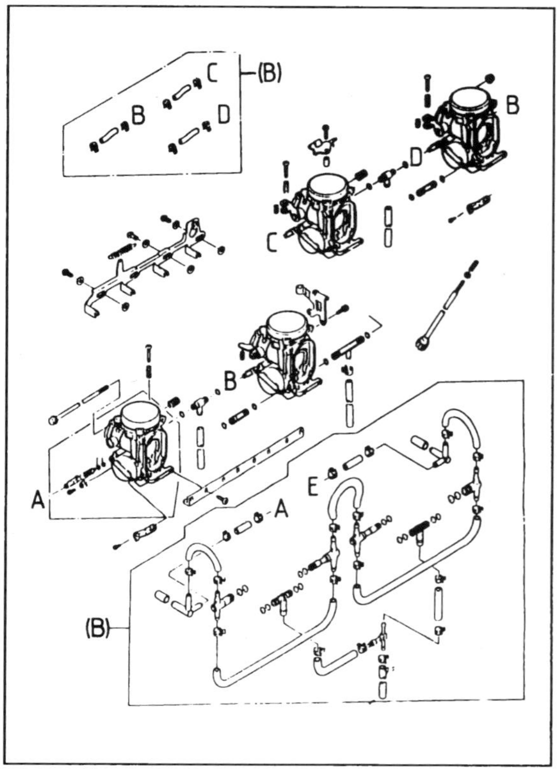

Bild 86 ►
Kraftstoffleitungen
B Variante Grossbritannien

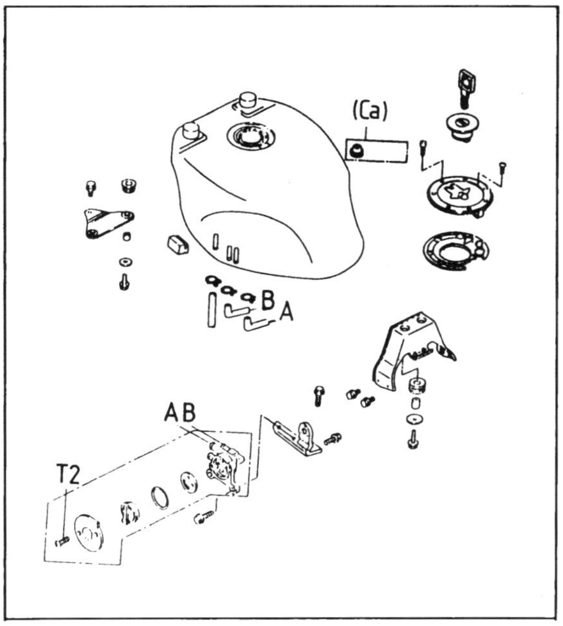

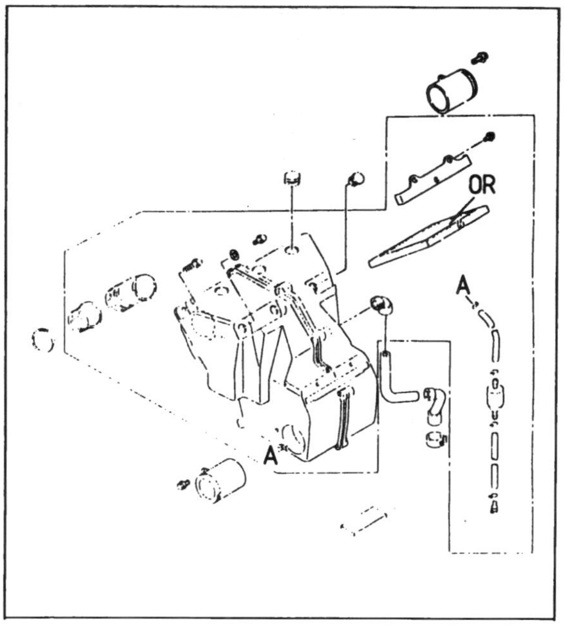

◀ **Bild 87 a**
Benzintank mit Einzelteilen
Ca Variante Kalifornien
T2 Anzugsmoment 0,8 Nm

Bild 87 b
Luftfiltergehäuse
OR Filterelement

5.1 Gaszüge einstellen

● TIP Am Gasdrehgriff sollen 2 bis 3 mm Spiel vorhanden sein (Bild 89).
● Zur Einstellung Gegenmutter des Gaszugmantels lösen und Einsteller so verdrehen, dass Spiel vorhanden ist (Bild 90).
● Gegenmutter wieder sorgfältig festziehen.
Kann Spiel mit dem vorhandenen Einstellweg nicht mehr erzielt werden, müssen Einsteller an den Vergasern benutzt werden (Bild 91).
● Einsteller am Drehgriff vollständig eindrehen und kontern.
● Tank demontieren.
● Gegenmutter am Gegenhalter der Vergaser lösen und Gaszug so einstellen, dass Spiel vorhanden ist.
● Gegenmutter wieder festziehen.
● Anschliessend prüfen, ob Gaszugverbindungshebel bei freiem Gasdrehgriff an der Leerlaufeinstellschraube und bei Vollgas am Vergaser-Verschlussstopfen anliegt.
Züge, die nicht mehr frei laufen, gegen neue austauschen. Ein auf Vollgas hängender Zug führt unweigerlich zum Unfall.

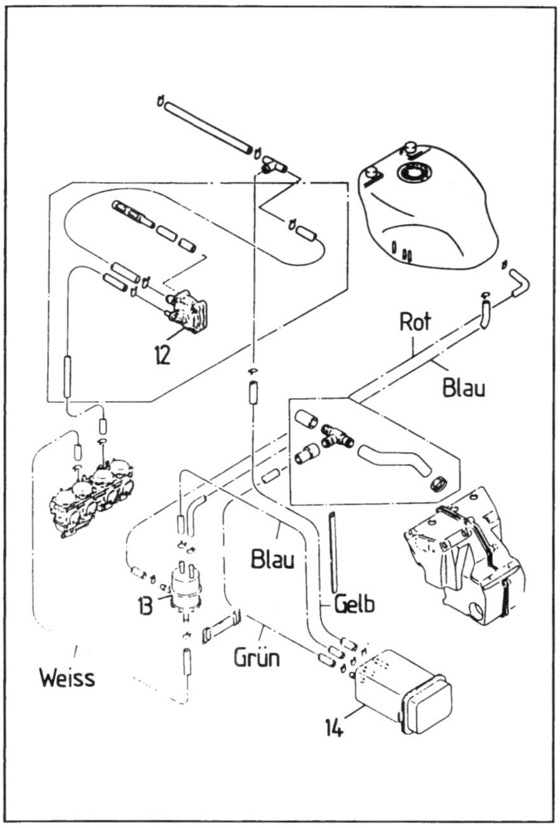

Bild 88
Benzindampf-Absorber-Anlage
Variante Kalifornien

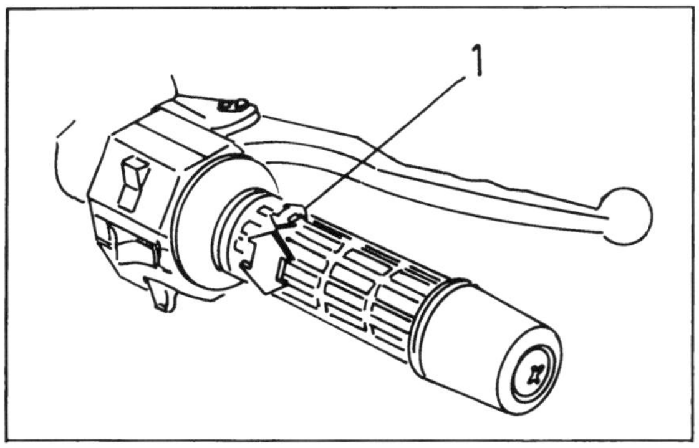

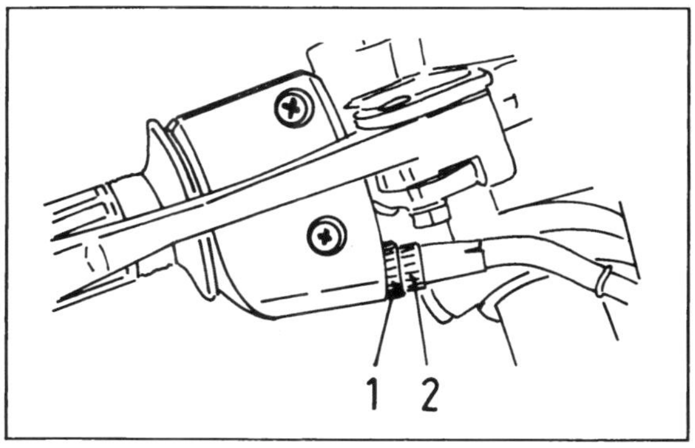

◀ **Bild 89**
Gasdrehgriff
1 Drehspiel Sollwert 2–3 mm

Bild 90
Einsteller
1 Gegenmutter
2 Einsteller

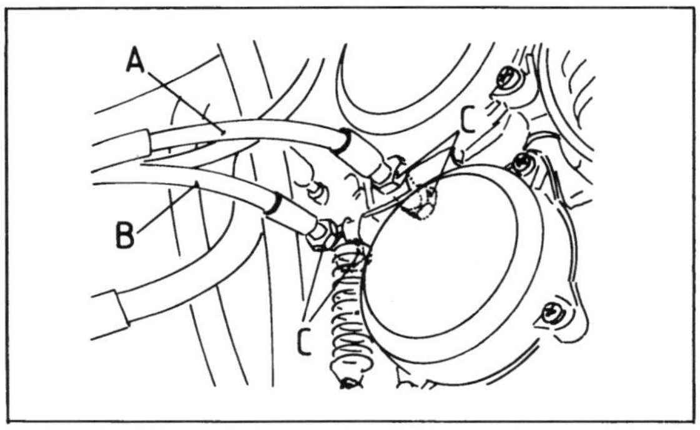

Bild 91
Einsteller an den Vergasern
A Gaszug
B Schliesszug
C Gegenmuttern

5.2 Chokezug einstellen

- Chokezug soll 2 bis 3 mm Spiel aufweisen.
- Benzintank demontieren.
- Spiel des Zugs am Chokehebel überprüfen.
- Zum Einstellen Gegenmutter am Zug lösen und Mantel des Zuges so einstellen, bis Spiel vorhanden ist (Bilder 92 und 93).
- Die Gegenmutter wieder festziehen.

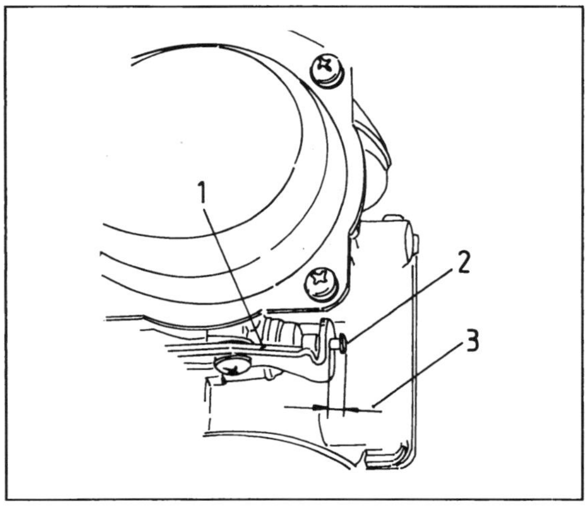

Bild 92
Chokezugspiel
1 Hebel
2 Choke-Schieber
3 Spiel Sollwert 2–3 mm

5.3 Einstellen der Vergaser

Leerlaufdrehzahl
- Motor warmfahren

Öltemperatur 80°C.
- Motor im Leerlauf drehen lassen, Lenker von Anschlag zu Anschlag schwenken. Verändert sich Leerlaufdrehzahl, so sind Gaszüge entweder falsch eingestellt, falsch verlegt oder beschädigt.
- Eventuelle Fehler beheben (Bild 94).
- Sollwert Leerlaufdrehzahl 950 bis 1050 U/min.
- Am seitlichen Einsteller für Drehzahl auf korrekten Wert regulieren (Bild 95).
- TIP Zur Messung der Drehzahl präzisen Drehzahlmesser verwenden. Der serienmässige ist zu unpräzis!

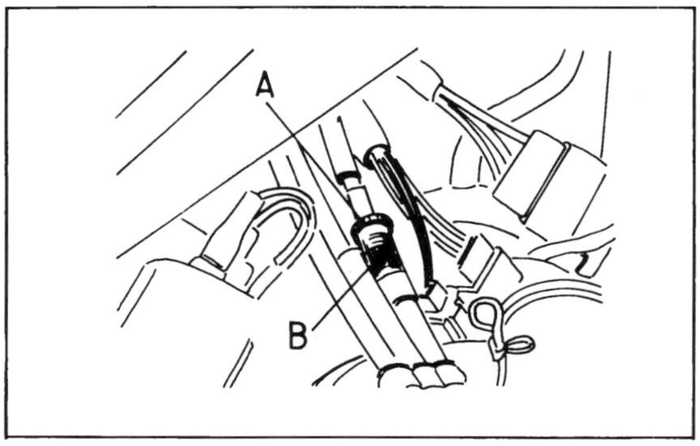

Bild 93
Chokezug
A Gegenmutter
B Einsteller

Grundeinstellung Gemischregulierung:
- Gemischregulierschrauben mit Gefühl auf ihren Sitz drehen, ohne sie festzuziehen.
- Jede Schraube anschliessend 1⅝ Umdrehung herausdrehen.

Synchronisieren der Vergaser:
- Benzintank zurückschieben (bleibt ange-

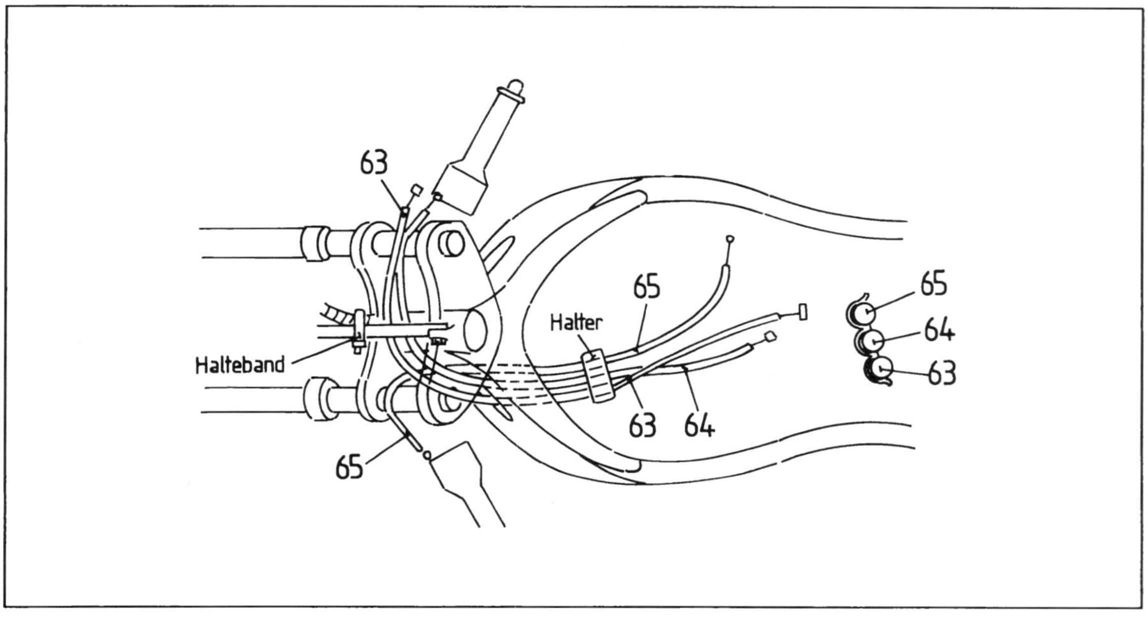

Bild 94
Verlegung der Gaszüge
63 Gaszug
64 Schliesszug
65 Chokezug

schlossen).
- Motor warmlaufen lassen.
- Mittels Drehzahlmesser Leerlaufdrehzahl prüfen.
- Unterdruckmessgerät an Vergasern anschliessen (Bild 96).
- Gemischregulierschrauben wie vorstehend beschrieben einstellen.
- Motor im Leerlauf drehen lassen.
- Unterschied zwischen den Vergasern darf nicht mehr als 2,7 kPa (2 cm Hg) betragen.
- Vergaser folgendermassen einstellen:

Zuerst beide linke und dann beide rechte Vergaser synchron einstellen (Bild 97).
Anschliessend beide Vergaserpaare mit mittlerer Einstellschraube synchronisieren.
- Ist einwandfreie Einstellung nicht möglich, Vergaser demontieren und reinigen.

Gemischeinstellung-Leerlauf:
- Gemischschrauben so verdrehen, bis maximale Leerlaufdrehzahl eintritt. Darauf achten, dass Einstellschrauben möglichst gleichmässig verstellt werden.
- Synchronlauf der Vergaser nochmals überprüfen.

Einstellen des Schwimmerniveaus:
- Benzintank und Luftfiltergehäuse demontieren.
- Schwimmerkammer-Unterteil abschrauben.
- Unterteil mit eingebautem Schwimmer schräg-senkrecht halten.
- (Messwerkzeug) Wenn Zunge des Schwimmers gerade das Nadelventil berührt, soll Abstand des Schwimmerkörpers zur Dichtfläche 13 mm ± 2 betragen.
- Zur Korrektur darf nur an der Zunge des Schwimmers gebogen werden (Bild 98).
- Besteht Verdacht auf undichtes Nadelventil, Schwimmer ausbauen und Ventil demontieren.

Dazu Achse des Schwimmers austreiben.
Wird eingeschlagener Ventilsitz festgestellt, Ventil komplett ersetzen.
Für Montage neue Dichtung gleicher Stärke verwenden.
Anschliessend Schwimmerstand einstellen.
Gleichzeitig prüfen, ob sich Kraftstoff im Schwimmerkörper befindet.
Undichte Schwimmer ersetzen.

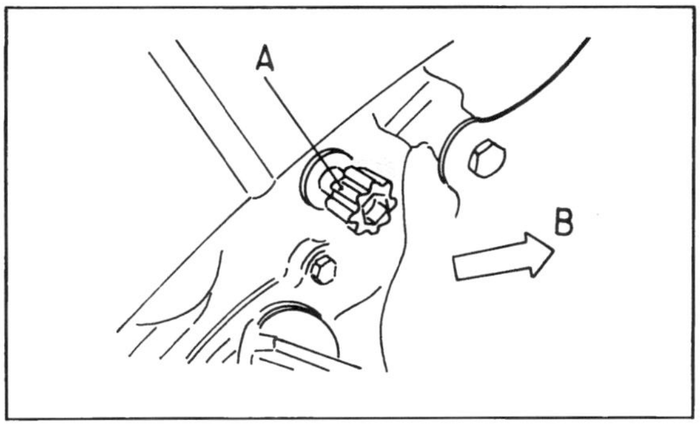

Bild 95
Einsteller Leerlaufdrehzahl
A Einsteller
B Front

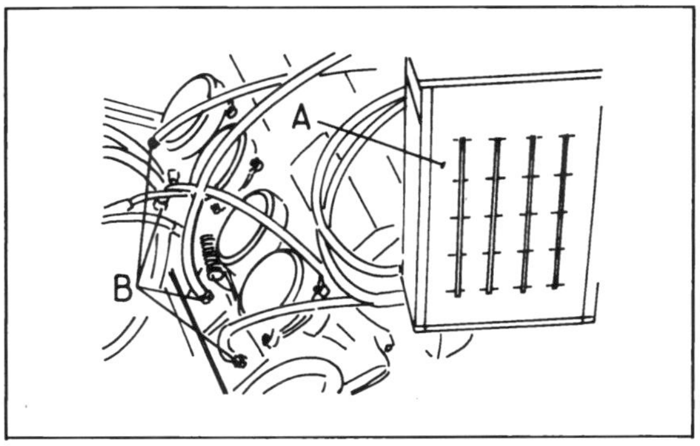

Bild 96
Unterdruckmessgerät anschliessen
A Messgerät 57001-1291
B Anschlussstutzen

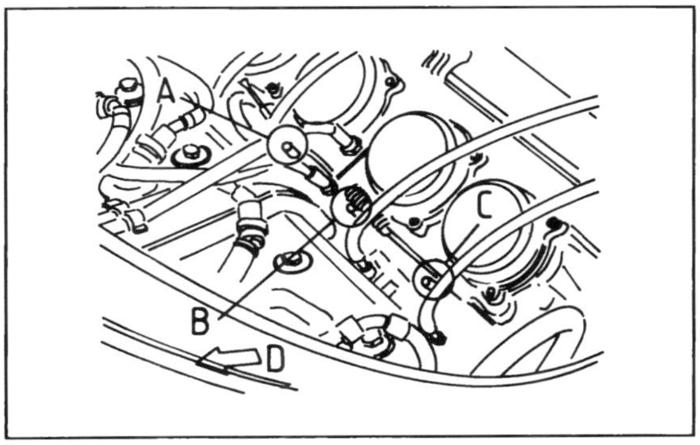

Bild 97
Einstellschrauben
A Rechte Einstellschraube
B Mittlere Einstellschraube
C Linke Einstellschraube
C Front

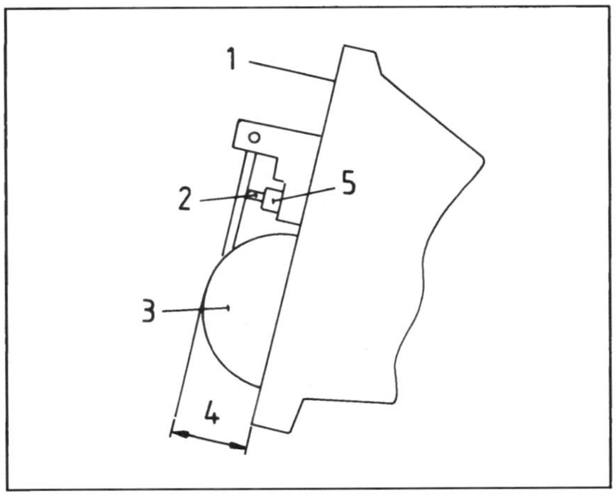

Bild 98
Schwimmerniveau
1 Dichtfläche
2 Ventilnadel
3 Schwimmer
4 Schwimmerabstand
5 Schwimmerventil

5.4 Vergaser aus- und einbauen

- Benzintank und Luftfiltergehäuse demontieren.
- Chokezug abbauen.
- Gaszug und Schliesszug abbauen.
- Leerlaufeinsteller ausbauen.
- Benzinschläuche abnehmen.
- Vergaser vom Zylinderkopf abschrauben und abnehmen.

Einbau:
- Stutzen so einbauen, dass Rohre nach oben weisen.
- Vergaser aufsetzen.

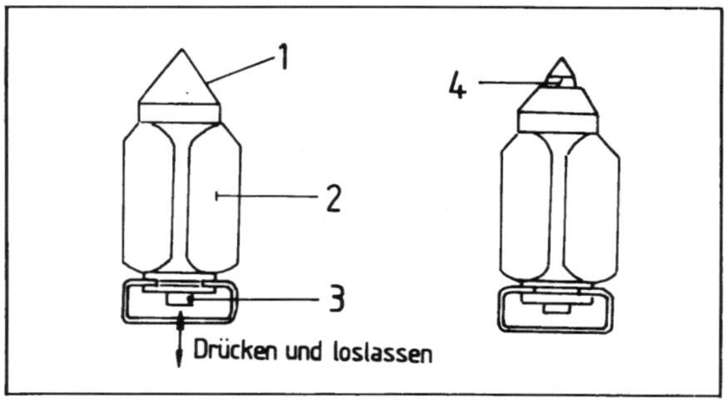

Bild 99
Schwimmernadel
1 Kunststoffspitze
2 Nadel
3 Ansatz
4 Eingeschlagener Sitz

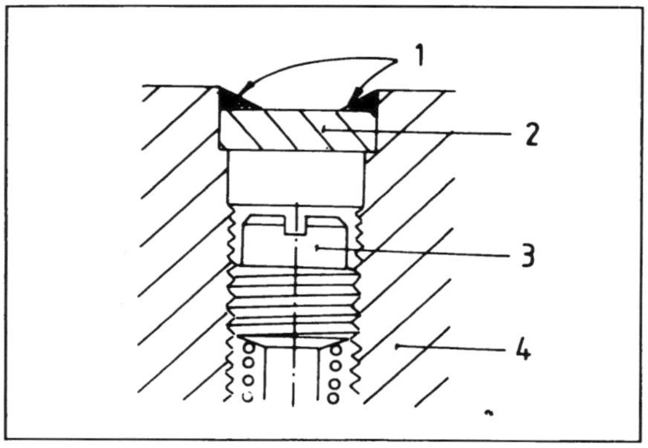

Bild 100
Deckel der Leerlaufschraube
1 Klebstoff
2 Deckel
3 Einstellschraube
4 Gehäuse

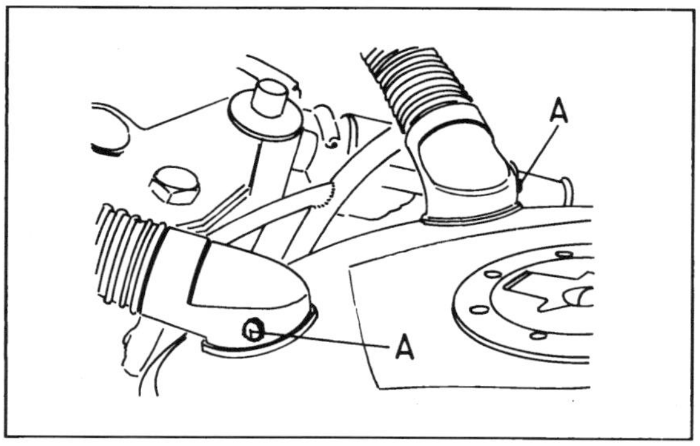

Bild 101
Tankrohre
A Befestigungsschrauben

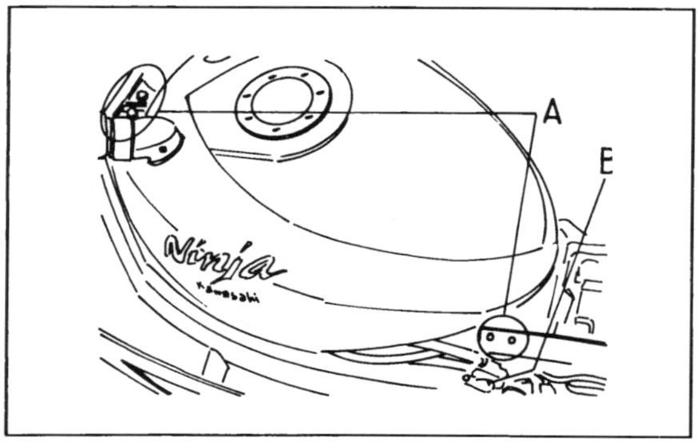

Bild 102
Tankbefestigung
A Befestigungsschrauben
B Benzinhahn

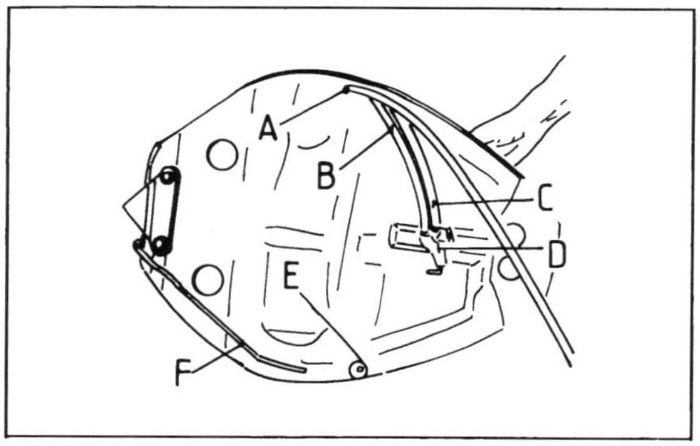

Bild 103
Schläuche am Benzintank
A Ablassschlauch
B RES-Schlauch, weisse Markierung
C ON-Schlauch, gelbe Markierung
D Benzinhahn
E Rücklauf, rot
F Belüftungsschlauch, blau (Kalifornien)

- Briden folgendermassen ausrichten:

Beide mittleren Briden nach oben weisend. Äussere Briden jeweils nach aussen weisend.

- Briden sorgfältig festziehen.
- Benzinschläuche anschliessen.
- Vergaserzüge anbauen und einstellen. Siehe Kapitel «Wartung».
- Luftfilter montieren.
- Benzintank anschliessen und nach hinten schieben.
- Vergaser synchronisieren, siehe Kapitel «Wartung».
- Leerlaufdrehzahl und Gemisch einstellen.
- Benzintank endgültig einbauen.

5.5 Vergaser zerlegen, zusammenbauen

- Deckel zur Membran abschrauben.
- Feder, Membran mit Nadel sorgfältig herausnehmen.

Nadel auf Abnützung untersuchen. Sind Schabstellen sichtbar, Nadel durch Originalteil ersetzen. Nadeln sind je nach Einbauposition des Vergasers unterschiedlich.
Membran auf Defekte (Risse/Löcher) prüfen. Membran muss absolut dicht sein.
Membranen können nicht repariert werden. Im Schadensfall durch Originalteil ersetzen.

- Vergaserunterteil abnehmen.
- Schwimmer durch Entfernen der Achse demontieren.
- Schwimmernadel ausbauen.
- Düsen aus dem Vergaser herausdrehen.

Ausführung «Schweiz».
Leerlaufschraube sitzt unter eingeklebtem Deckel. Gewinde in den Deckel bohren und mit eingedrehter Schraube Deckel herausdrücken.
Einstellschraube auf ihren Sitz drehen, dabei Anzahl der Umdrehungen notieren.
Einstellschraube entfernen.

- Starterschieber mit Feder ausbauen.
- ⚠ Alle Teile mit Reinbenzin säubern. Dabei darf kein Werkzeug verwendet werden. Düsen und Bohrungen mit Pressluft ausblasen. Schwimmer auf Dichtheit untersuchen.

Schwimmernadel zerlegen und die Nadel prüfen, ob sie eingeschlagen ist (Bild 99).
Defekte Teile ersetzen.
Zusammenbau:

- Schwimmerventil mit Originaldichtung montieren.
- Schwimmer einbauen und Schwimmermass einstellen. Beachte dazu das Kapitel «Einstellen des Schwimmerniveaus».
- Düsen eindrehen. Dazu dürfen nur gut pas-

sende, neuwertige Schraubendreher verwendet werden. Eine Veränderung des Schlitzes würde die Kalibrierung verändern.

- Bei der Ausführung Schweiz Leerlaufschraube auf ihren Sitz drehen. Anschliessend um die Anzahl der notierten Umdrehungen herausdrehen.

In Öffnung neuen Verschlussdeckel einsetzen.
Deckel mit Zweikomponenten-Klebstoff sichern.
Darauf achten, dass kein Klebstoff in Gewinde der Einstellschraube gelangt (Bild 100).

- Unterteil am Vergasergehäuse festziehen.

Allgemein:
Für die Montage ist neuer Dichtungssatz zu verwenden.
Sämtliche Dichtungen sind zu ersetzen.
Benzintank aus- und einbauen.

- Benzinhahn auf «OFF» stellen.
- Rohre vom Tank abnehmen (Bild 101).
- Vordere Sitzbank demontieren.
- Beide Seitendeckel der Verschalung abnehmen.
- Befestigungsschrauben des Tanks entfernen.
- Benzinhahn abschrauben, jedoch tankseitig angeschlossen lassen.
- Schläuche der Auffanganlage für Benzindämpfe abnehmen (Bild 102).
- Den Tank abnehmen.

Einbau:
Schläuche gemäss Bild 103 anschliessen.

- Tank aufsetzen.
- Benzinhahn befestigen.
- Alle Schläuche anschliessen.
- Tankrohre montieren (sind mit R und L gekennzeichnet).
- Prüfen, ob alle Anschlüsse dicht sind.

6 Kühlsystem

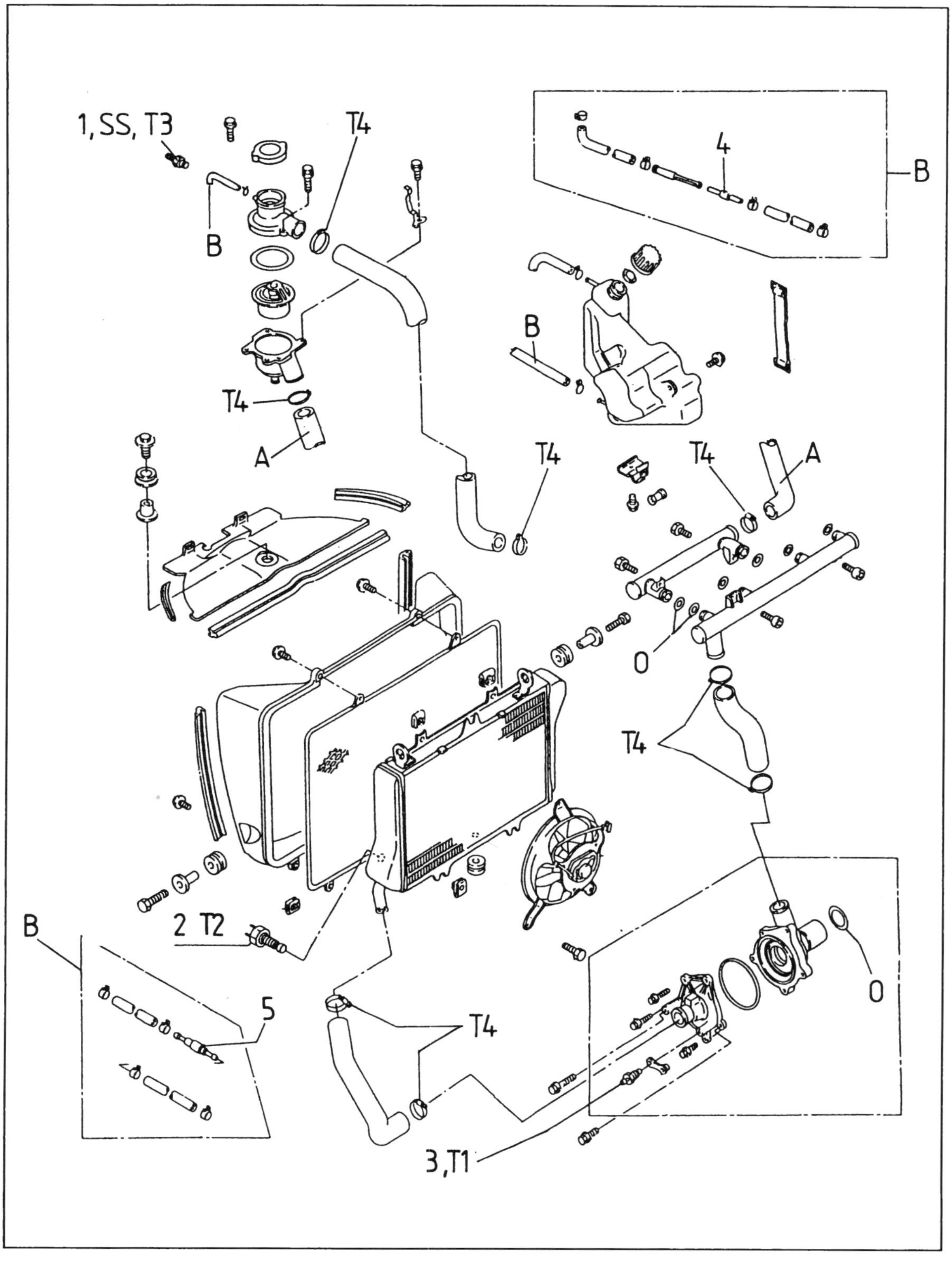

Bild 104
Teile des Kühlsystems
1 Sensor Wassertemperatur
2 Thermoschalter Ventilator
3 Entlüfter
4 Kühlmittelfilter
5 Rückschlagventil
SS Auftrag von Silikondichtstoff
O Auftrag von Öl
T1 Anzug 9,8 Nm
T2 Anzug 27,0 Nm
T3 Anzug 7,4 Nm
T4 Anzug 2,0 Nm

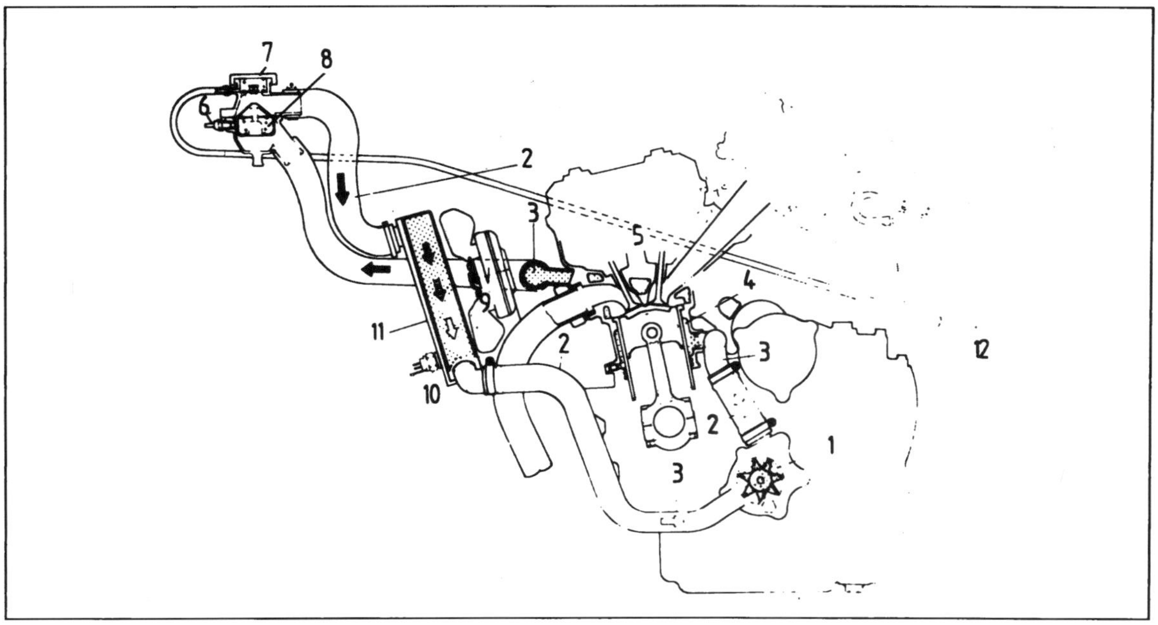

Bild 105
Kühlsystem
1 Kühlmittelpumpe
2 Schlauch
3 Sammelrohr
4 Kühlmittel im Motorblock
5 Zylinderkopf
6 Sensor Temperatur
7 Deckel
8 Thermostat
9 Gebläse
10 Thermoschalter Gebläse
11 Wärmetauscher
12 Ausgleichsgefäss:
Kühlmittel «kalt»
Kühlmittel «heiss»

Das Kühlsystem hat die Aufgabe, die im Motor anfallende, überschüssige Wärme an die Umgebungsluft abzuführen. Das Kühlmittel «transportiert» die Wärme vom Motor zum Wärmetauscher an der Frontseite des Motorrades. Die durchströmende Luft übernimmt dort die Wärme.
Ein Ventilator unterstützt den Durchfluss der Umgebungsluft, vor allem bei Fahrzeugstillstand. Die Steuerung des Ventilators erfolgt über den Thermoschalter im Kühlsystem.
Die vom Motor angetriebene Kühlmittelpumpe bewirkt die Zirkulation des Kühlmittels.
Das schnelle Anwärmen des Motors wird durch den Thermostat geregelt. Dieser unterbindet im kalten Zustand den Kühlmittelfluss teilweise.
Das Kühlsystem ist geschlossen konstruiert. Um die Ausdehnung des Kühlmittels bei Erwärmung aufzunehmen, ist im System ein Ausgleichsgefäss angeordnet. Das darin vorhandene Luftpolster nimmt durch seine Elastizität die Volumenänderung auf.

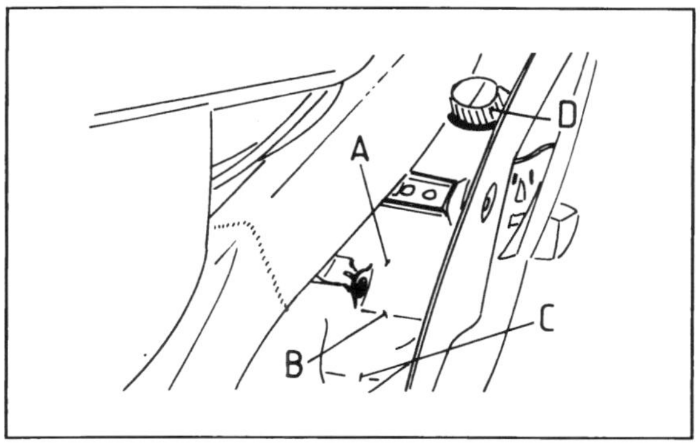

Bild 106
Ausgleichsgefäss
A Ausgleichsgefäss
B Obere Marke
C Untere Marke
D Verschluss

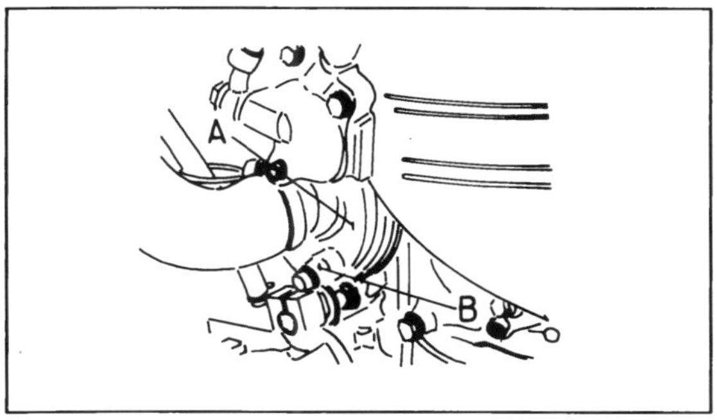

Bild 107
Entlüfter
A Kühlmittelpumpe
B Entlüfter

6.1 Kühlflüssigkeit

Als Kühlflüssigkeit ist entweder fertig gemischt oder ein Konzentrat, gemischt mit destilliertem Wasser, zu verwenden. Das Mischungsverhältnis richtet sich nach den Angaben des Herstellers, ist aber in der Regel 50:50.
Das Kühlmittel muss einen Korrosionsschutz für Aluminium und Buntmetalle enthalten.
Diese Anforderung erfüllen Kühlmittel von Kawasaki, Castrol u.A.
Der Inhalt des Systems beträgt 2,0 Liter.
Bei Mischungsverhältnis 50:50 ist Kühlmittel bis Minus 35°C gefriersicher.
Nachfüllen von Kühlmittel erfolgt ausschliesslich beim Ausgleichsgefäss und bei kaltem Motor.
Der Kühlmittelstand soll zwischen beiden Marken am Ausgleichsgefäss stehen (Bild 106).
Austausch der Kühlflüssigkeit:
Kühlflüssigkeit sollte alle zwei Jahre oder nach 30000 km Fahrstrecke ersetzt werden.
Ablassen:

- Motor erkalten lassen.
- TIP Kühlmittel sollte nicht an die Reifen gelangen, sie würden ihre Haftung verlieren.
- Untere Verkleidung demontieren.
- Entlüfter an Kühlmittelpumpe entfernen (Bild 107).

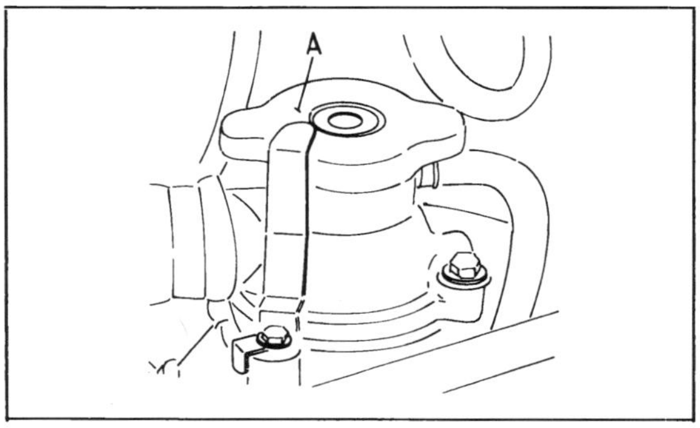

Bild 108
Deckel Thermostat
A Deckel

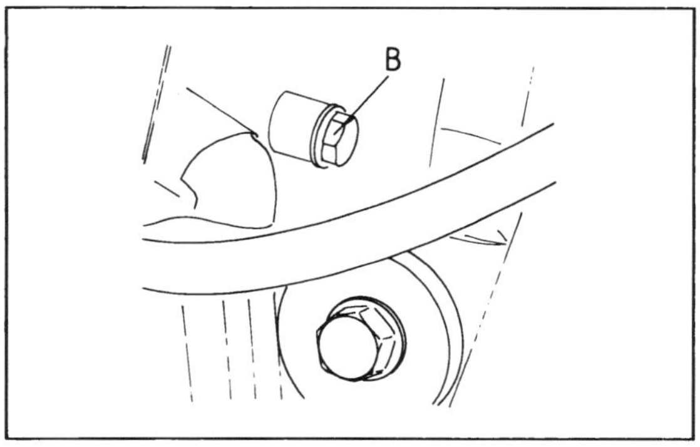

Bild 109
Ablassschraube Motorblock
B Schraube

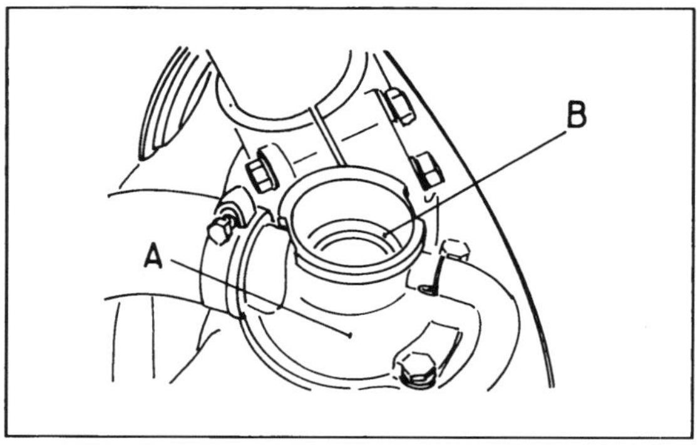

Bild 110
Thermostatgehäuse
A Gehäuse
B Kühlmittelniveau

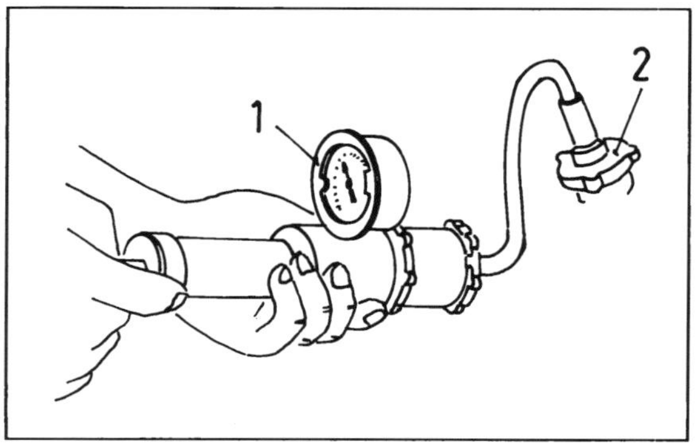

Bild 111
Druckprüfer
1 Manometer
2 Anschluss

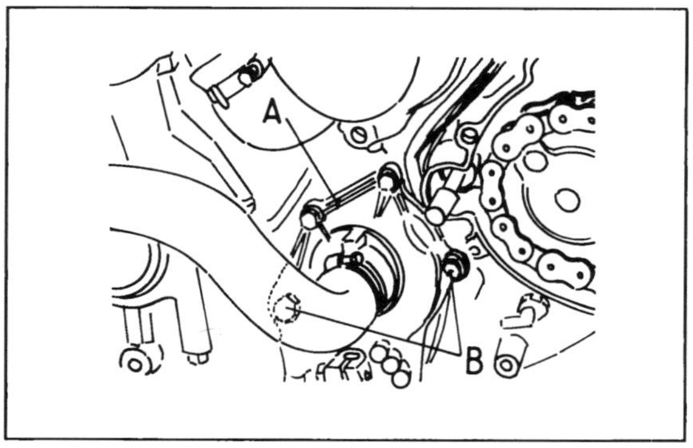

Bild 112
Kühlmittelpumpe
A Pumpe
B Befestigungsschrauben

● Deckel beim Thermostat und am Ausgleichsgefäss abnehmen (Bild 108).
● Ablassschraube am Motorblock herausdrehen (Bild 109).
● Austretende Flüssigkeit in einem Gefäss auffangen.
● Schlauch zum Ausgleichgefäss abnehmen.
Einfüllen:
● Ablassschraube am Block mit neuer Dichtung montieren.
Anzugsmoment 7,8 Nm.
● Den Schlauch zum Ausgleichsgefäss anschliessen.
● Deckel am Ausgleichsgefäss anbringen.
● Kühlmittel langsam beim Thermostat einfüllen.
Sobald am Entlüfter bei der Kühlmittelpumpe blasenfreie Flüssigkeit austritt, Entlüfter verschliessen.
Flüssigkeit soll beim Ansatz in der Öffnung stehen (Bild 110).
● Motor starten und im Leerlauf drehen lassen.
● Wenn Flüssigkeit im Thermostatgehäuse blasenfrei ist, Motor abstellen und fehlendes Kühlmittel bis zur Marke nachfüllen. Deckel aufsetzen.
● Ausgleichsgefäss bis zur oberen Marke auffüllen und verschliessen.
● Motor starten und im Leerlauf drehen lassen, bis Ventilator beim Wärmetauscher zu laufen beginnt. Motor erkalten lassen, Niveau im Ausgleichsgefäss nochmals überprüfen und wenn erforderlich ergänzen.

6.2 Druckprüfung des Kühlsystems

● Motor erkalten lassen.
● Deckel vom Thermostatgehäuse abnehmen.
● Druckprüfer mit Pumpe anschliessen (Bild 111).
●⚠ Mit Pumpe 1,25 bar Druck aufbauen.
● Druck muss mindestens sechs Sekunden gehalten werden. Angegebener Prüfdruck darf nicht überschritten werden.
● Wird Druckabfall festgestellt, alle Verbindungen der Kühlmittelschläuche auf Austritt von Flüssigkeit untersuchen. Wärmetauscher auf Austritt von Kühlmittel prüfen.
Prüfen, ob Motorenöl frei von Kühlflüssigkeit ist. Wird im Öl Kühlflüssigkeit festgestellt, muss Zylinderkopfdichtung ersetzt werden.

6.3 Kühlmittelpumpe

Ausbau:
● Linke untere Verkleidung abnehmen.

- Kühlflüssigkeit ablassen. Sie kann, wenn nicht älter als zwei Jahre und noch sauber, wieder verwendet werden.
- Kupplungsnehmerzylinder abnehmen (Bild 112).
- Motorritzelabdeckung demontieren.
- Schlauchschelle vom Stutzen der Kühlmittelpumpe lösen und Schlauch abnehmen.
- Befestigungsschrauben der Pumpe entfernen.
- Pumpe abnehmen.

Einbau:

- Flanschflächen der Pumpe und des Blocks reinigen, ohne Material abzutragen.
- Neuen Dichtring in Deckel der Pumpe einlegen.
- Neuen Dichtring auf Pumpe montieren.
- Pumpe ohne Deckel einsetzen (Bild 113).
- Pumpenrad drehen, bis Mitnehmer einrastet.
- Deckel aufsetzen und Schrauben festziehen.
- Alle demontierten Teile einbauen.
- Kühlsystem auffüllen. Siehe Kapitel «Kühlflüssigkeit».

Prüfen der Pumpe:

- Lagerung auf Spiel untersuchen.

Durch Drehen des Pumpenrades Freigängigkeit und Zustand der Lager (Rumpeln) prüfen.

- Bohrung am Pumpengehäuse auf Austritt von Kühlflüssigkeit untersuchen. Wird Austritt festgestellt, muss Pumpe ersetzt werden (Bild 114).

6.4 Kühler, Kühlgebläse

Kühlgebläse und Thermoschalter sind direkt mit der Batterie verbunden. Bei Arbeiten am Gebläse immer Batterie-Minuspol abklemmen.

Ausbau:

- Minuspol der Batterie abklemmen.
- Obere und untere Verkleidung abnehmen.
- Kühlflüssigkeit ablassen.
- Benzintank ausbauen.
- Elektrische Steckverbindung trennen (Bild 115).
- Ventilatorschalterleitung abnehmen.
- Kühlmittelschläuche demontieren (Bild 116).
- Ölkühler ausbauen.
- Befestigungsschrauben des Wärmetauschers entfernen (Bild 117).
- Den Wärmetauscher abnehmen.
- TIP Darauf achten, dass Lamellen des Elements nicht verbogen oder beschädigt werden.

Prüfen des Wärmetauschers:

- Element auf Verschmutzung und deformierte Lamellen überprüfen.

Verschmutzungen mit Pressluft entgegen der Durchströmrichtung ausblasen. Dabei mit reduziertem Druck arbeiten. Lamellen sind sehr empfindlich und verbiegen sich leicht.

Verbogene Lamellen sorgfältig geradebiegen.

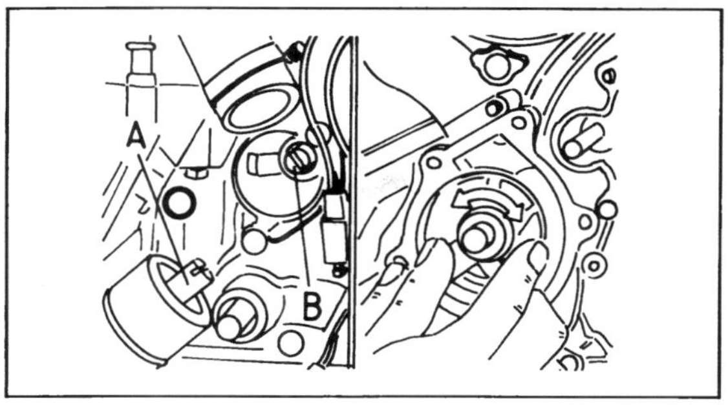

Bild 113
Kühlmittelpumpe einbauen
A Pumpenwelle
B Pumpenrad drehen

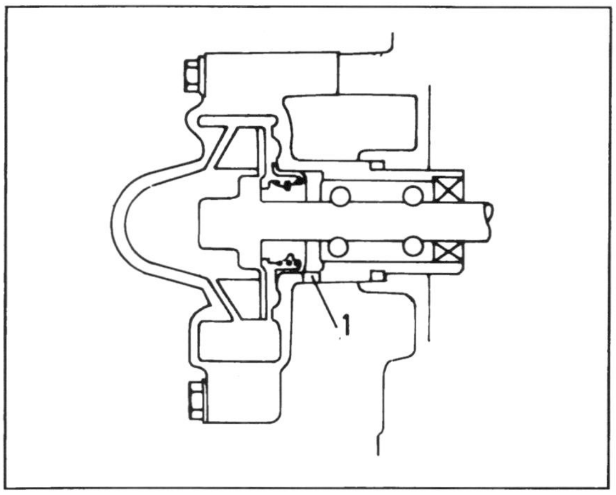

Bild 114
Pumpenquerschnitt
1 Austrittsbohrung

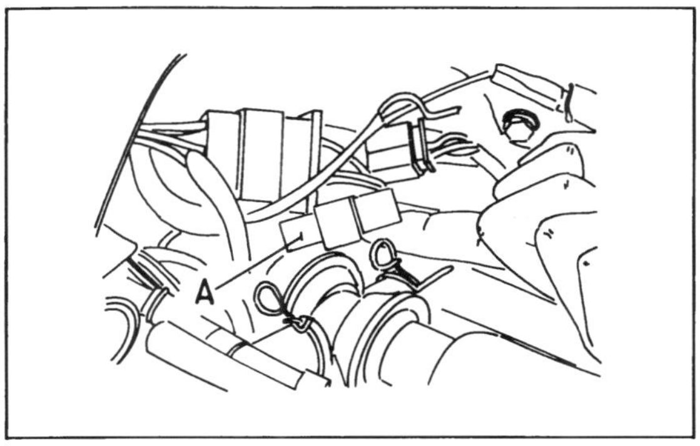

Bild 115
Steckverbinder Kühlergebläse
A Steckverbinder

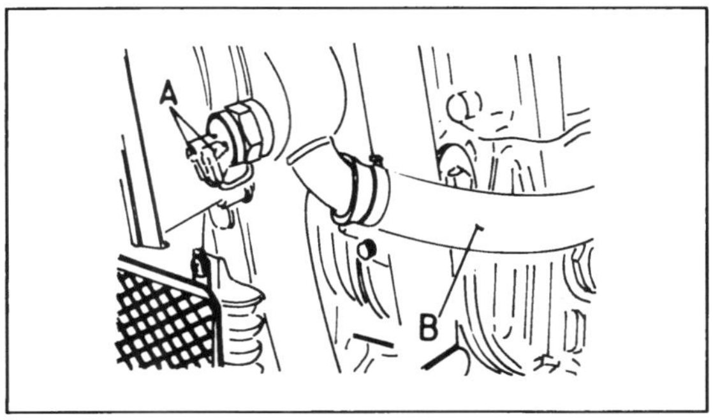

Bild 116
Anschlüsse Wärmetauscher
A Thermoschalter
B Kühlmittelschlauch

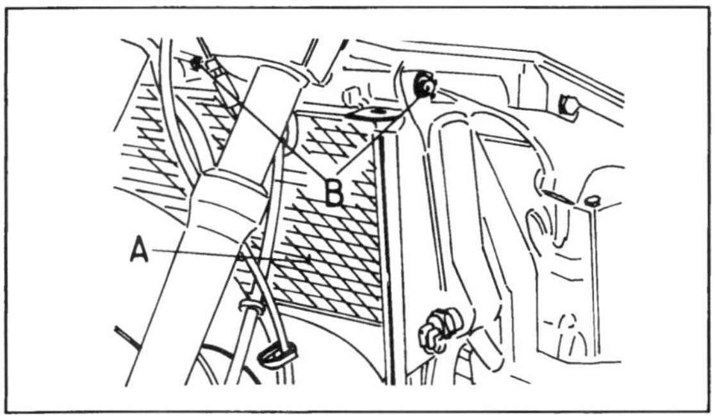

Bild 117
Befestigung Wärmetauscher
A Wärmetauscher
B Schrauben

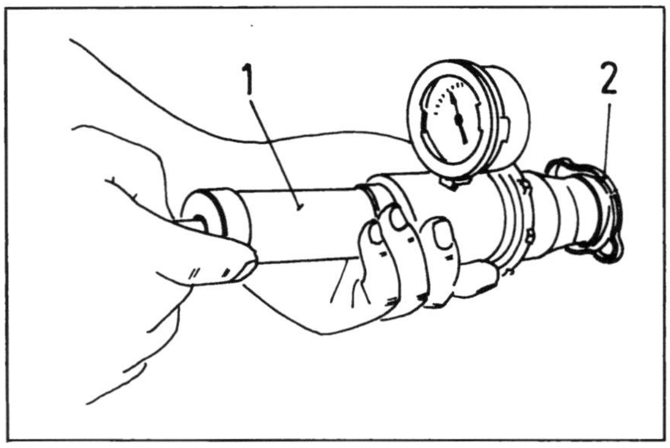

Bild 118
Deckel prüfen
1 Pumpe
2 Deckel

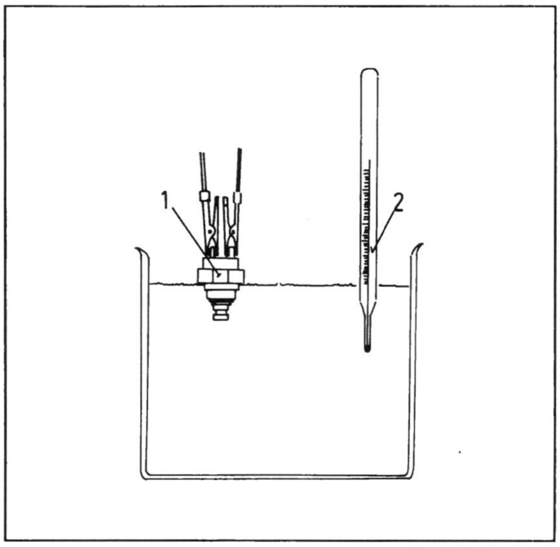

Bild 119
Thermoschalter prüfen
1 Schalter
2 Thermometer

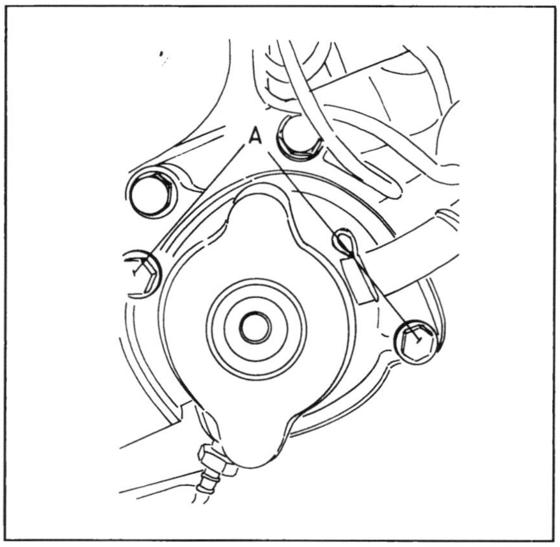

Bild 120
Thermostatgehäuse
A Deckelschrauben

- Element auf Austritt von Kühlflüssigkeit untersuchen.
- Austrittsöffnung verschliessen und Wärmetauscher mit Wasser füllen. Drucktester mit geeignetem Adapter anschliessen und Druck von 1,5 bar aufbauen. Bei Druckverlust und Austritt von Wasser am Element Wärmetauscher ersetzen.

Von einer Reparatur sollte abgesehen werden.
Einbau:

- Einbau in umgekehrter Reihenfolge des Ausbaus.
- Kühlmittel gemäss Kapitel «Kühlflüssigkeit» einfüllen.

Verschlussdeckel prüfen:

- Deckel auf Druckprüfer schrauben.
- Mit Pumpe Druck aufbauen.

Öffnungsdruck des Ventils muss zwischen 0,95 bis 1,25 kp/mm² betragen.
Wird dieser Bereich überschritten, muss der Dekkel ersetzt werden (Bild 118).
Thermoschalter:
Thermoschalter muss bei einer Temperatur von 96 bis 100°C Kontakte schliessen und bei 91 bis 95°C wieder öffnen.
Ausbau:

- Kühlmittel ablassen.
- Linke untere Verkleidung abnehmen.
- Steckverbindung vom Schalter abziehen.
- Schalter demontieren.

Prüfen des Schalters:

- Schalter so in ein Gefäss mit Wasser hängen, dass die Kontaktstellen trocken bleiben.
- An Kontaktstellen ein Ohmmeter anschliessen.
- Wasser im Gefäss erhitzen und mit dem Thermometer Schliessen der Kontakte über das Ohmmeter prüfen. Darauf achten, dass beide Funktionen, Schliessen und Öffnen, kontrolliert werden.
- Schalter, die Sollwerte nicht erfüllen, durch Neuteile ersetzen (Bild 119).

6.5 Thermostat

Ausbau:

- Obere Verkleidung abnehmen.
- Kühlflüssigkeit ablassen.
- Deckel des Thermostatgehäuses abschrauben. Deckel abnehmen und Thermostat herausnehmen (Bilder 120 und 121).

Einbau:

- Flanschfläche an Gehäuse und Deckel säubern, ohne Material abzunehmen.
- Neuen Dichtring einsetzen.
- Thermostat einsetzen und Deckel festziehen.
- Kühlsystem befüllen und entlüften.

Prüfen des Thermostaten:
Thermostat muss bei 80 bis 84°C öffnen.

- Thermostat an einem Faden befestigen.
- Gefäss mit Wasser auf eine Wärmequelle stellen und Wasser erhitzen.
- Thermostat in das Gefäss hängen und mit Thermometer die Öffnungstemperatur des Thermostaten prüfen (Bild 122).
- Liegt die Öffnungstemperatur ausserhalb der Grenzwerte, muss der Thermostat ausgewechselt werden.

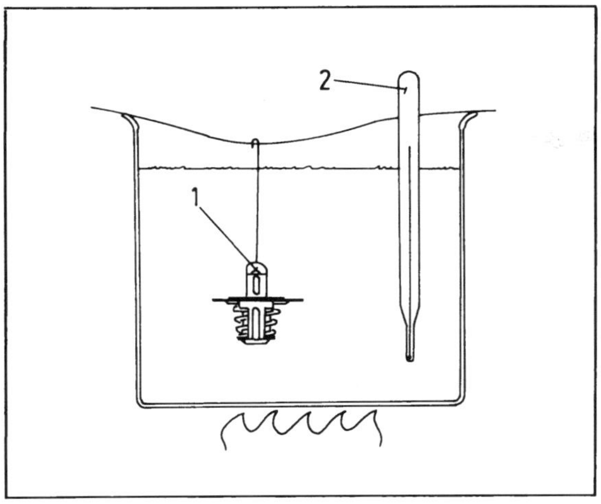

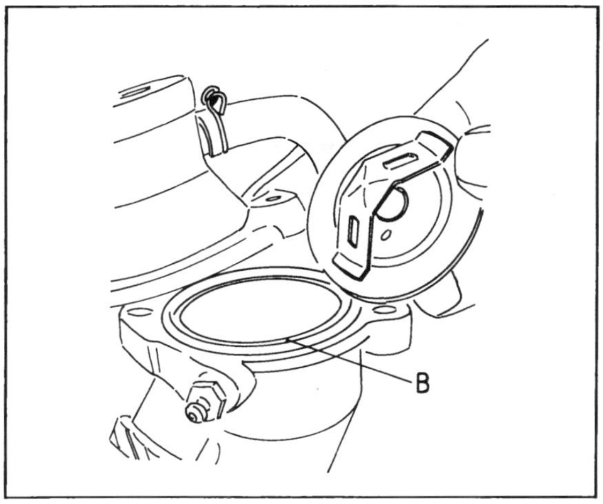

◄ **Bild 121**
Ausbau Thermostat
B Dichtring

Bild 122
Thermostat prüfen
1 Thermostat
2 Thermometer

7 Motoroberteil

7.1 Ventildeckel aus- und einbauen

Ausbau:
- Benzintank demontieren.
- Beide Zündspulen ausbauen.
- Vergaser vom Zylinderkopf abnehmen.
- Leitblech demontieren.
- Befestigungsschrauben entfernen.
- Deckel abnehmen.

Einbau:
- Einbau erfolgt in umgekehrter Reihenfolge.
- Dichtfläche fettfrei reinigen.
- Auf halbrunde Aussparungen Silikondichtstoff dünn auftragen (Bild 124).
- Wenn Dichtung beschädigt ist, neuwertige einsetzen.
- Deckel aufsetzen.
- Schrauben mit 9,8 Nm festziehen.

7.2 Steuerkettenspanner

Ausbau:
- Vergaser demontieren.
- Befestigungsschrauben entfernen (Bild 125).
- Spanner abnehmen.

Hinweise:
- ⚠ TIP Motor darf bei demontiertem Spanner nicht gedreht werden.

Spanner immer vollständig demontierten und anschliessend wie nachstehend beschrieben zurücksetzen.

Einbau:
- Verschlussschraube entfernen.
- Druckstange eindrücken und gleichzeitig Schraube durch Öffnung der Verschlussschraube eindrehen.

Dadurch wird der Spanner zurückgesetzt.
Mit Schraubendreher Stellmechanismus festhalten (Bild 126).
- Spanner einsetzen (neue Dichtung).
- Schrauben mit 12 Nm festziehen.
- Verschlussschraube mit 4,9 Nm eindrehen.

Defekte Spanner, die nicht mehr nachzustellen oder ausgeschlagen sind, durch Neuteil ersetzen.

7.3 Nockenwelle

Ausbau:
- Benzintank demontieren.
- Vergaser abbauen.
- Ventildeckel abnehmen.
- Deckel des Impulsgebers abschrauben.
- Motor auf OT 1./4. Zylinder stellen (Bild 127).
- Steuerkettenspanner ausbauen.
- Motor nicht mehr drehen.
- Nockenwellenlagerdeckel demontieren.

Schrauben stufenweise lösen (Bild 128).
- Kettentunnel mit sauberem Lappen verschliessen.
- Schrauben der Kettenräder entfernen.
- Nockenwellen seitlich herausnehmen.

Einbau:
- Einbau in umgekehrter Reihenfolge.
- Nockenwellen sind mit EX und IN markiert (Bild 129)!
- Prüfen ob der Kurbeltrieb auf OT 1./4. Zylinder steht.
- Nocken des Impulsgebers konsultieren.
- Nockenwellen werden von links her eingebaut und in die Kettenräder eingeschoben. Befestigungsschrauben werden von rechts eingesetzt.
- Kettenräder gemäss dem nachstehenden Schema mit Steuerkette verbinden (Bild 130).
- Anschliessend Nockenwelle einschieben und mit Kettenrad verschrauben.

Anzugsmoment 15 Nm; Sicherungslack auftragen.
Beide Kettenräder sind identisch (Bild 131).
- O-Ringe der Lagerdeckel einsetzen.
- Lagerdeckel auflegen und mit 12 Nm festziehen (Bild 132).
- Kettenspanner anbauen.
- Motor sorgfältig zwei Umdrehungen drehen.

Wird Klemmen festgestellt, ist Einstellung der Nockenwellen falsch und muss korrigiert werden.
- Motor auf OT 1./4. Zylinder stellen und korrekte Einbaulage der Kettenräder/Kette/Kurbeltrieb prüfen.
- Deckel des Impulsgebers montieren.
- Restlichen Zusammenbau in umgekehrter Reihenfolge der Demontage vornehmen.

Lagerspiel prüfen:

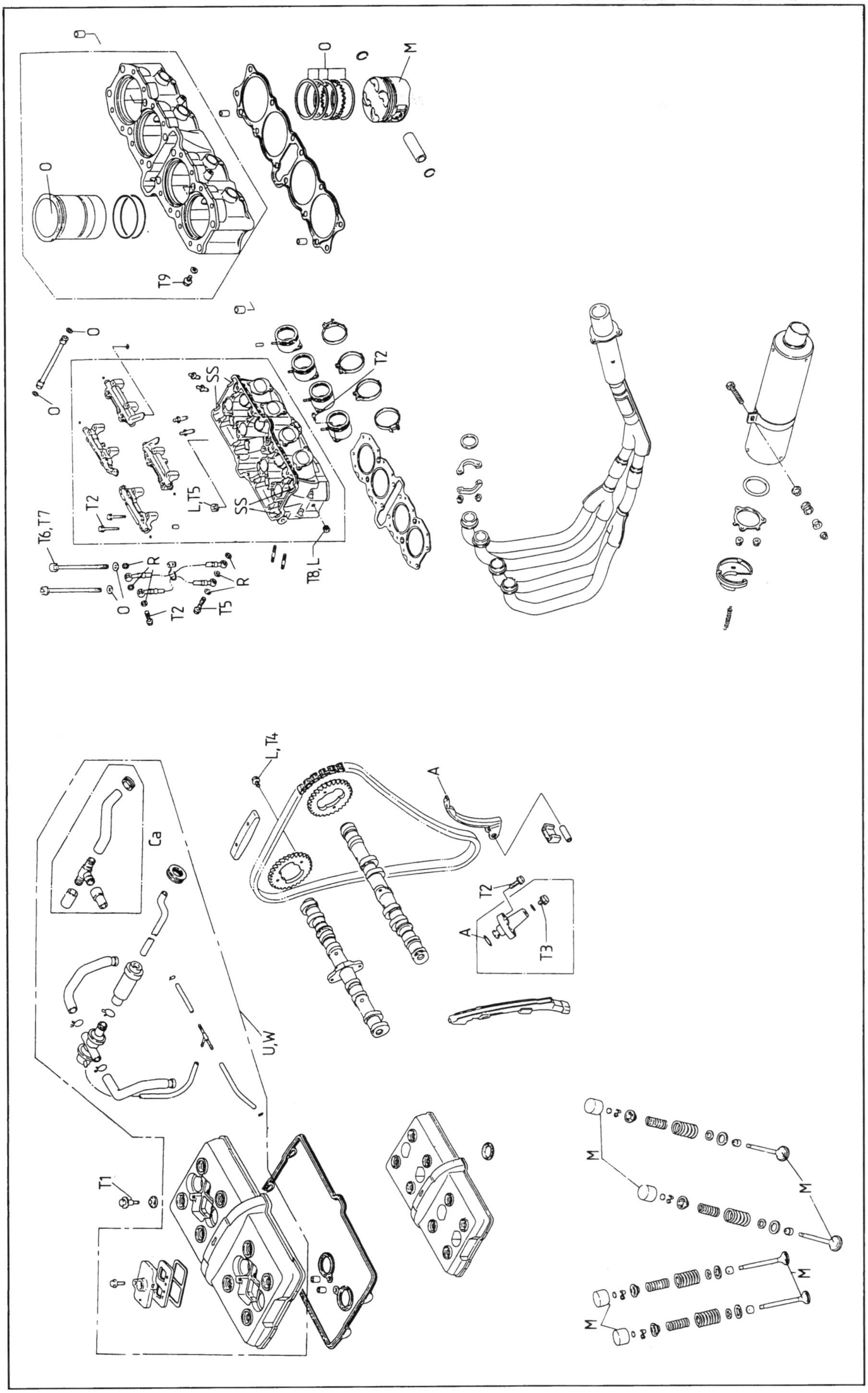

Bild 123
Teile des Motoroberteils

(Ca)	California-Modell
(U)	US-Modell
(W)	Schweiz-Modell
R	Ersatzteil
L	Auftrag Sicherungslack
M	Auftrag Fett MoS_2
O	Auftrag Öl
SS	Auftrag Silikondichtstoff
T1	Anzug 9,8 Nm
T2	Anzug 12 Nm
T3	Anzug 4,9 Nm
T4	Anzug 15 Nm
T5	Anzug 25 Nm
T6	Anzug 54 Nm für neue Schrauben
T7	Anzug 49 Nm für gebrauchte Schrauben
T8	Anzug 20 Nm
T9	Anzug 7,8 Nm

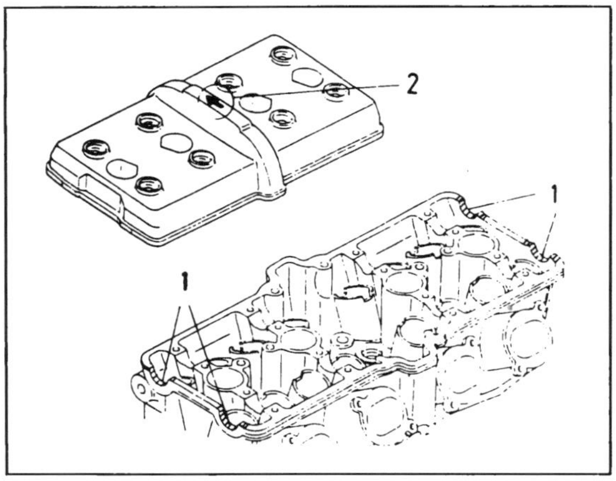

Bild 124
Abdichten Ventildeckel
1 Silikondichtmittel-Auftrag
2 Einbauhinweis «Front»

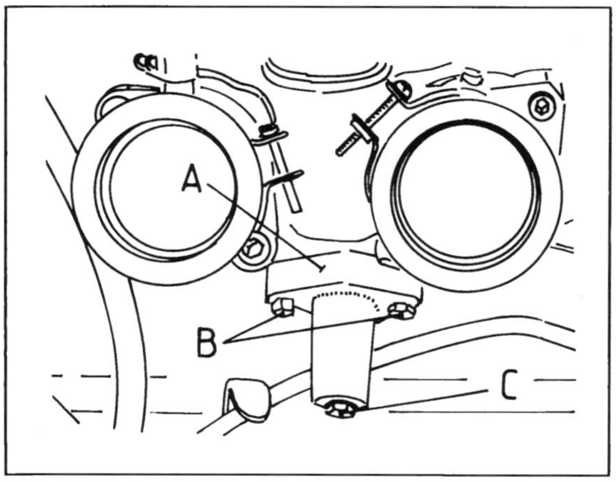

Bild 125 ►
Einbaulage Kettenspanner
A Spanner
B Schrauben
C Verschlussschraube

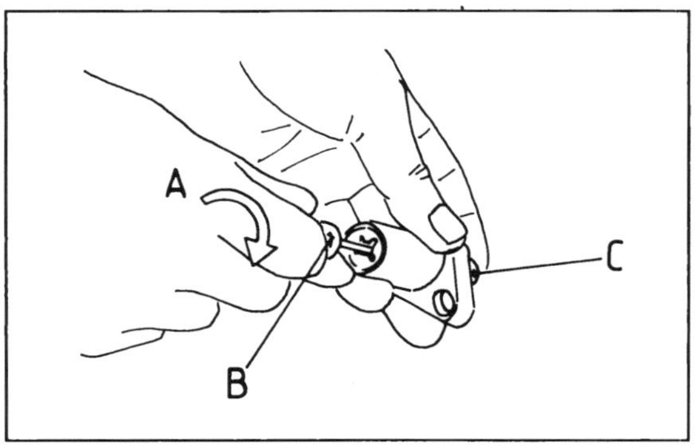

Bild 126
Spanner zurücksetzen
A Im Uhrzeigersinn drehen
B Schraubendreher
C Druckstange

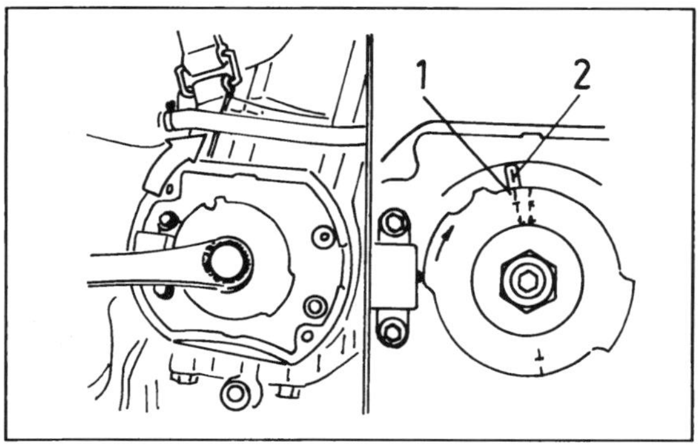

Bild 127 ►
Impulsgebernocken
1 OT-Marke
2 Bezugsmarke

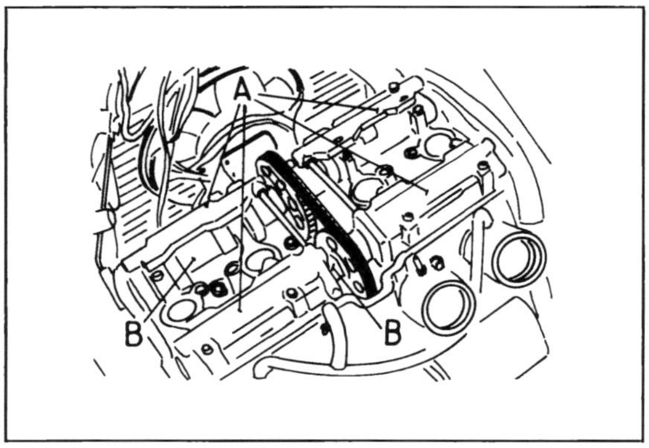

Bild 128
Zylinderkopf
A Nockenwellenlagerdeckel
B Nockenwellen

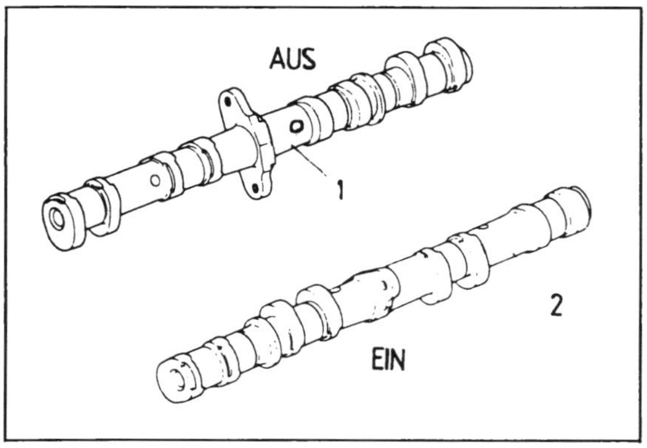

Bild 129 ►
Nockenwellen
1 Auslasswelle
2 Einlasswelle

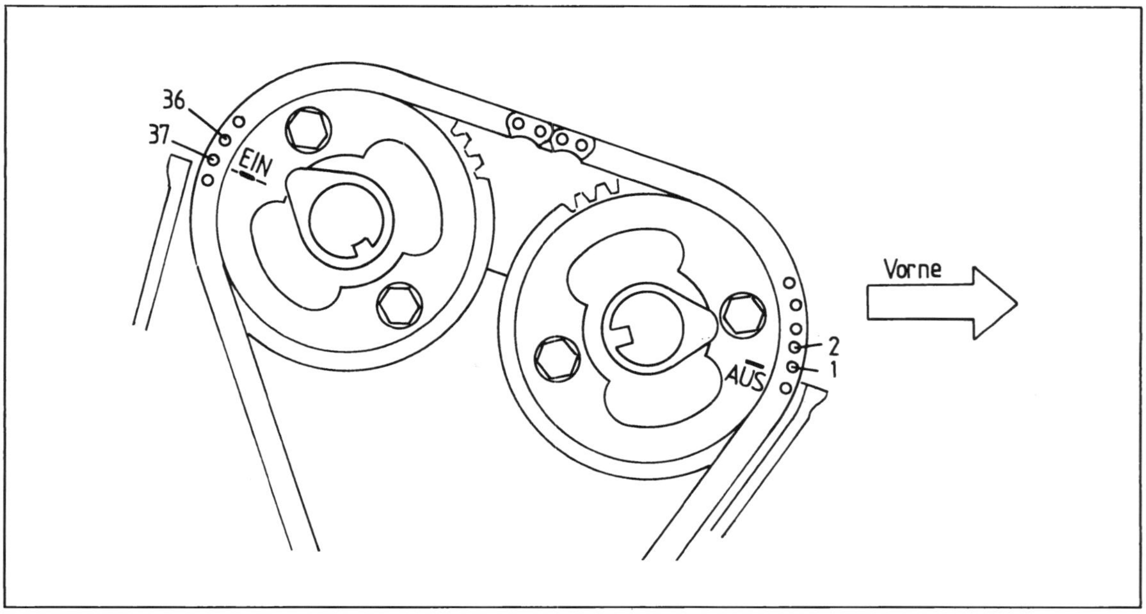

Bild 130
Einbaulage der Kettenräder
Pfeil = Front

● Lagerstellen der Nockenwellen trocken reinigen.
● Nockenwellen fettfrei reinigen.
● Nockenwellen in die Lagerstellen legen.
● Auf jeden Lagerzapfen ein Stück Plasti-Gage längs anbringen.
● Lagerdeckel aufsetzen und mit vorgeschriebenem Moment festziehen.
● ⚠ Dabei dürfen die Wellen nicht gedreht werden.
Immer nur eine Welle ausmessen, dann die andere.
Sonst können die Ventile bei zusammengebautem Motor beschädigt werden.
● Lagerdeckel wieder abbauen.
● Mit der Lehre Lagerspiel bestimmen.
Lagerspiel soll folgende Werte aufweisen:

Lagerzapfen	Standard	Grenzwert
Zylinder 1/4	0,048–0,091	0,18
Zylinder 2/3	0,078–0,121	0,21

Liegt Spiel ausserhalb der Grenzwerte, Messung mit neuen Wellen durchführen.
Wird vorgeschriebenes Spiel auch so nicht erreicht, muss komplette Zylinderkopfeinheit ersetzt werden.
Steuerkettenverzug prüfen:
● Steuerkette über 20 Glieder mit 5 kp spannen.
● Länge der 20 Glieder, von Zapfen bis Zapfen, messen.
Sollmass 127,0 bis 127,4 mm.
Grenzwert 128,9 mm.
Messung an verschiedenen Stellen der Kette durchführen.
Wird Verzug festgestellt, muss die Kette durch Originalteil ersetzt werden (Bild 133).

7.4 Zylinderkopf

Ausbau:
● Motor ausbauen (siehe entsprechendes Kapitel).
● Ventildeckel abbauen.
● Kettenspanner demontieren.
● Nockenwellen ausbauen.
● Zylinderkopfschrauben in mehreren Umgängen, stufenweise lösen.
● Zylinderkopf abnehmen.
Sollte Zylinderkopfdichtung kleben, mittels leichten Schlägen eines Kunststoffhammers lösen. Keinesfalls irgendwelche Werkzeuge zwischen Kopf und Block treiben.
Zylinderkopf und Nockenwellenlagerdeckel werden zusammen bearbeitet. Beim Einbau eines neuen Zylinderkopfs dürfen die alten Deckel nicht mehr verwendet werden.
Einbau:

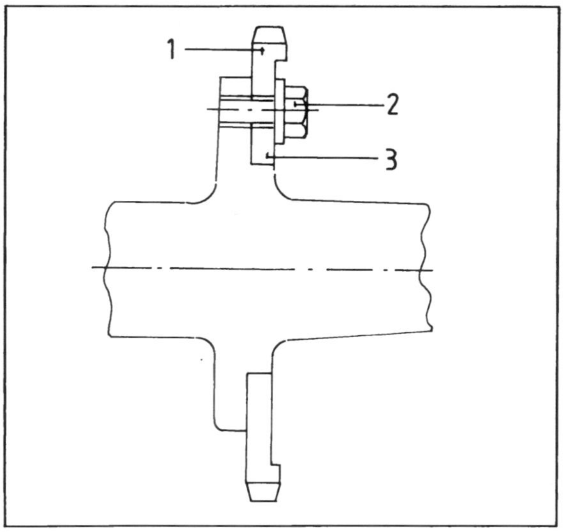

Bild 131
Verbindung Kettenrad-Nockenwelle
1 Kettenrad
2 Schraube
3 Markierte Seite

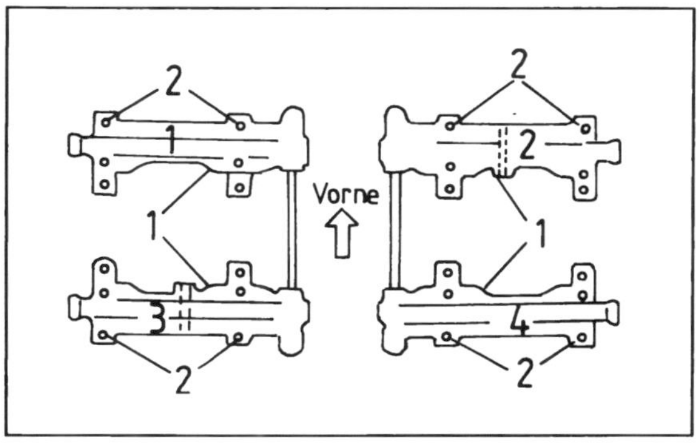

Bild 132
Einbaulage der Lagerdeckel
1 Lagerdeckel
2 lange Schrauben

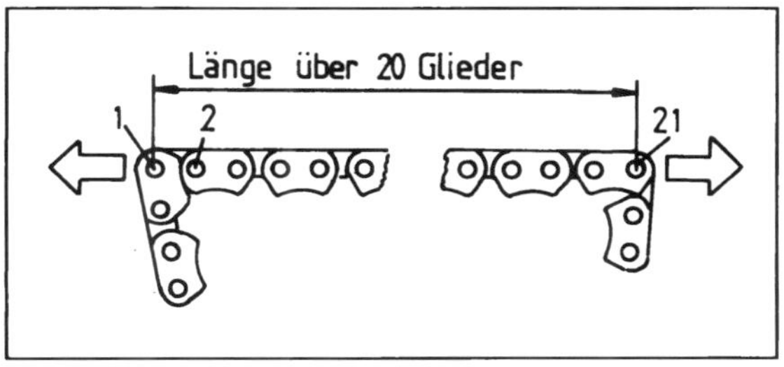

Bild 133
Kettenverzug prüfen

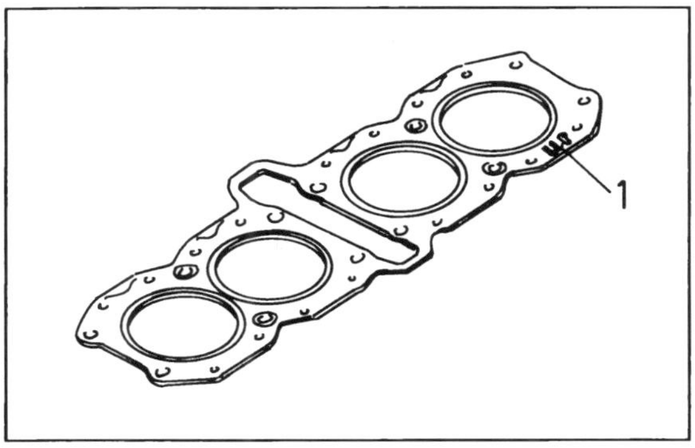

Bild 134
Zylinderkopfdichtung
1 Kennzeichnung

● Dichtflächen an Block und Zylinderkopf mit Trichloräthylen fettfrei reinigen.
● Zentrierbüchsen in den Block einsetzen.
● Zylinderkopfdichtung trocken auflegen (Bild 134).
Bezeichnung «UP» muss von oben sichtbar sein.
● Zylinderkopf sorgfältig auflegen.
Gleichzeitig Steuerkette mit Bindedraht durch

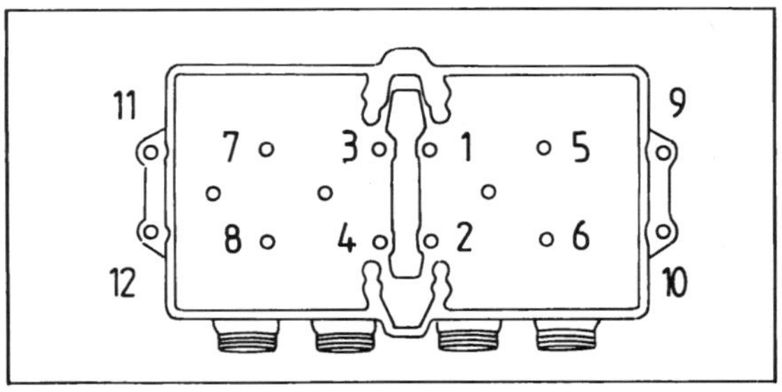

Bild 135
Anzugsreihenfolge

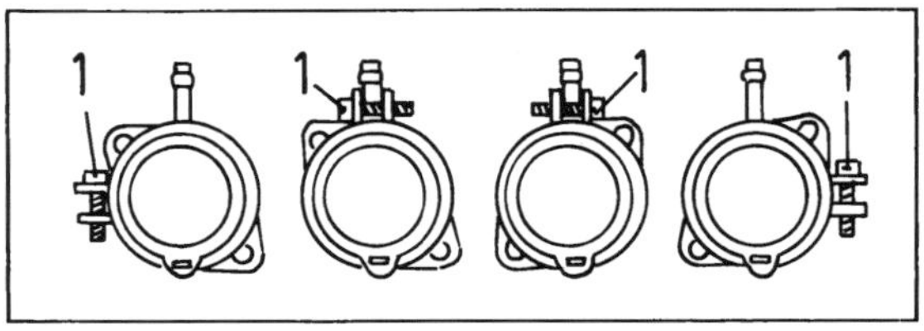

Bild 136
Einbaulage der Vergaserhalterungen
1 Lage der Schraubenköpfe

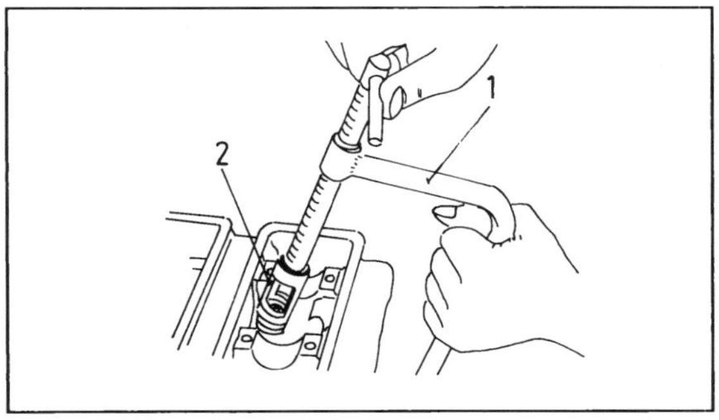

Bild 137
Ventilfederzange
1 Zange
2 Aufsatz

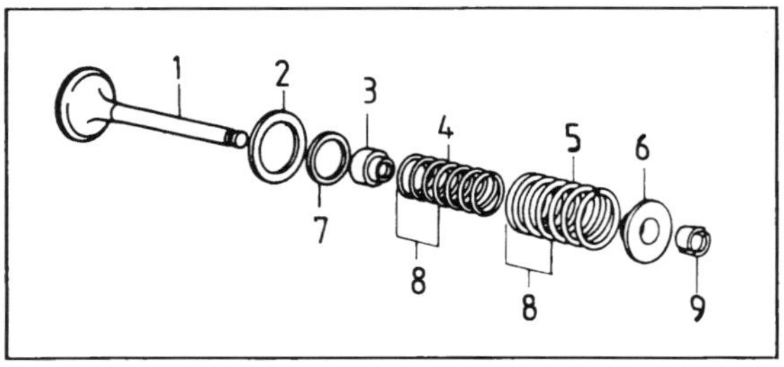

Bild 138
Teile des Ventils
1 Ventil
2 Federauflage
3 Abdichter
4 Ventilfeder innen
5 Ventilfeder aussen
6 Federteller
7 Federauflage
8 Enger gewundener Teil der Federn
9 Ventilkeile

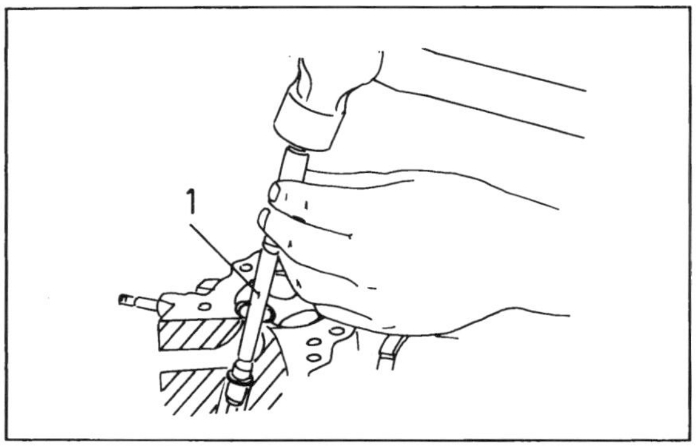

Bild 139
Ventilführung demontieren
1 Ventilführungsdorn

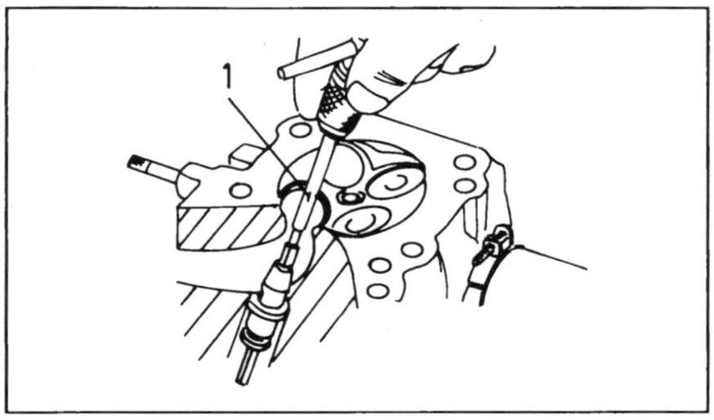

Bild 140
Ventilführung nachreiben
1 Reibahle 57001-1204

Kettenkanal nach oben ziehen.
- Unterlegscheiben der Zylinderkopfschrauben beidseitig mit Öl bestreichen.
- Gewinde der Schrauben dünn mit Öl benetzen.
- Schrauben eindrehen und in nachfolgend dargestellter Reihenfolge mit 20 Nm festziehen.
- Neue Zylinderkopfschrauben in einem zweiten Umgang mit 54 Nm endgültig festziehen (Bild 135).
- Gebrauchte Schrauben mit 49 Nm festziehen.
- Ölschlauch-Hohlschrauben mit 12 Nm festziehen.
- Nockenwellen wie beschrieben einbauen.
- Kettenspanner montieren.
- Ventildeckel aufsetzen (Bild 136).

Zerlegen des Zylinderkopfs:
- TIP Ventilstössel herausnehmen und so ablegen, dass sie später wieder am selben Ort eingebaut werden können.
- Mit Ventilfederzange Ventilfedern spannen, bis Keile in Federtellern frei werden (Bild 137).
- TIP Sollten Keile klemmen, mit leichtem Hammerschlag auf Ventilfederzange diese lösen.
- Keile entnehmen.
- Ventilfederzange entspannen.
- Teile des Ventils herausnehmen und gemeinsam ablegen.
- Bevor Ventil aus der Führung genommen wird, eventuell vorhandenen Grat am Schaftende mittels Abziehstein entfernen.
- Ventilschaftabdichter von der Ventilführung abziehen.
- Ventilfederauflagen aus Zylinderkopf entfernen (Bild 138).

Ausbau der Ventilführungen:
Ventilführungen dürfen nur im Schadensfall demontiert werden. Einmal ausgebaute Führungen müssen durch neue ersetzt werden.
Ventilsitze müssen anschliessend zentrisch zur Führung nachgearbeitet werden. Ungeübte sollten diese Arbeit einer Spezialwerkstätte überlassen.
- Zylinderkopf auf ebene Fläche legen.
- Mit Ventilführungsdorn 57001-1203 Führung von der Brennraumseite her austreiben (Bild 139).
- Zylinderkopf reinigen.
- Zylinderkopf gleichmässig auf 120 bis 150°C erhitzen. Temperatur mit Thermochromstiften von Faber-Castell überwachen.
- Zylinderkopf auf Dichtfläche legen.
- Bohrung und Führung einölen.
- Mit Ventilführungsdorn neue Führung von der Nockenwellenseite her bis zum Bund eintreiben.
- Mit Reibahle 57001-1204 Bohrung der Führung riefenfrei nacharbeiten (Bild 140).

Anschliessend muss Ventilsitz nachgearbeitet werden.

Ventilsitze nacharbeiten:
Für die Ventilsitzbearbeitung ist ein präzises Werkzeug erforderlich. Vorzugsweise sollte ein Hunger-Ventilsitzdrehapparat verwendet werden. Die vielfach propagierten Kegelfräser ergeben bei verzogenen Sitzen keinen zentrischen Sitz.
● TIP Ventilsitzfläche soll 0,5 bis 1,0 mm Breite haben (Bild 141).
Die Aussendurchmesser der Sitze sollen folgende Werte aufweisen:
Einlass 25,9 bis 26,1 mm
Auslass 21,9 bis 22,1 mm
Sitzwinkel 45°.
Zur Korrektur von Sitzbreite und Lage am Ventil werden folgende Winkel verwendet:
Korrektur oben 30°
Korrektur unten 60°
● Bohrung der Ventilführung sorgfältig reinigen.
● Führungsdorn einsetzen.
● Drehkopf mit Sitzwinkel 45° ansetzen und eigentlichen Ventilsitz bearbeiten.
Nur gerade soviel Material abnehmen, bis Sitz vollständig ist.
● Mit Drehkopf 30° obere Korrektur anbringen.
Aussendurchmesser des Ventilsitzes mit Schiebelehre genau vermessen.
● Anschliessend mit 60°-Drehkopf Sitzbreite wie vorgeschrieben herstellen.
● Führungsdorn ausbauen.
● Ventil am Sitz dünn mit feiner Schleifpaste bestreichen.
● Ventil am Schaft einölen und in Führung einsetzen.
● Mit Saugnapf Ventil ganz leicht eintouchieren. Keinesfalls Ventil «einschleifen».
● Ventil entnehmen und reinigen.
Ventilsitz muss sich als mattgrauer Ring am Ventilkegel darstellen. Am äusseren Rand muss ein glänzender Ring sichtbar sein.
Prüfen des Ventilführungsspiels:
● Ventilführung trocken reinigen.
● Ventilschaft trocken reinigen.
● Ventil einsetzen.
● Messuhr mit Ständer gemäss nachstehendem Schema anbringen (Bild 142).
● Durch Hin und Her-Bewegen des Ventils das sogenannte Kippspiel messen, das folgende Werte haben darf.
Einlass 0,033 bis 0,144; Grenzwert 0,34 mm
Auslass 0,095 bis 0,181; Grenzwert 0,40 mm

7.5 Zylinder, Kolben

Ausbau:
● Zylinderkopf demontieren.

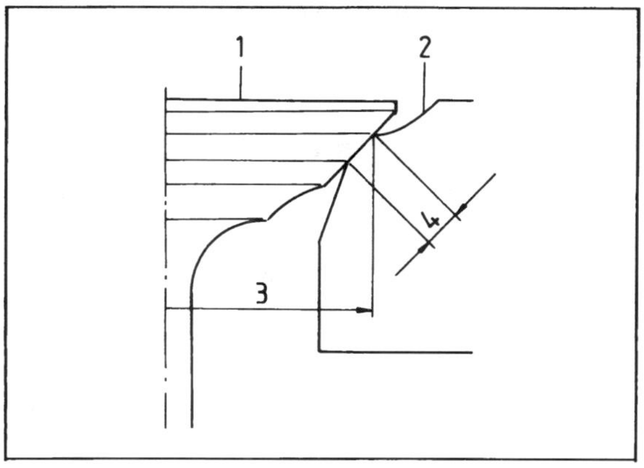

Bild 141
Ventil im Zylinderkopf
1 Ventil
2 Ventilsitzring
3 Aussendurchmesser des Ventilsitzes
4 Sitzbreite

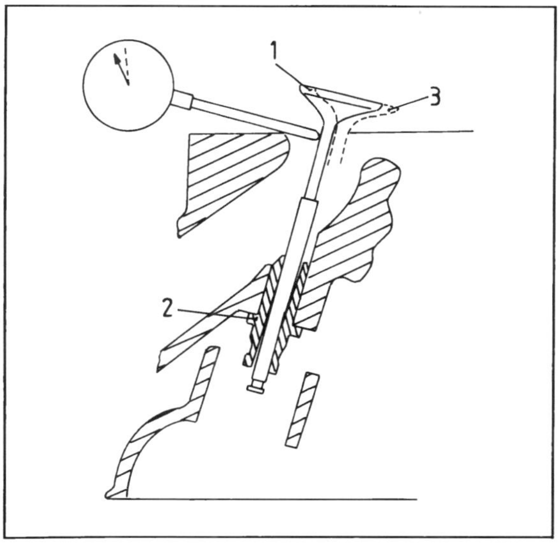

Bild 142
Kippspiel messen
1 Ventil
2 Ventilführung
3 Kippspiel

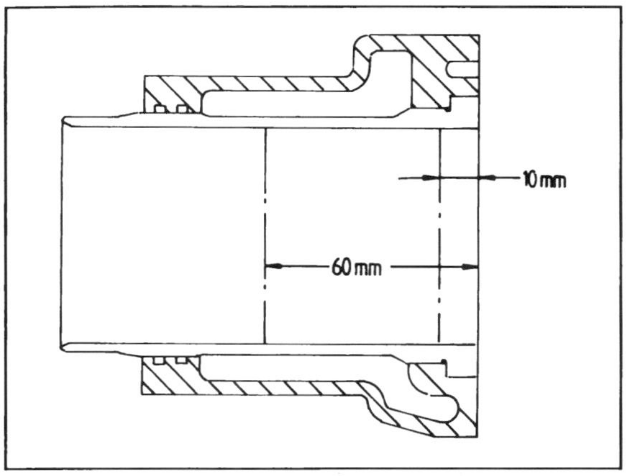

Bild 143
Messebenen der Zylinderbohrung

● Wasserrohr und Steuerkettenführung abbauen.
● Block vom Unterteil sorgfältig abziehen.
Freiwerdende Kolben gegen Beschädigungen schützen, indem sie am Kolbenhemd beidseitig unterlegt werden. Dazu Holz verwenden.
● Dichtung entfernen und Dichtfläche ohne Materialabnahme reinigen.

Zylinderverschleiss prüfen:
● Zylinderbohrung fettfrei reinigen.
● Durchmesser der Bohrungen in zwei Ebenen mit präzisem Innenmikrometer feststellen.

Dazu Zweipunktmessgerät verwenden.
Messung an vier verschiedenen Punkten vornehmen (Bild 143).
Festgestellte Masse notieren!
- Sollmass: 68,000 bis 68,012 mm
Grenzwert: 68,100 mm
- Ovalität und die Zylindrizität dürfen 0,01 mm nicht überschreiten.

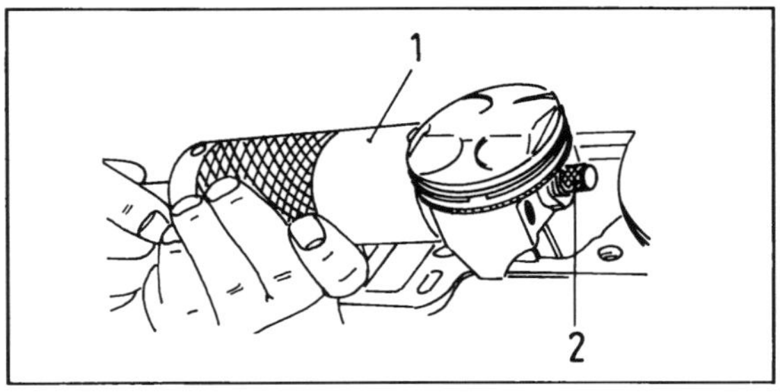

Bild 144
Demontage der Kolben
1 Abzieher
2 Adapter

Demontage der Kolben:
- Zur Demontage muss der Kolbenbolzen mit Werkzeug 57001-910 ausgebaut werden.
- Sprengringe mit Reissnadel oder kleinem Schraubendreher abnehmen.
- Adapter in Kolbenbolzen einsetzen.
- Mit Auszieher Bolzen entfernen.
- Kolben entgegennehmen (Bild 144).

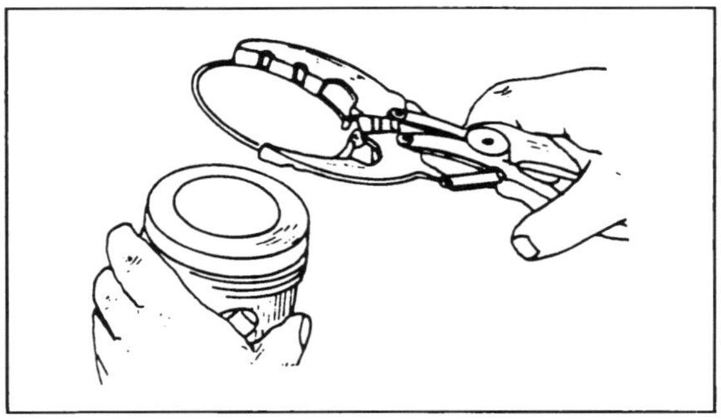

Bild 145
Kolbenringzange

Prüfen der Kolben:
- Kolbenringe mit Kolbenringzange sorgfältig demontieren (Bild 145).
- Mit Mikrometer 50-75 Kolbendurchmesser 5 mm vom unteren Rand des Kolbenhemds feststellen (Bild 146).
- Normaldurchmesser des Kolbens:
67,942 bis 67,958 mm
Grenzwert: 67,80 mm
- Aussendurchmesser des Kolbens auf Fressstellen und Riefen untersuchen.
- Kolbenoberseite auf Abbrand oder sonstige Abnützung prüfen.
- Kolbenringnuten sorgfältig, ohne Material abzunehmen, säubern.
- Entsprechenden Kolbenring einsetzen und mit Blattlehre Höhenspiel der Ringe in den Nuten messen (Bild 147).
Höhenspiel im Normalfall:
Kompressionsring 1 0,03 bis 0,07 mm
Grenzwert 0,17 mm
Kompressionsring 2 0,02 bis 0,06 mm
Grenzwert 0,16 mm
Wird Grenzmass überschritten, Messung mit neuen Ringen durchführen.
Wird auch so der Grenzwert überschritten, Kolben und Ringe ersetzen.

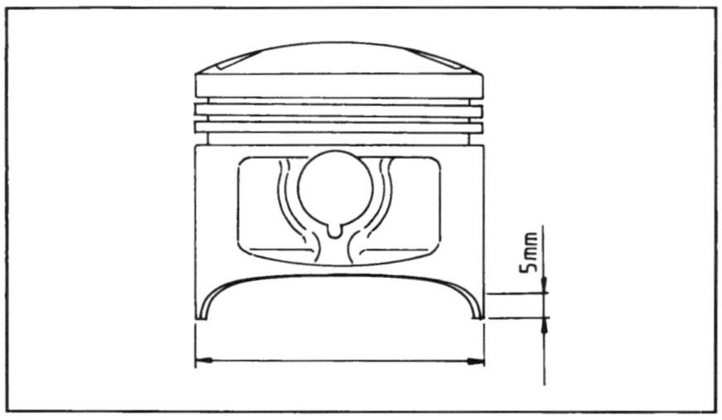

Bild 146
Kolben vermessen
1 Kolbendurchmesser
2 Messpunkt 5 mm

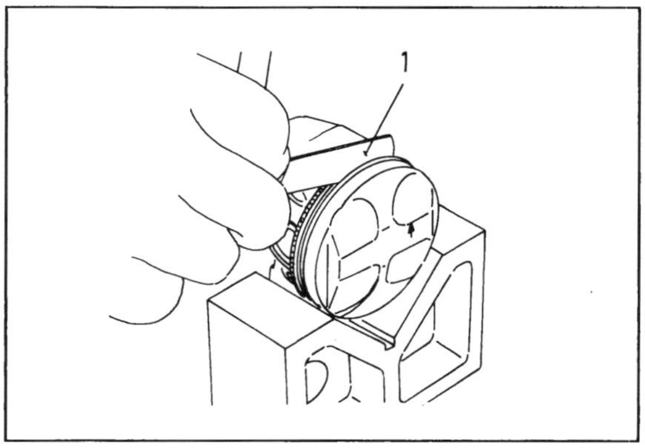

Bild 147
Höhenspiel messen
1 Blattlehre

Stossspiel der Ringe prüfen:
- Kolbenringe plan in die Kolbenbohrung einsetzen.
- Mit Blattlehre Stossspiel prüfen (Bild 148).
Normalspiel:
Kompressionsring 1 0,20 bis 0,35 mm
Grenzwert 0,70 mm
Kompressionsring 2 0,20 bis 0,35 mm
Grenzwert 0,70 mm

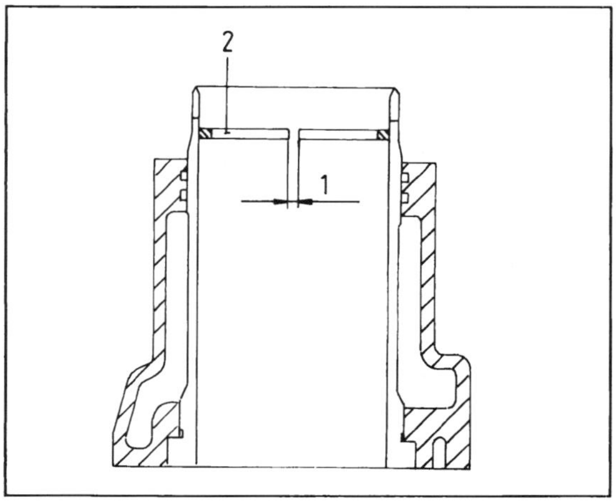

Bild 148
Stossspiel messen
1 Stossspiel
2 Kolbenring

Montage der Kolbenringe:
- Montage muss mit Kolbenringzange erfolgen.
Zu grosses Spreizen der Ringe ist zu vermeiden.

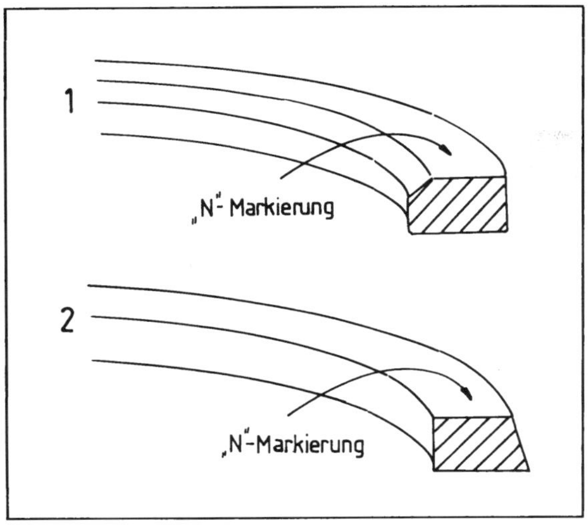

◀ **Bild 149**
Einbaulage der Kolbenringe
1 Kompressionsring 1
2 Kompressionsring 2

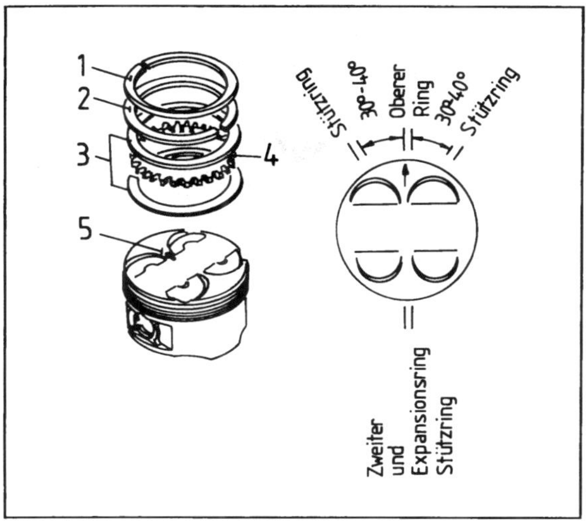

Bild 150
Ringstossversatz
1 Kompressionsring
2 Ölabstreifer
3 Stützringe
4 Expander
5 Pfeil

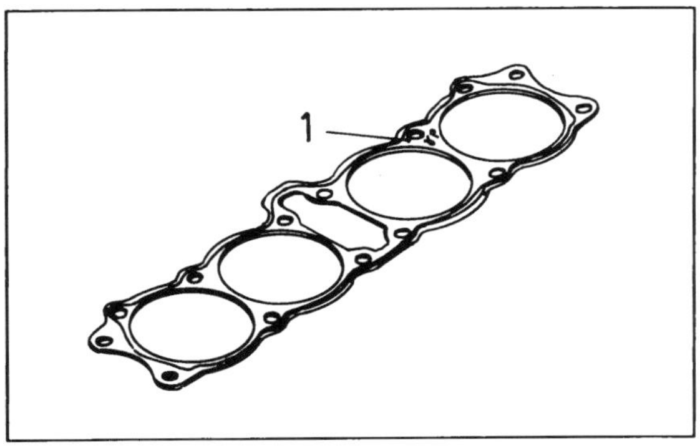

◀ **Bild 151**
Einbaulage der Dichtung
1 Bezeichnung UP

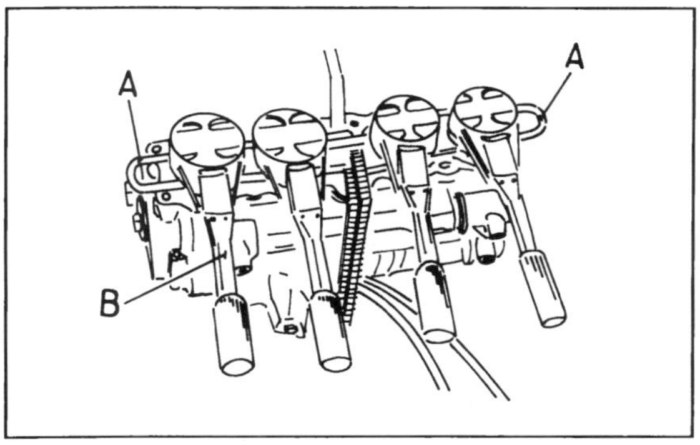

Bild 152
Anbringen der Kolbenringspanner
A Unterlage
B Spanner

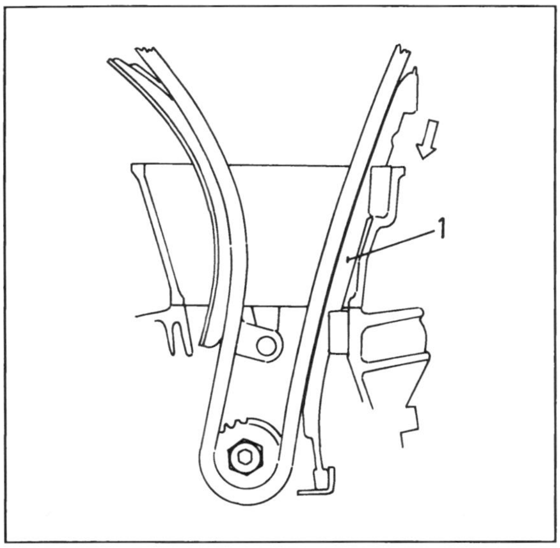

Bild 153
Kettenführung
1 Führungsschiene

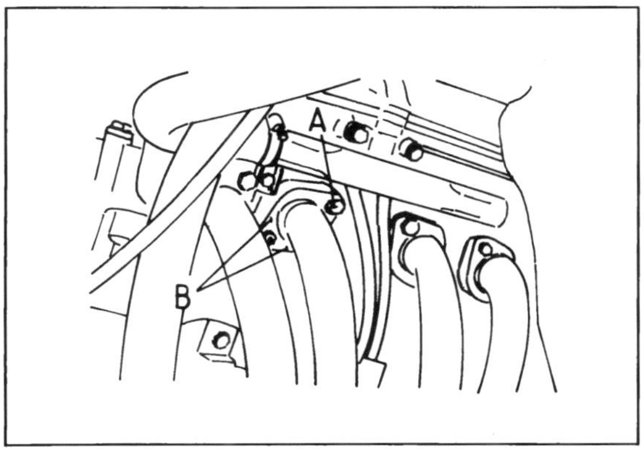

Bild 154
Befestigung Auspuffkrümmer
A Muttern
B Brille

- Ringe tragen an der Stirnseite eine Markierung N. (Bild 149)
Diese muss zur Kolbenoberseite weisen.
- Stösse der Ringe sind um 30 bis 40° zu versetzen (Bild 150).

Einbau der Kolben:
- Kolben an Bolzenbohrung ölen.
- TIP Einen der Sprengringe so einsetzen, dass Stoss zur Kolbenoberseite weist.
- Kolben über Pleuelauge setzen und Bolzen einschieben; zweiten Sprengring in gleicher Weise einbauen.
Pfeil auf Kolbenkrone muss zur Frontseite des Motors weisen.

Zylinderblock montieren:
- Neue Dichtung auf Kurbelgehäuse auflegen.
- Bezeichnung UP beachten (Bild 151).
- Kolben am Hemd gut einölen.
- TIP An jedem Kolben Spannzange für Kolbenringe anbringen. Darauf achten, dass Ringe vollständig in die Nuten gedrückt werden (Bild 152).
- ⚠ Block sorgfältig aufsetzen und über die Kolben schieben. Wird Klemmen festgestellt, keine Gewalt anwenden. Prüfen, ob die Ringe vollständig in den Nuten sitzen. Ringe brechen sehr leicht!
- Zentrierhülsen einsetzen.
- Spanner entfernen und Block vollends auf das

Kurbelgehäuse schieben.

- Mit zwei Zylinderkopfschrauben und passenden Distanzrohren Block auf Kurbelgehäuse festhalten.
- Kurbeltrieb drehen und auf Leichtgängigkeit prüfen.
- Kettenführung und Spannschuh einbauen (Bild 153).

7.6 Auspuffanlage

Die Auspuffanlage hat die Aufgabe, die Abgase vom Motor nach hinten zu leiten und die Verbrennungsgeräusche auf die gesetzlichen Werte zu reduzieren. Sie erzeugt zudem einen bestimmten Gegendruck, welcher für die einwandfreie Funktion und Leistungsentfaltung des Motors notwendig ist.

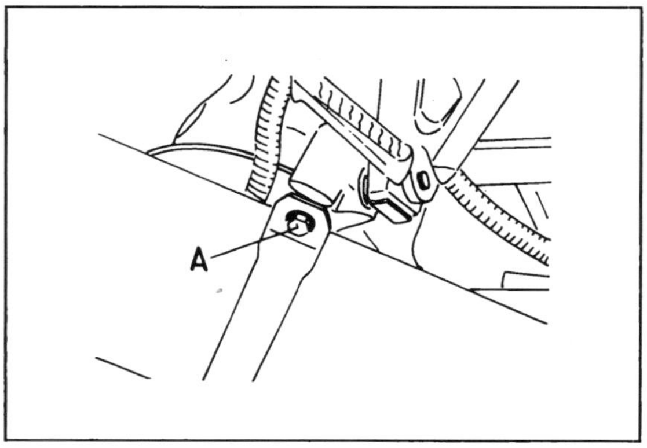

Bild 155
Auspufftopf-Befestigung
A Mutter

Aus diesen Gründen darf nur eine Original-Auspuffanlage bei Ersatz verwendet werden.
Wird die Maschine für den Rennsport verwendet, gelten diese Grundregeln nur teilweise. Der Einsatz anderer Nockenwellen zum Beispiel erfordert eine anders konzipierte Auspuffanlage. Deren Abstimmung ist aber nur auf einem Leistungsprüfstand möglich. Arbeiten dieser Art, ohne die notwendigen Einrichtungen, bringen meist nur Zufallstreffer. Im Zweifelsfall benutze man die Originalanlage.
Ausbau:

- Kühlflüssigkeit ablassen.
- Ölkühler demontieren.
- Kühler ausbauen.
- Auspuffkrümmer vom Zylinderkopf abschrauben (Bild 154).
- Schelle des Auspufftopfs vom Fahrzeugrahmen losschrauben (Bild 155).
- Auspuffanlage abnehmen.

Einbau:

- Flanschfläche am Zylinderkopf reinigen, ohne Material abzunehmen.
- Neue Auspuffkrümmerdichtungen auflegen.
- Auspuffanlage aufstecken und Muttern der Auspuffschelle lose aufdrehen.
- Krümmermuttern festziehen.
- Auspufftopf spannungsfrei verlegen.
- Mutter der Topfschelle festziehen.

8 Kupplung

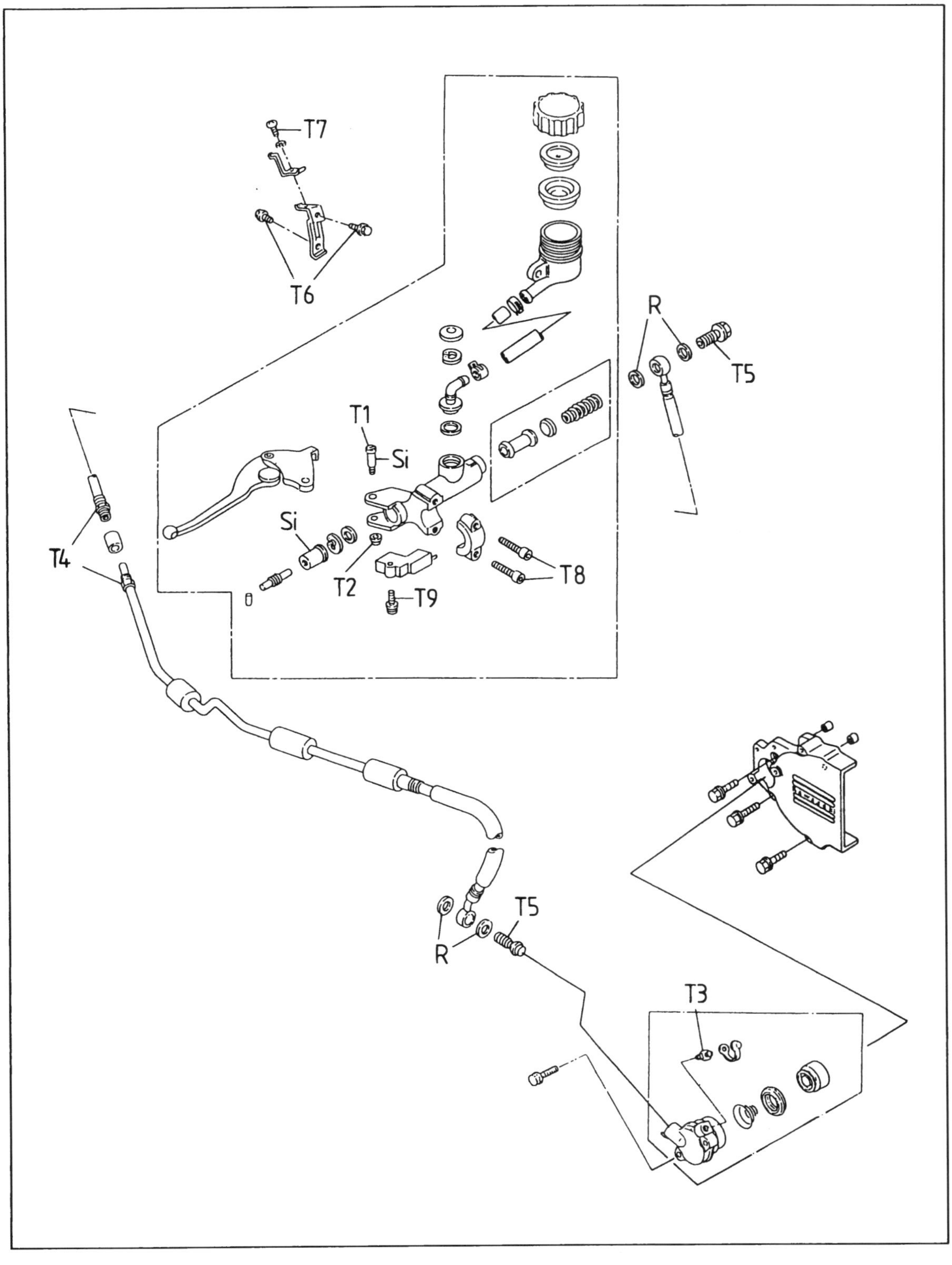

Bild 156
Kupplungsbetätigung
R Dichtringe
Si Auftrag Silikonfett
T1 Anzug 9,8 Nm
T2 Anzug 5,9 Nm
T3 Anzug 7,8 Nm
T4 Anzug 18 Nm
T5 Anzug 25 Nm
T6 Anzug 6,9 Nm
T7 Anzug 1,5 Nm
T8 Anzug 8,8 Nm
T9 Anzug 0,9 Nm

Die Kupplung verbindet die Kurbelwelle des Motors mit dem Getriebe.

Zum Anfahren und einwandfreien Schalten muss der Motor vom Getriebe getrennt werden. Motor und Kupplung besitzen dasselbe Ölniveau. Betätigung der Kupplung erfolgt hydraulisch über Geber- und Nehmerzylinder. Die Kupplung kann von aussen nicht eingestellt werden, sie muss dazu zerlegt werden.

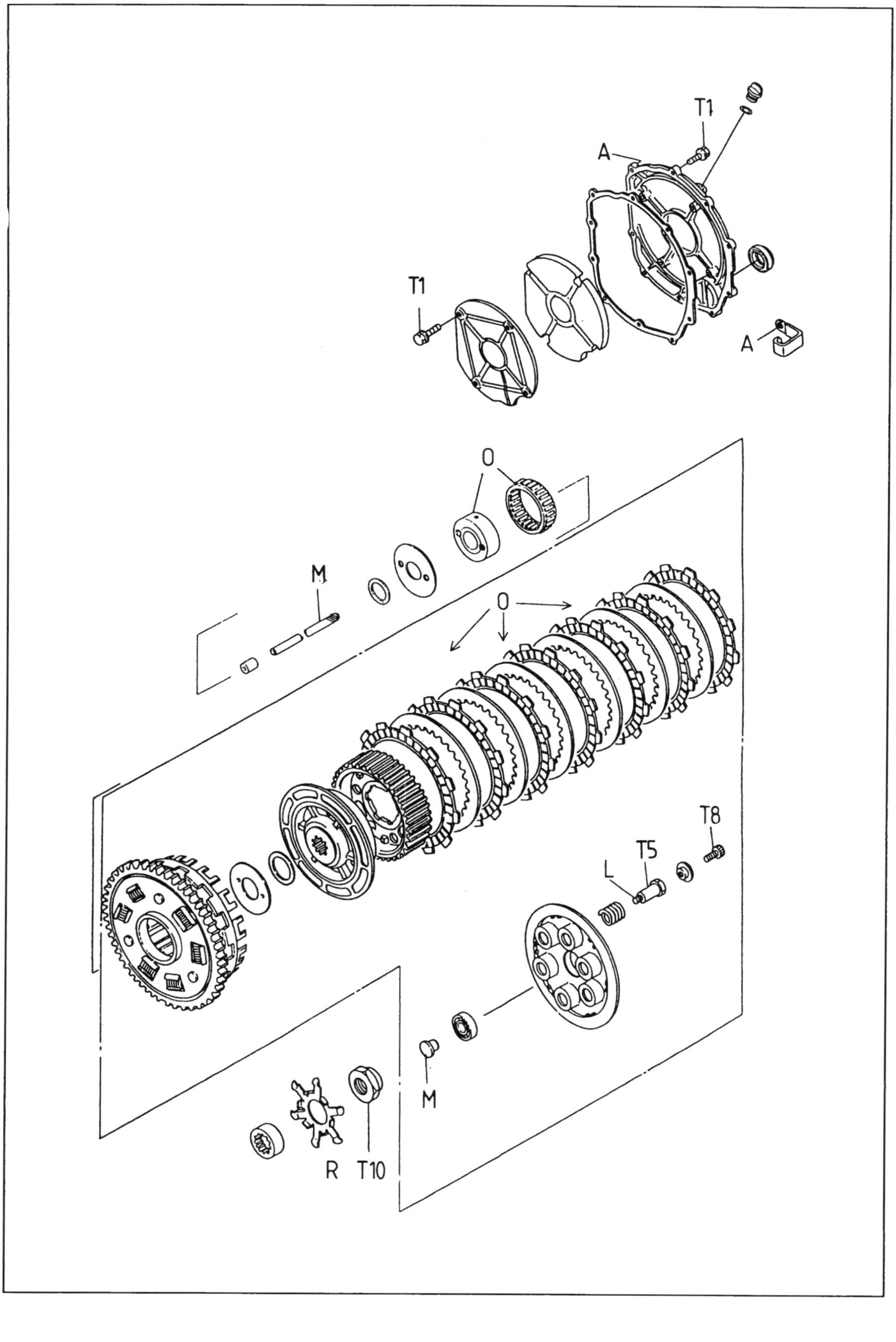

Bild 157
Teile der Kupplung
L Auftrag Loctite
M Auftrag Fett MoS_2
O Auftrag Öl
R Sicherungsblech
T1 Anzug 9,8 Nm
T5 Anzug 25 Nm
T8 Anzug 8,8 Nm
T10 Anzug 135 Nm

8.1 Kupplungsbetätigung

Ausbau Geberzylinder:
- Lagerbolzen des Kupplungshebels ausbauen und Kupplungshebel abnehmen.
- Behälter der Kupplungsflüssigkeit entleeren.
- Behälter demontieren.
- Druckleitung von Zylinder abschrauben.
- Klemmbride lösen.
- Zylinder vom Lenker abnehmen.

Einbau:
- Einbau in umgekehrter Reihenfolge.
- Dichtringe der Druckleitung durch neue ersetzen.
- Klemmbride mit Pfeil nach oben weisend montieren (Bild 158).
- Behälter der Kupplungsflüssigkeit mit Bremsflüssigkeit DOT 4 bis zur oberen Marke auffüllen und gemäss Kapitel «Wartung der Kupplung» entlüften.
- Einwandfreies Trennen der Kupplung prüfen.

Revision des Geberzylinders:
- Undichte Zylinder nicht reparieren wollen, sondern generell durch Neuteil ersetzen. Neu montierte Manschetten sind sonst nach kurzer Zeit erneut undicht. Einwandfreie Reparatur des Zylinders ist nur mit Spezialwerkzeug machbar (Bild 159).

Ausbau Nehmerzylinder:
- Druckschlauch abklemmen.
- Schlauch vom Nehmerzylinder abschrauben.
- Befestigungsschrauben des Zylinders lösen.
- TIP Zylinder abnehmen und austretenden Kolben mit Klebeband fixieren (Bilder 160 und 161).

Einbau:
- Zylinder aufsetzen und Befestigungsschrauben festziehen.
- Druckschlauch mit neuen Dichtringen montieren.
- Hydraulisches System entlüften. Dazu das Kapitel «Wartung der Kupplung» beachten.

8.2 Ausbau der Kupplung

- Motorenöl in Wanne ablassen.
- Rechte untere Verkleidung abnehmen.
- Ausgleichsbehälter des Kühlsystems ausbauen.
- Kupplungsdeckel abschrauben (Bild 162).
- Kupplungsfederschrauben lösen (Bild 163).
- Kupplungsgehäuse und Kupplungsscheiben abnehmen.
- Kupplungsträgernabe mit Werkzeug 57001-

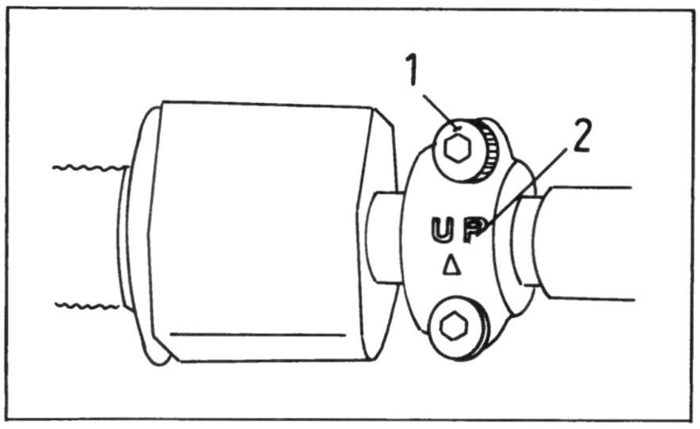

Bild 158
Einbaulage
Deckel Klemmbride
1 Obere Schraube, zuerst festziehen
2 Pfeil für Einbaulage

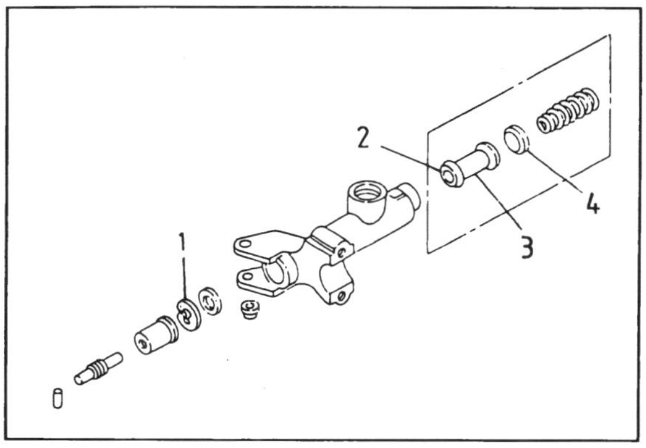

Bild 159
Tele des Geberzylinders
1 Sicherungsring
2 Sekundärmanschette
3 Kolben
4 Primärmanschette

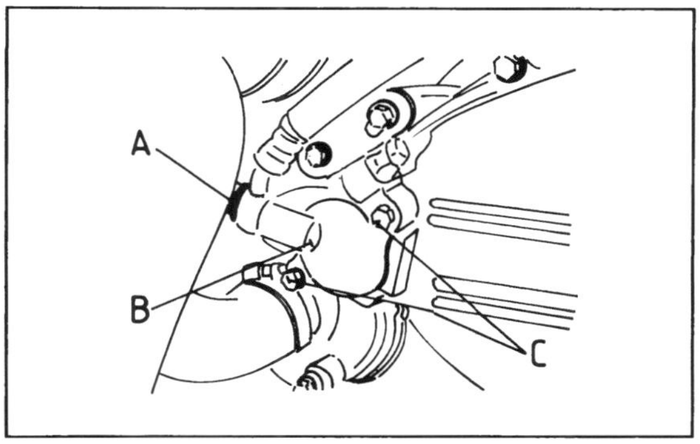

Bild 160
Nehmerzylinder
A Hohlschraube
B Zylinder
C Befestigungsschrauben

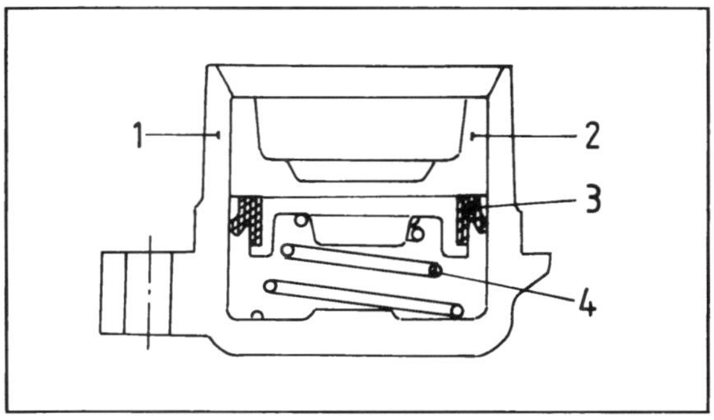

Bild 161
Querschnitt Nehmerzylinder
1 Zylinder
2 Kolben
3 Manschette
4 Feder

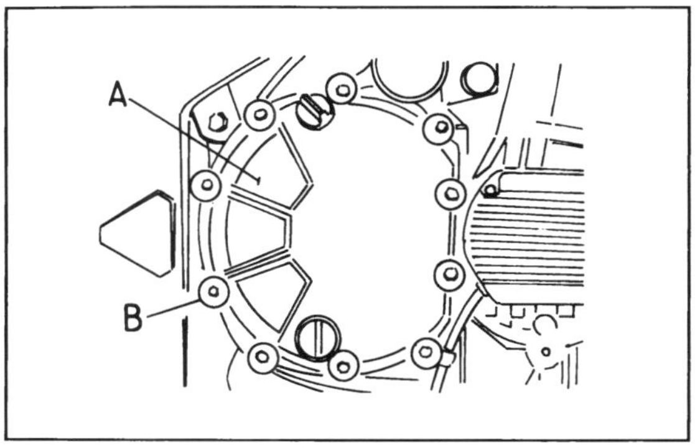

Bild 162
Kupplungsdeckel
A Deckel
B Befestigungsschrauben

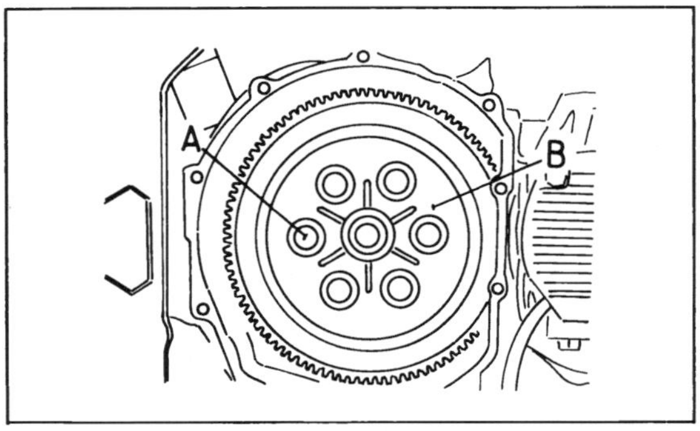

Bild 163
Befestigung der Kupplungsfedern
A Federschrauben
B Federplatte

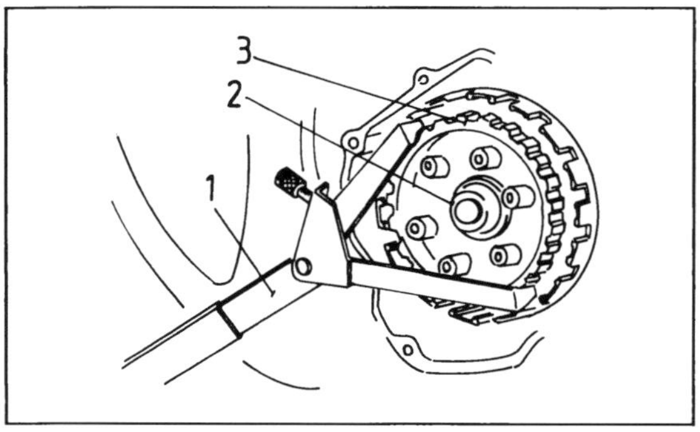

Bild 164 ►
Kupplungsträgernabe demontieren
1 Haltewerkzeug 57001-1243
2 Nabenmutter
3 Kupplungsträgernabe

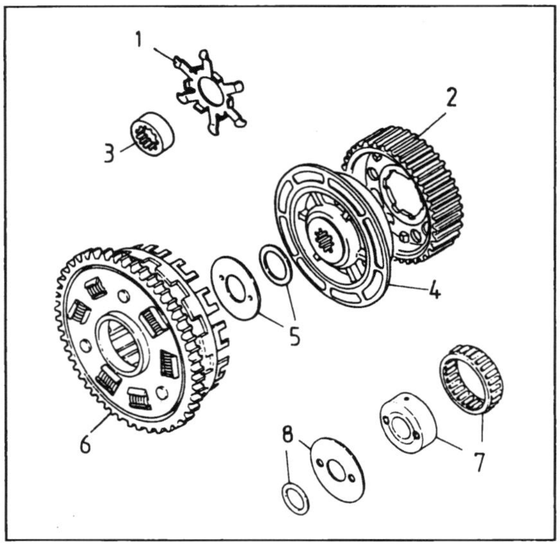

Bild 165
Teile der Kupplung
1 Drehmomentbegrenzungsfeder
2 Kupplungsträgernabe
3 Hülse
4 Nabe
5 Distanzscheiben
6 Kupplungsgehäuse
7 Nadellager
8 Distanzscheiben

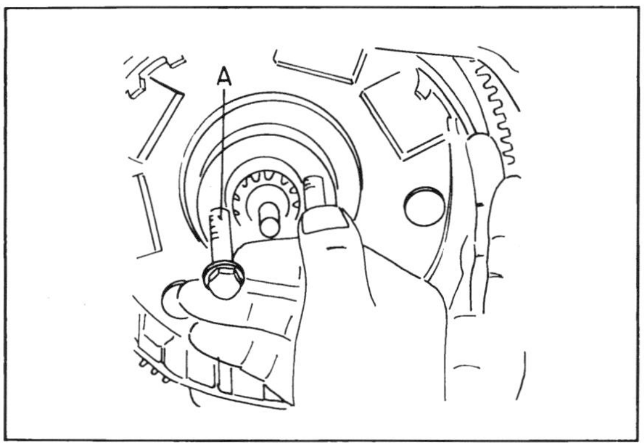

Bild 166
Innenring abziehen
A M8-Schrauben

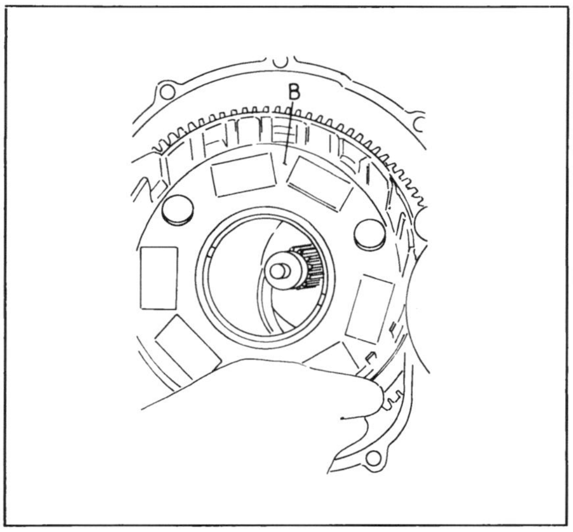

Bild 167
Kupplungsgehäuse hinten
B Gehäuse

1243 gegenhalten und Nabenmutter lösen.
- Teile gemäss Bild 165 entnehmen.
- Innenring des Nadellagers mit M8-Schrauben abziehen (Bild 166).
- Hinteres Kupplungsgehäuse abnehmen.

8.3 Einbau der Kupplung

- Einbauraum der Kupplung reinigen.
- Teile in umgekehrter Reihenfolge des Ausbaus einsetzen.

Wurden Kupplungsfederplatte, Kupplungsscheibe oder Stahlscheiben ersetzt, muss das Federplattenspiel eingestellt werden. Dazu den nachfolgenden Abschnitt beachten.

- Zungen der Drehmomentbegrenzungsfeder in Kupplungsträgernabe einsetzen.
- Neue Nabenmutter aufdrehen.
- Mutter mit 135 Nm festziehen.
- Kupplungsscheiben mit Motorenöl schmieren und gemäss Einbaureihenfolge einsetzen.
- TIP Die letzte Scheibe muss gemäss Bild 168 eingebaut werden.
- Druckstange und Druckpilz mit MoS_2-Fett an den Berührungsflächen bestreichen (Bild 169).
- Kupplungsfederschrauben mit vorgeschriebenem Drehmoment festziehen.
- Kupplungshebel langsam ziehen und mit einem Band im gezogenen Zustand festhalten.
- Druckpilz eindrücken (Bild 170).
- Dichtfläche von Deckel und Gehäuse mit Silikondichtmasse gleichmässig dünn bestreichen.
- Deckel aufsetzen und festziehen.
- Kupplungshebel entspannen und Motoröl auffüllen.
- Demontierte Teile einbauen.
- Einwandfreies Trennen der Kupplung prüfen.

8.4 Federplattenspiel einstellen

- Antriebswelle in Schraubstock spannen.

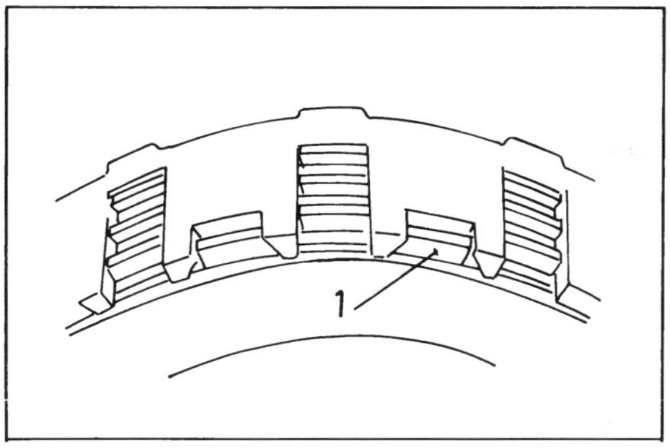

◄ **Bild 168**
Einbaulage der letzten Kupplungsscheibe
1 Letzte Scheibe

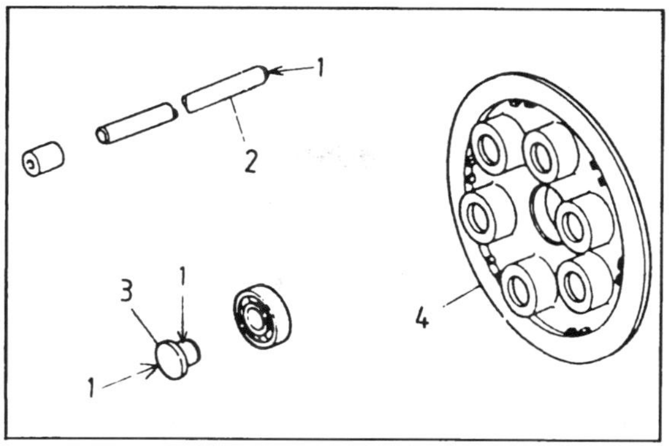

Bild 169
Kupplungsbetätigung intern
1 Auftrag MoS_2
2 Druckstange
3 Druckpilz
4 Kupplungsfederplatte

- Die im Bild 171 dargestellten Teile der Kupplung auf Antriebswelle montieren (Bild 172).
- Messuhr mit Ständer so anbringen, dass Messstift auf Nabe aufliegt (Bild 173).
- Kupplungsgehäuse auf und ab bewegen und Spiel feststellen, das bei gebrauchten Scheiben 0,3 bis 0,9 mm betragen soll.

Bei neuen Scheiben beträgt das Spiel 0,2 bis 0,5 mm.

- Zum Regulieren des Spiels stehen unterschiedlich dicke Stahlscheiben zur Verfügung.

Dicke in mm	Teilenummer
2,0	13089-026
2,3	13089-1004
2,6	13089-1067

- Neue Scheiben für den Einbau mit Motorenöl schmieren.

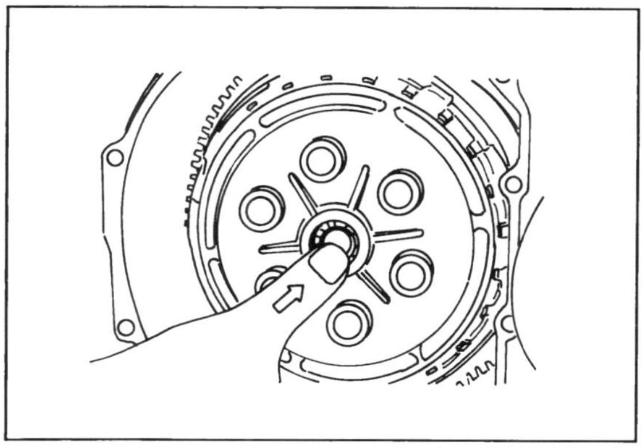

Bild 170
Druckpilz einsetzen

8.5 Prüfen der Kupplungsteile

- Kupplungs- und Stahlscheiben durch Sichtkontrolle auf Fressstellen und Überhitzung prüfen.

Blau verfärbte Stellen weisen auf Überhitzung hin. Solche Scheiben generell ersetzen.

- Scheiben auf Touchierplatte legen und mit Blattlehre eventuellen Verzug feststellen (Bild 174).

Maximaler Verzug 0,3 mm.

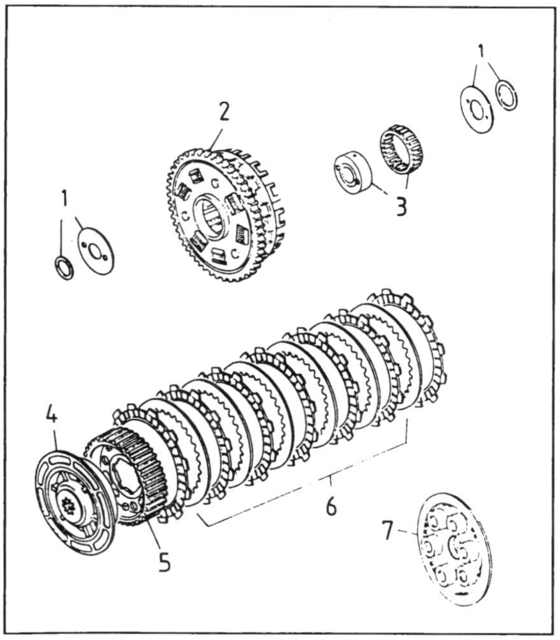

Bild 171
Kupplungsteile
1 Distanzscheiben
2 Gehäuse
3 Nadellager und Hülse
4 Nabe
5 Kupplungsträger
6 Kupplungsscheiben
7 Federplatte

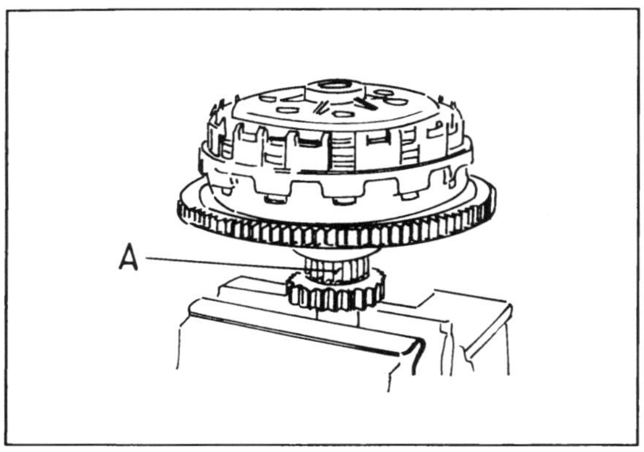

◄ **Bild 172**
Montierte Kupplungsteile
A Antriebswelle

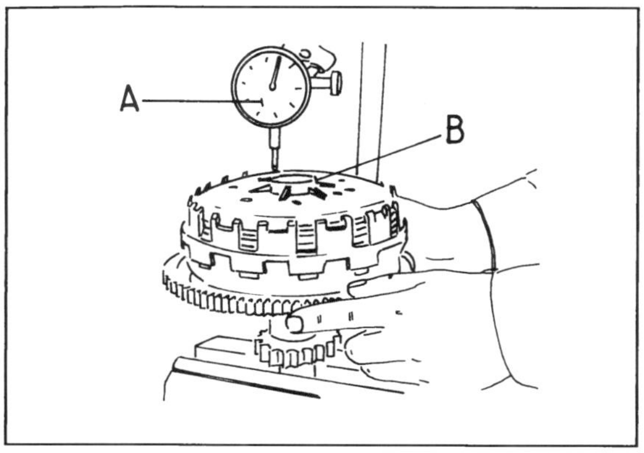

Bild 173
Messen des Federplattenspiels
A Messuhr
B Nabe

Bild 174
Planheit der Scheiben prüfen
1 Kupplungs- oder Stahlscheibe
2 Blattlehre
3 Touchierplatte

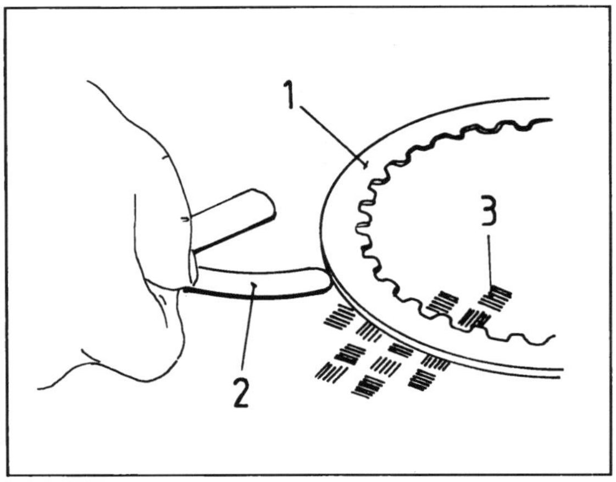

Bild 175 ►
Federlänge messen
1 Feder

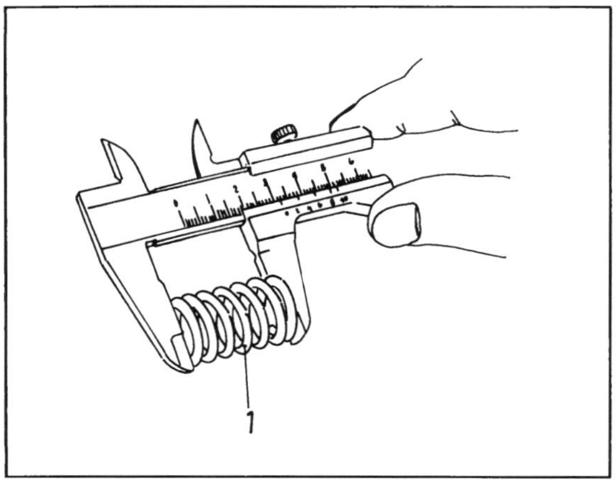

Bild 176
Kupplungsträger
A Nocken
B Nockenrolle

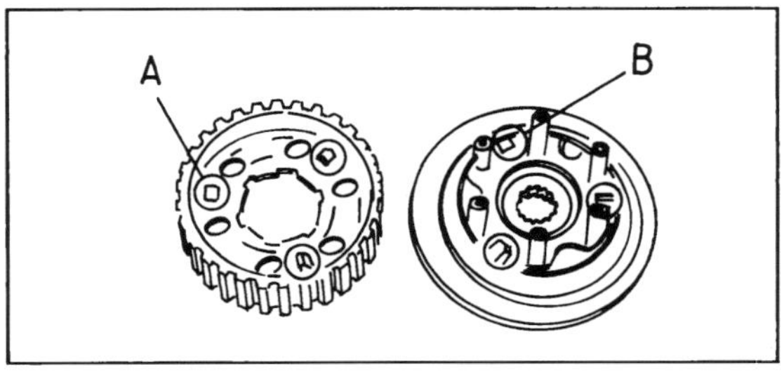

● Mit Schieblehre freie Länge der Kupplungsfeder ausmessen (Bild 175).

Länge soll 33,2 mm betragen. Ist Feder kürzer als 32,1 mm, muss sie ersetzt werden.

● Dämpfernocken des Kupplungsträgers prüfen. Beschädigtes Teil ersetzen (Bild 176).

9 Motorschmiersystem

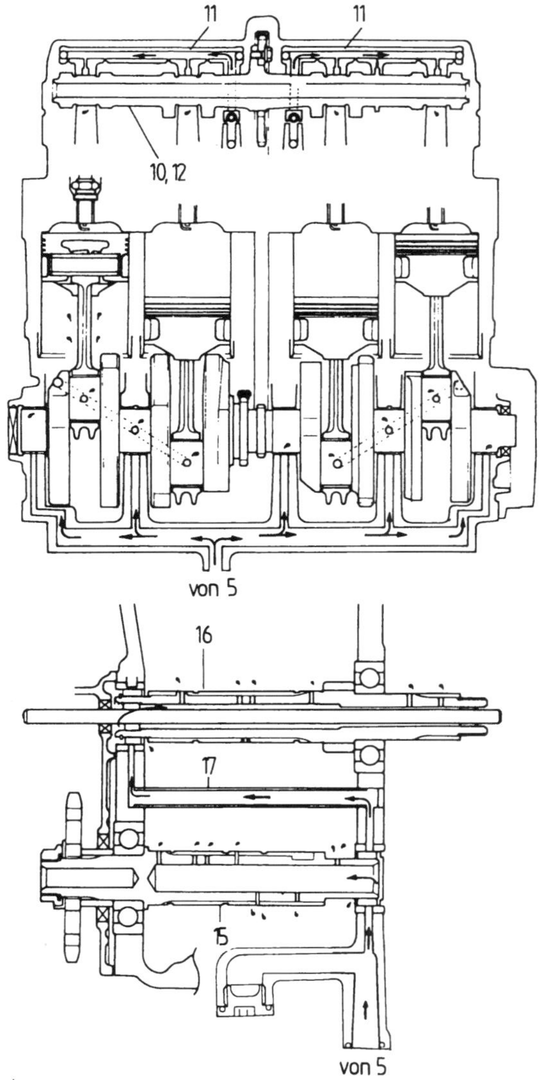

Bild 177
Schmiersystem
1 Ölsieb
2 Ölpumpe
3 Öldruckschalter
4 Überdruckventil
5 Ölkanal-Ölwanne
6 Ölleitungen
7 Ölfilter
8 Ölkühler
9 Ölschläuche
10 Auslassnockenwelle
11 Nockenwellenlagerdeckel
12 Einlassnockenwelle
13 Hauptlagerzapfen
14 Pleuelfuss
15 Abtriebswelle
16 Primärwelle des Getriebes
17 Ölverteilwelle zum Getriebe
18 Ölkanal zur Zwischenwelle
19 Zwischenwelle
20 Motor/Getriebe Entlüftung
21 By-Pass-Leitung
22 Ölabscheider
23 Ölablauf zum Sumpf

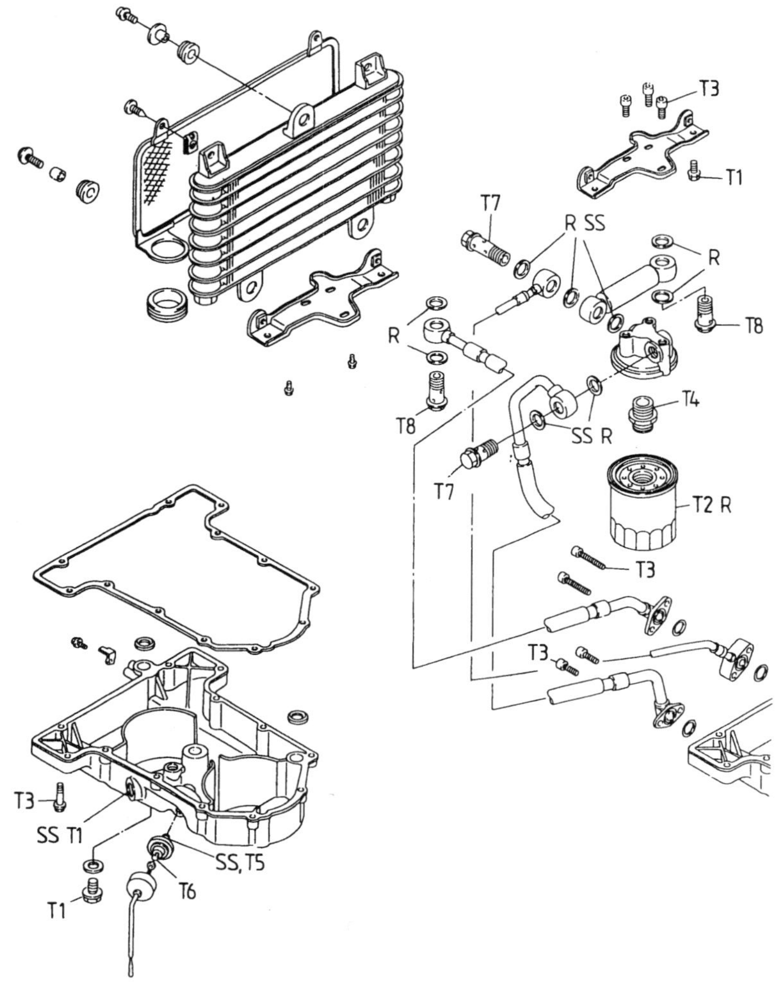

Bild 178
Teile des Schmiersystems
L Auftrag Loctite
R Dichtringe
SS Auftrag Silikondichtstoff
T1 Anzug 20 Nm
T2 Anzug 9,8 Nm
T3 Anzug 12 Nm
T4 Abzug 29 Nm
T5 Anzug 15 Nm
T6 Anzug 1,5 Nm
T7 Anzug 25 Nm

Das Schmiersystem versorgt den Motor mit dem zum Betrieb notwendigen Schmierstoff Öl. Dasselbe Öl schmiert gleichzeitig Getriebe und Kupplung. Die Ölpumpe im Ölsumpf wird über Zwischenwelle und Einfachkette angetrieben. Sie fördert das Öl aus dem Sumpf und presst es über Ölfilter, Ölkühler und Byp-pass zu den Lagerstellen.
Die Ölverteilung und die Flussrichtung des Öles sind aus dem nachfolgenden Schema ersichtlich (Bild 177).
Die Ölfilterpatrone enthält intern ein By-Pass-Ventil, das auch bei Filterverstopfung Öl zu den Lagerstellen gelangen lässt.
Der Ölkühler an der Motorfront führt die überschüssige Wärme des Motorenöls an die Umgebungsluft ab. Das Öl durchströmt ihn im Nebenschluss. Die am Filtergehäuse angebrachten Verschraubungen teilen den Ölstrom von der Pumpe entsprechend auf.

Der Maximaldruck im Ölsystem wird durch das Überdruckventil im Ölsumpf (Pos. 4) auf 3,2 bis 5,5 bar begrenzt.

9.1 Ölwanne

Ausbau:
- Obere und untere Verkleidung abnehmen.
- Motorenöl in eine Wanne ablassen.
- Öldruckschalter abklemmen.
- Ölkühler demontieren. Die entstandenen Öffnungen sofort wieder mit Kunststoffzapfen verschliessen.
- Auspuff abbauen.
- Unterzug des Rahmens abschrauben (Bild 179).
- Ölschläuche abnehmen. «Öffnungen verschliessen».
- Ölwanne vom Motor abschrauben und abnehmen (Bild 180).

Einbau:
- Einbau in umgekehrter Reihenfolge des Ausbaus.

Folgendes ist zu beachten:
Ölwanne vor Einbau reinigen.
Alle Dichtungen durch neue ersetzen.
Dichtfläche zum Motorblock von Dichtungsrückständen säubern, ohne Material zu entfernen.
Beide Dichtflächen fettfrei reinigen und neue Dichtung trocken montieren.
Schrauben der Wanne gleichmässig von Hand andrehen und mit 12 Nm festziehen.
Vorgeschriebene Anzugsmomente genau einhalten!

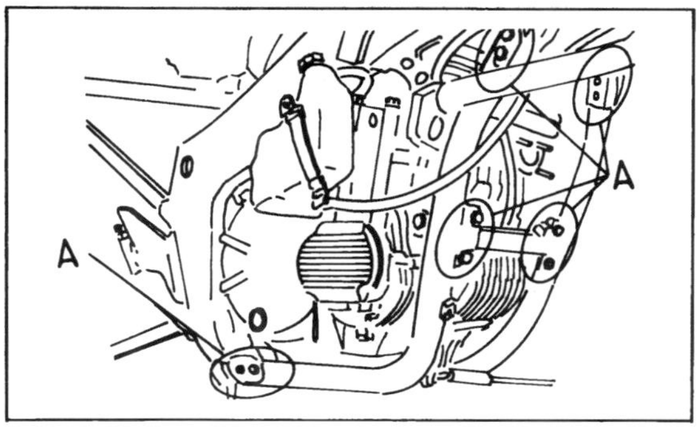

Bild 179
Unterzug Rahmen
A Befestigung

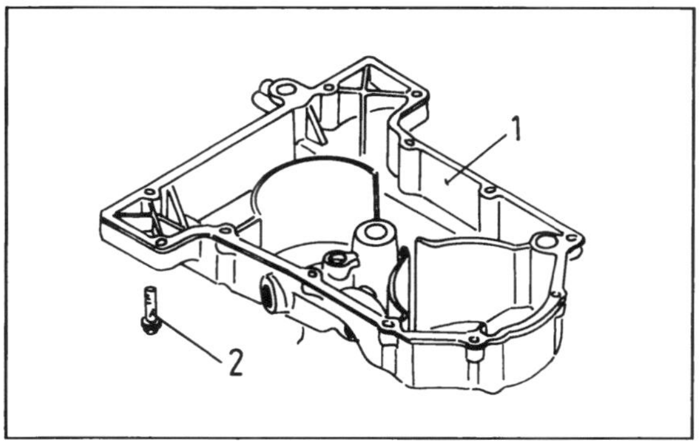

Bild 180
Ölwanne
1 Wanne
2 Befestigungsschrauben

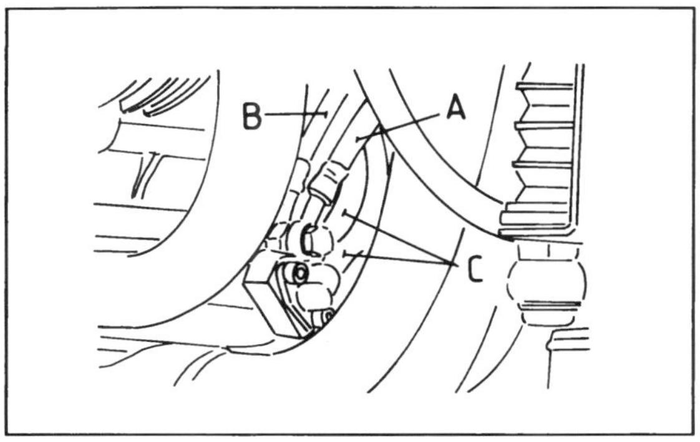

Bild 181
Einbaulage der Ölschläuche
A Ölschlauch zur linken Hohlschraube
B Ölschlauch zur rechten Hohlschraube
C Ölleitungen

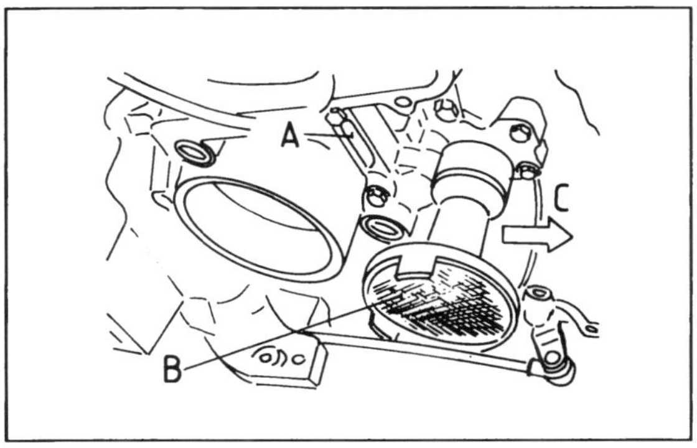

Bild 182
Einbaulage der Ölpumpe
A Halterung
B Ölsieb
C Frontseite

Bild 183
Ausbaulage Ölpumpe
A Welle Ölpumpe
B Welle Wasserpumpe
C Mitnehmer
D Frontseite

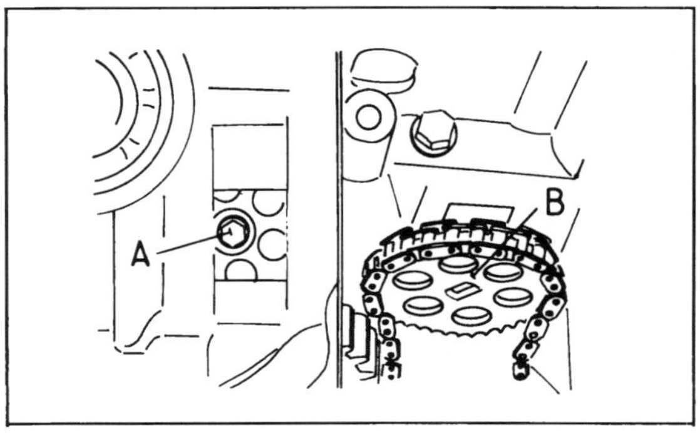

Bild 184
Befestigung Kettenrad der Ölpumpe
A Schraube
B Kettenrad

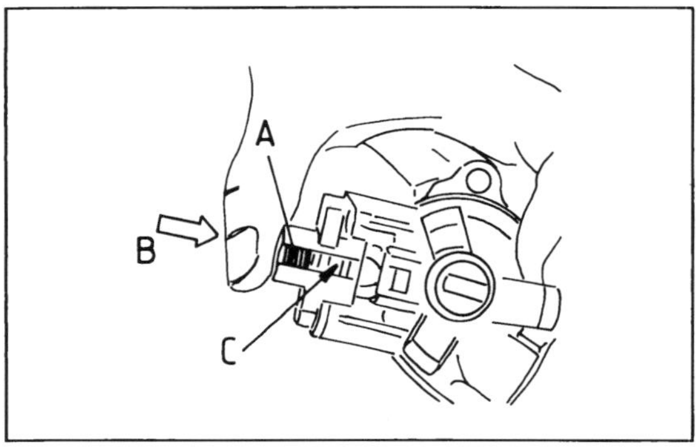

Bild 185
Spannstange zurücksetzen
A Spannstange
B Zurücksetzen
C Sperriegel

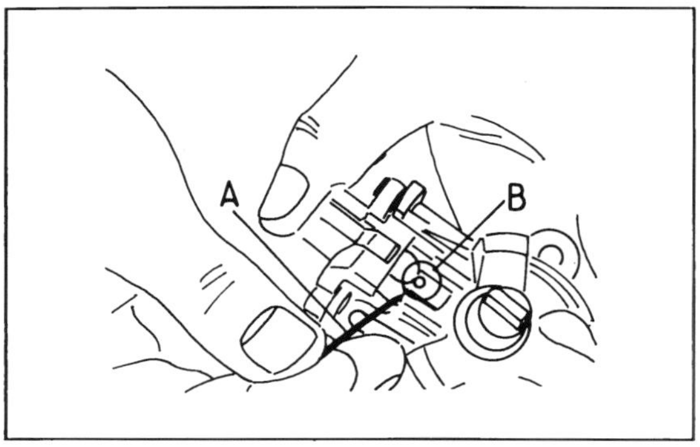

Bild 186
Draht einsetzen
A Draht
B Bohrung in der Spannstange

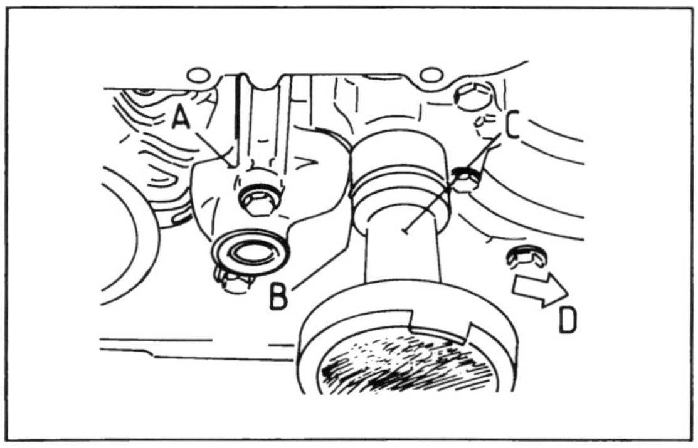

Bild 187
Einbaulage Ölsieb
A Halterung
B Flache Seite am Bund
C Ölsieb
D Frontseite

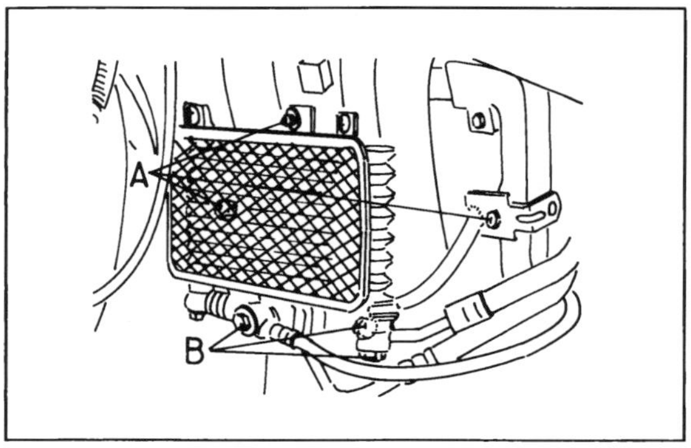

Bild 188
Ölkühler
A Befestigungen des Ölkühlers
B Schlauchanschlüsse

9.2 Ölpumpe

Ausbau:
- Kupplung ausbauen.
- Ölwanne demontieren.
- Ölsieb von Pumpe abschrauben (Bild 182).
- Motor drehen, bis Kupplung zur Wasserpumpenwelle senkrecht steht (Bild 183).
- Kettenrad von Ölpumpe abschrauben und entnehmen (Bild 184).
- Pumpe vom Motorblock abschrauben und nach unten herausnehmen.

Einbau:
- Einbau in umgekehrter Reihenfolge des Ausbaus.
- Pumpe für Einbau folgendermassen vorbereiten:
Auf Verschluss drücken, damit Druckstange eingedrückt werden kann (Bild 185).
- In sichtbare Bohrung der Spannstange dünnen Draht einsetzen, damit Stange beim Einbau gehalten wird (Bild 186).
- Alle O-Dichtringe ersetzen.
- Befestigungsgewinde der Pumpe fettfrei reinigen.
- Pumpe einbauen und Befestigungsschrauben mit Loctite versehen eindrehen.
Schrauben mit 12 Nm festziehen.
- Kettenrad montieren. Anzug 9,8 Nm.
- Draht aus der Spannstange entfernen.
- Ölsieb so anbringen, dass flache Seite am Bund zur Halterung weist (Bild 187).

Prüfen der Ölpumpe:
- Deckel der Pumpe abschrauben.
- Innenrotor mit Pumpenwelle und Aussenrotor entnehmen.
- Alle Teile fettfrei reinigen.
- Laufflächen der Teile auf Riefen und Verschleiss prüfen. Bei Verschleiss komplette Pumpe ersetzen.
- O-Dichtring der Pumpenwelle ersetzen.
- Teile mit Motorenöl schmieren und in Gehäuse einsetzen.
- Deckel mit 9,8 Nm festziehen.
- Prüfen, ob sich nach Festziehen der Schrauben Pumpe noch leicht drehen lässt.
- TIP Werden Klemmer festgestellt, muss Pumpe ersetzt werden.

9.3 Ölkühler

Ausbau:
- Motorenöl ablassen.

● Verkleidung unten abnehmen.
● Anschlüsse lösen und Schlauchleitungen abnehmen.
● Entstandene Öffnungen sofort mit Kunststoffkappen verschliessen.
● Befestigungen des Ölkühlers lösen.
● Ölkühler abnehmen (Bild 188).

Einbau:

● Einbau in umgekehrter Reihenfolge des Ausbaus.
● Dichtungsringe durch neue ersetzen.
● Neue Ringe mit Silikondichtstoff montieren.
● Hohlschrauben mit 25 Nm festziehen.

Prüfen des Ölkühlers:

● Ölkühler reinigen:

Waben entgegen der Fahrtwindrichtung mit schwachem Pressluftstrahl ausblasen. Pressluftpistole ca. 30 cm von Waben entfernt halten, damit Lamellen nicht verbogen werden.

● Ölkühler mit Reinbenzin ausspülen und anschliessend trocken blasen.
● Anschluss dicht verschliessen.
● Ölkühler mit Reinbenzin füllen und auf Leckstellen untersuchen.

Lecke Ölkühler nicht reparieren, sondern gegen neue austauschen.

9.4 Öldruck messen

Der Druck wird bei kaltem und betriebswarmem Öl gemessen.

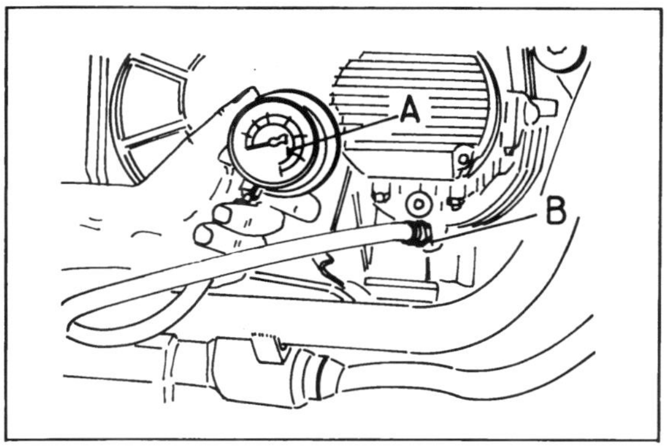

Bild 189
Öldruckmesser anschliessen
A Manometer
B Anschlussort

● Rechte untere Verkleidung abnehmen.
● Ölkanalverschlussschraube herausdrehen.
● Öldruckmesser 57001-164 anschliessen (Bild 189).
● Motor starten und mit erhöhter Drehzahl drehen lassen. Druck darf 3,2 bis 5,5 bar nicht überschreiten.
● Motor warmlaufen lassen.

Bei 90°C und 4000 U/min muss Druck 2,7 bis 3,7 bar betragen.

● Bei zu hohem «Kaltdruck» Überdruckventil in Ölwanne überprüfen. Dazu Ölwanne abbauen.
● Bei zu tiefem «Warmdruck» und normalem «Kaltdruck» Lagerstellen des Motors auf Verschleiss prüfen.
● Motorenöl teilweise ablassen und auf Verschleisspartikel (kleine, glänzende Schuppen) untersuchen. Werden solche vorgefunden, müssen der Motor zerlegt und die Lagerstellen revidiert werden.
● Bei zu tiefem «Warm- und Kaltdruck» Überdruckventil ersetzen.

10 Aus- und Einbau des Motors

- Verkleidung demontieren.
- Motorenöl ablassen.
- Kühlflüssigkeit ablassen.
- Ausgleichsgefäss des Kühlsystems ausbauen.
- Luftfiltergehäuse demontieren.
- Vergaser abbauen.
- Vakuumschaltventil und Schläuche abbauen.
- Spritzblech abnehmen.
- Ölkühler und Schläuche demontieren.
- Kühler ausbauen.
- Auspuff abschrauben.
- Motorritzel demontieren.
- Schalthebel abnehmen.

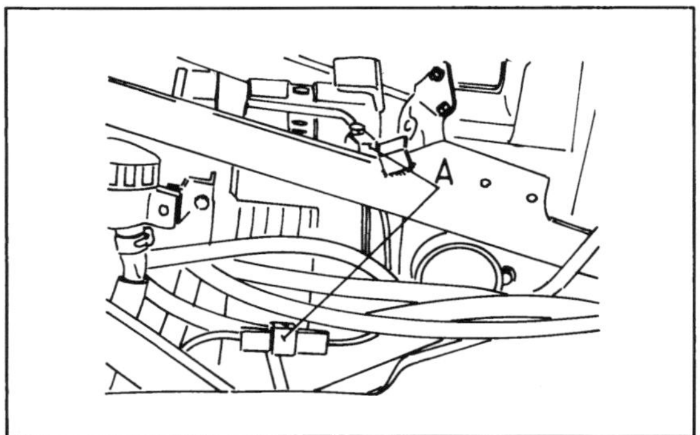

Bild 190
Steckverbinder Batteriemasse
A Steckverbindung

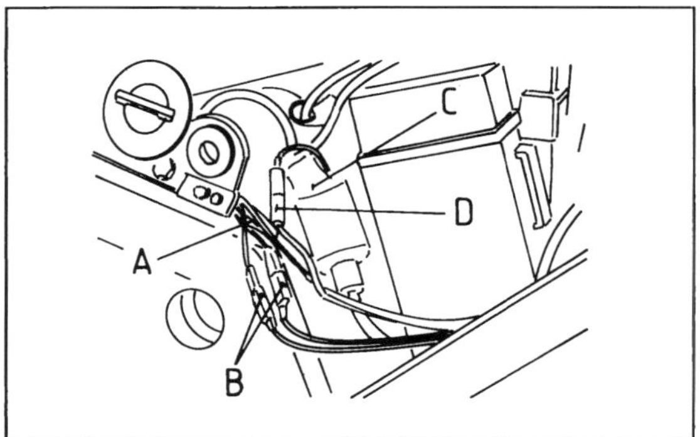

Bild 191
Diverse Steckverbinder
A Verbinder Leerlaufschalter
B Verbinder Seitenständerschalter
C Verbinder Alternatorleitung
D Verbinder Öldruckschalter

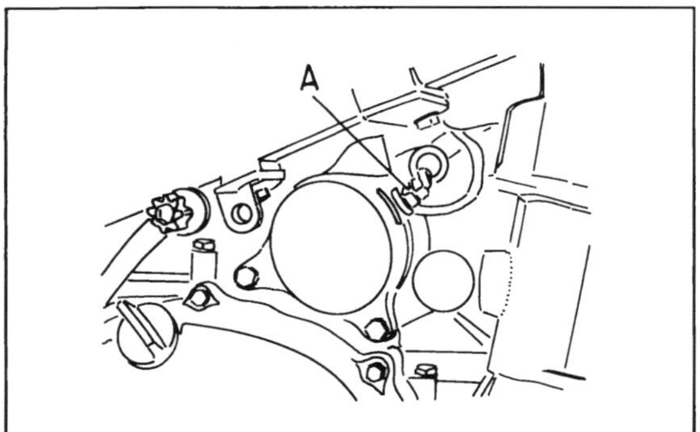

Bild 192
Anschluss Anlasser
A Mutter

- Alle elektrischen Verbindungen zum Motor trennen (Bilder 190 bis 192).
- Rahmenunterzüge abschrauben (Bild 194).
- Seitenständer demontieren (Bild 195).
- Den Rahmen hinten mit Heber und Spezialwerkzeug 57001-1238 abstützen (Bild 196).
- Motor abstützen.
- Befestigungsschrauben lösen (Bild 197).
- Schrauben entfernen und Motor ausfahren.
- Einbau in umgekehrter Reihenfolge des Ausbaus.

Folgende Punkte sind zu beachten:

- Vor Einbau des Motors hintere Einsteller der Motorbefestigung vollständig zurückdrehen.
- Antriebskette über die Abtriebswelle hängen, bevor der Motor seine Endlage erreicht hat.
- Hintere untere Befestigungsschraube einsetzen und bis auf 10 mm Spiel eindrehen (Bild 200).
- Unteren Einsteller der Motorbefestigung bis zur Anlage am Motor eindrehen.
- Untere Einsteller mit 9,8 Nm festziehen.
- Obere Einsteller anstellen und mit 9,8 Nm festziehen.
- Obere Befestigungsschrauben einsetzen. Einsteller mit 9,8 Nm gegen den Motor ziehen.
- Befestigungschrauben oben einsetzen und mit 44 Nm festziehen (Bild 201).
- Beide Unterzüge einbauen. Anzugsmoment 44 Nm.
- Alle Kabel, Schläuche gemäss Verlegungsplan anbringen.
- Seitenständer montieren. Schrauben mit Loctite einsetzen.
- Gas- und Chokezug einstellen.
- Antriebskette einstellen.
- Alle Flüssigkeitsniveaus wie beschrieben auffüllen.
- Vergaser synchronisieren und Leerlaufdrehzahl einstellen. Alle Einsteller zurückdrehen.

10.1 Motorbefestigungsdämpfer

Zusammenbau:

- Gummibüchsen vor Einbau mit Pneumontierpaste einstreichen.
- Büchsen bis zum Bund einziehen (Bild 202).

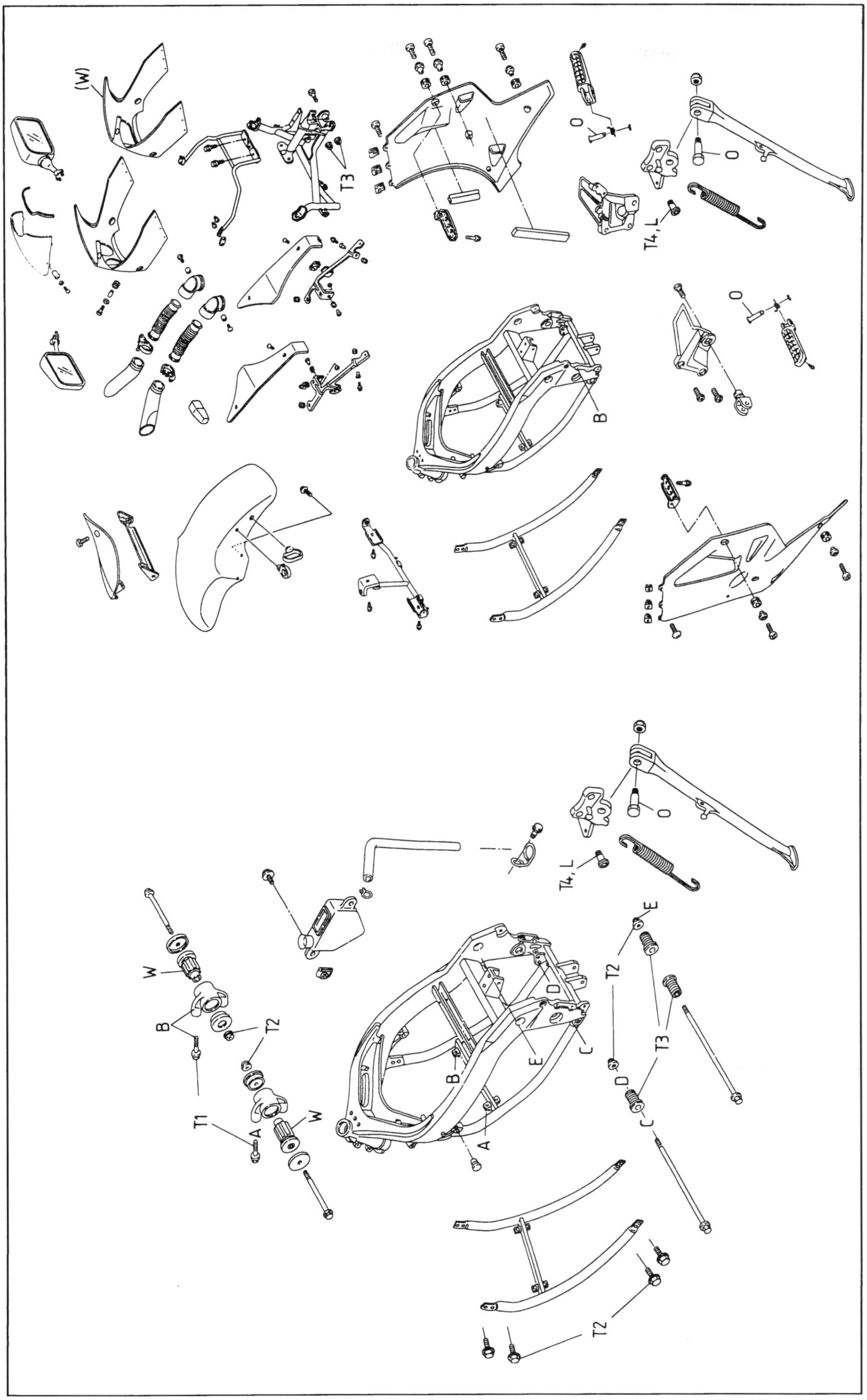

Bild 193
Befestigung Motor im Rahmen

- L Auftrag von Loctite
- O Auftrag von Öl
- W Pneumontierpaste auftragen
- T1 Anzug 20 Nm
- T2 Anzug 44 Nm
- T3 Anzug 9,8 Nm
- T4 Anzug 39 Nm

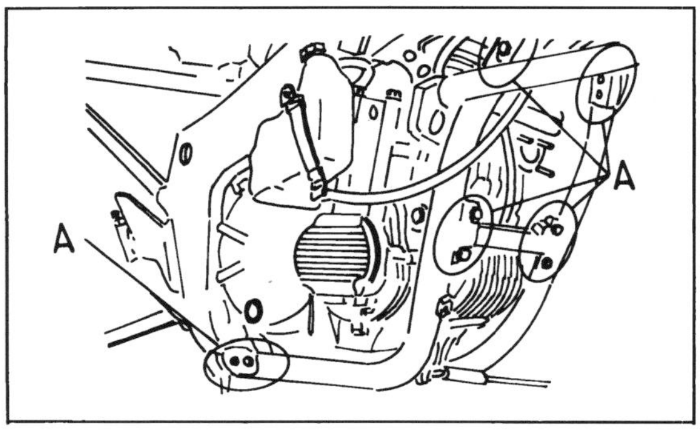

Bild 194
Befestigung der Rahmenunterzüge
A Schrauben

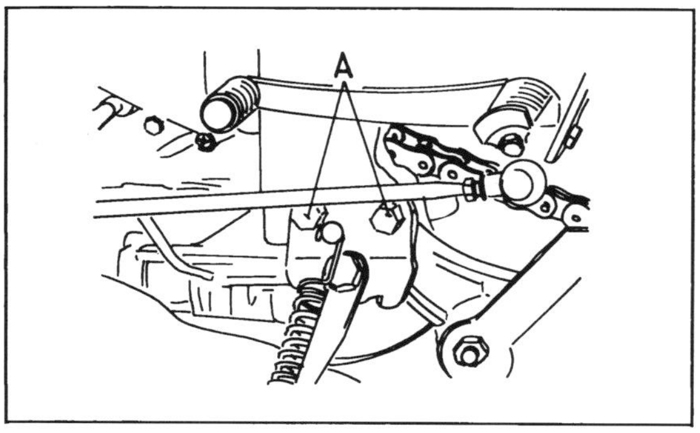

Bild 195 ►
Seitenständer
A Befestigung

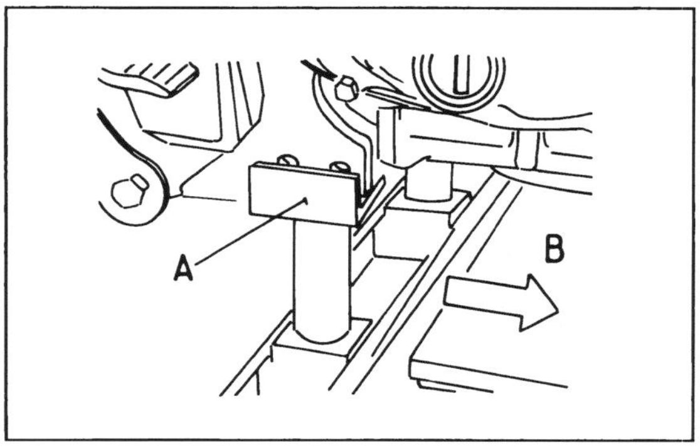

Bild 196
Rahmen abstützen
A Spezialaufsatz 57001-1238
B Front

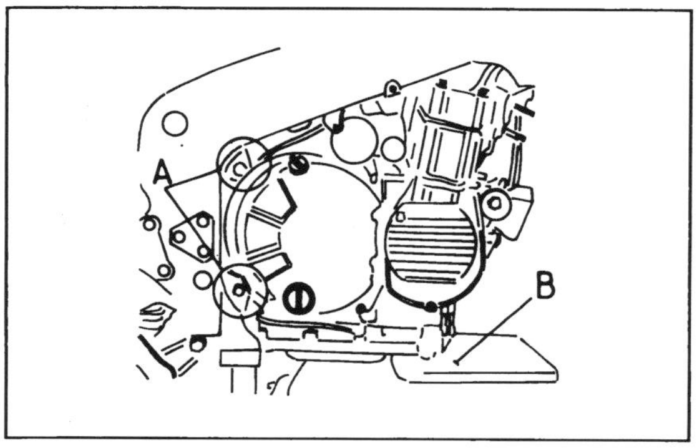

Bild 197 ►
Motorbefestigung
A Befestigung hinten
B Abstützung des Motors

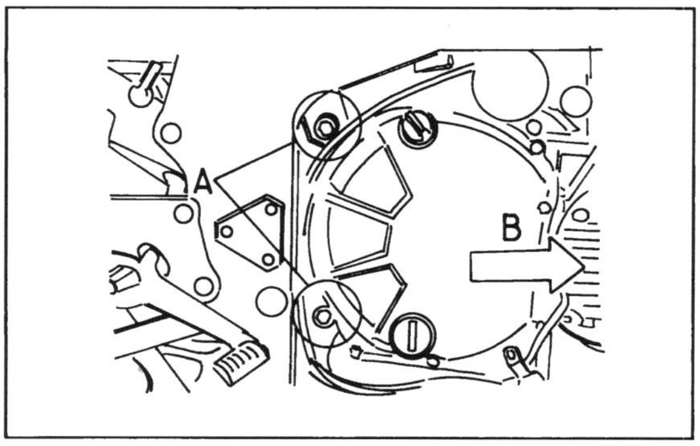

Bild 198
Motorausbau
A Einsteller für Motorbefestigung
B Vorne

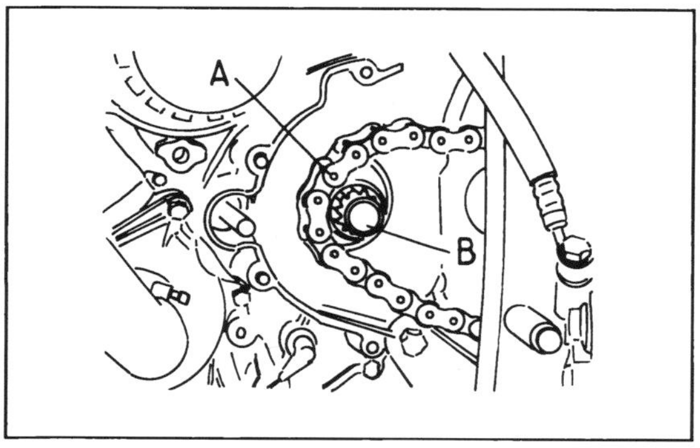

Bild 199 ►
Anbringen der Antriebskette
A Kette
B Abtriebswelle

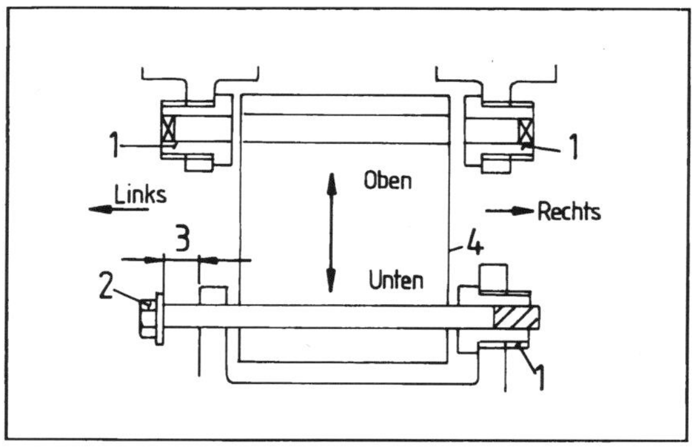

Bild 200
Hintere Motorbefestigung
1 Einsteller
2 Hintere untere Befestigungsschraube
3 Spiel 10 mm
4 Motor

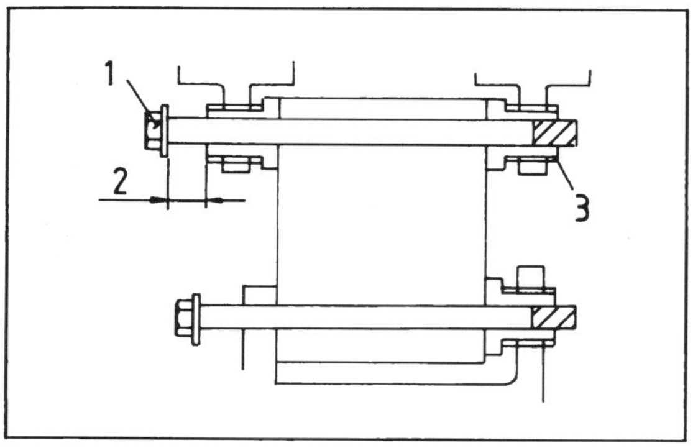

Bild 201 ►
Obere Motorbefestigung
1 Befestigungsschrauben
2 Mass 10 mm
3 Einsteller

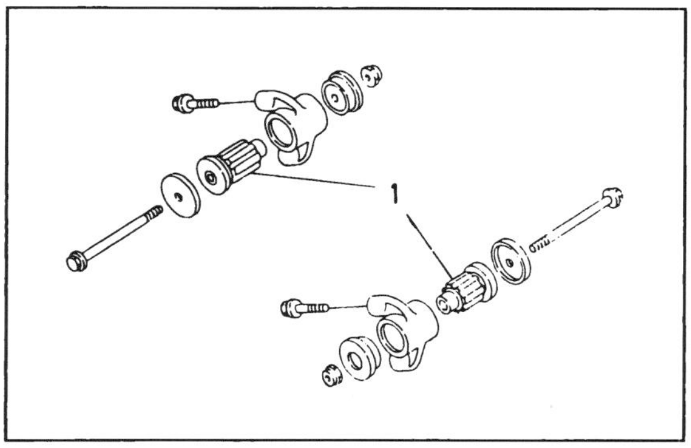

Bild 202
Motorbefestigungsdämpfer
1 Gummibüchsen

11 Kurbelwelle/Getriebe

Kurbelwelle, Getriebe und Kupplung sind im gemeinsamen Gehäuse untergebracht.

11.1 Kurbelgehäuse zerlegen

● Motor ausbauen.
● Motor an geeignetem Montageständer befestigen.
● Motor äusserlich reinigen.
● Folgende Teile abbauen:
– Abdeckung äusserer Schaltmechanismus
– Anlasser
– Alternator
– Impulsgeber
– Kupplungsdeckel
– Ölwanne
– Ölpumpe
– Zylinderkopf
– Zylinderblock
– Kolben
– Kette und Kettenräder der Zwischenwelle
– Kupplung
● TIP Gehäusehälften mit Schraubendreher auseinanderhebeln. Dazu sind zwei Ansatzpunkte vorgesehen (Bild 204).
Ausbau Kurbelwelle/Pleuel:
● Zwischenwellenrad und Kette ausbauen. Dazu Kapitel «Ausbau Zwischenwelle» beachten.
● Kurbelwelle mit Pleueln herausnehmen.
● Pleuel mit Pleueldeckeln markieren.
linker Pleuel/Deckel 1
rechter Pleuel/Deckel 4
● Pleuelschrauben lösen.
● Pleueldeckel entfernen und Pleuel abnehmen. Pleuel mit Schrauben und Lagerdeckeln wieder lose zusammenstellen. Lagerschalen beifügen.
Ausbau Zwischenwellenscheibe:
● Scheibe mit Halter 57001-1237 festhalten und Schraube der Scheibe lösen (Bild 205).
Ausbau der Zwischenwelle:
● Führung der Ölpumpen-Antriebskette ausbauen (Bild 206).
● Ölrohr der Zwischenwelle herausnehmen.
● Zwischenwelle herausziehen.
● Anlasserkupplung und Zwischenwellenzahnrad entnehmen (Bild 207).
Ausbau Anlasserzwischenrad:
● Zwischenwelle ausbauen:
● Benzingring von der Welle abziehen.
● Welle herausziehen und Anlasserzwischenrad entnehmen (Bild 208).
Ausbau Getriebewellen:
● Beide Wellen aus Lagerstellen nehmen.
Ausbau des Schaltmechanismus:
● Einbaulage des Schalthebels auf Schaltwelle markieren.
● Schaltarm und Schalthebel abnehmen.
● Abdeckung des äusseren Schaltmechanismus demontieren (Bild 209).
● Schaltarm zur Welle hin drücken und Schaltwelle herausnehmen (Bild 210).
● Positionierhebel entfernen.
● Schaltwalzenhalteplatte demontieren (Bild 211).
● Schaltstangenhalteplatte ausbauen (Bild 212).
● Schaltstangen herausziehen und Schaltgabeln herausnehmen.
● Schaltwalze herausziehen (Bild 213).

11.2 Kurbelwelle/Pleuel

Kurbelwelle:
● Lagerstellen auf sichtbaren Verschleiss untersuchen. Werden Riefen oder blaue Stellen festgestellt, so muss Welle durch Neuteil ersetzt werden.
● Mit Mikrometer Haupt- und Pleuellagerzapfen ausmessen.
Lagerzapfen müssen folgende Masse ausweisen:

	Hauptlager	Pleuellager
Standard	33,984–34,000	34,984–34,992
Untermass 1/0	33,984–34,000	34,993–35,000

● Werden die angegebenen Durchmesser unterschritten, muss Welle ersetzt werden. Nacharbeiten ist nicht vorgesehen.
Die Durchmesserklassen sind durch Markierungen an den Kurbelwangen gekennzeichnet (Bilder 214 und 215):

Hauptlagerzapfen:	keine	– Standard
	1	– Untermass
Pleuellagerzapfen:	keine	– Standard
	0	– Untermass

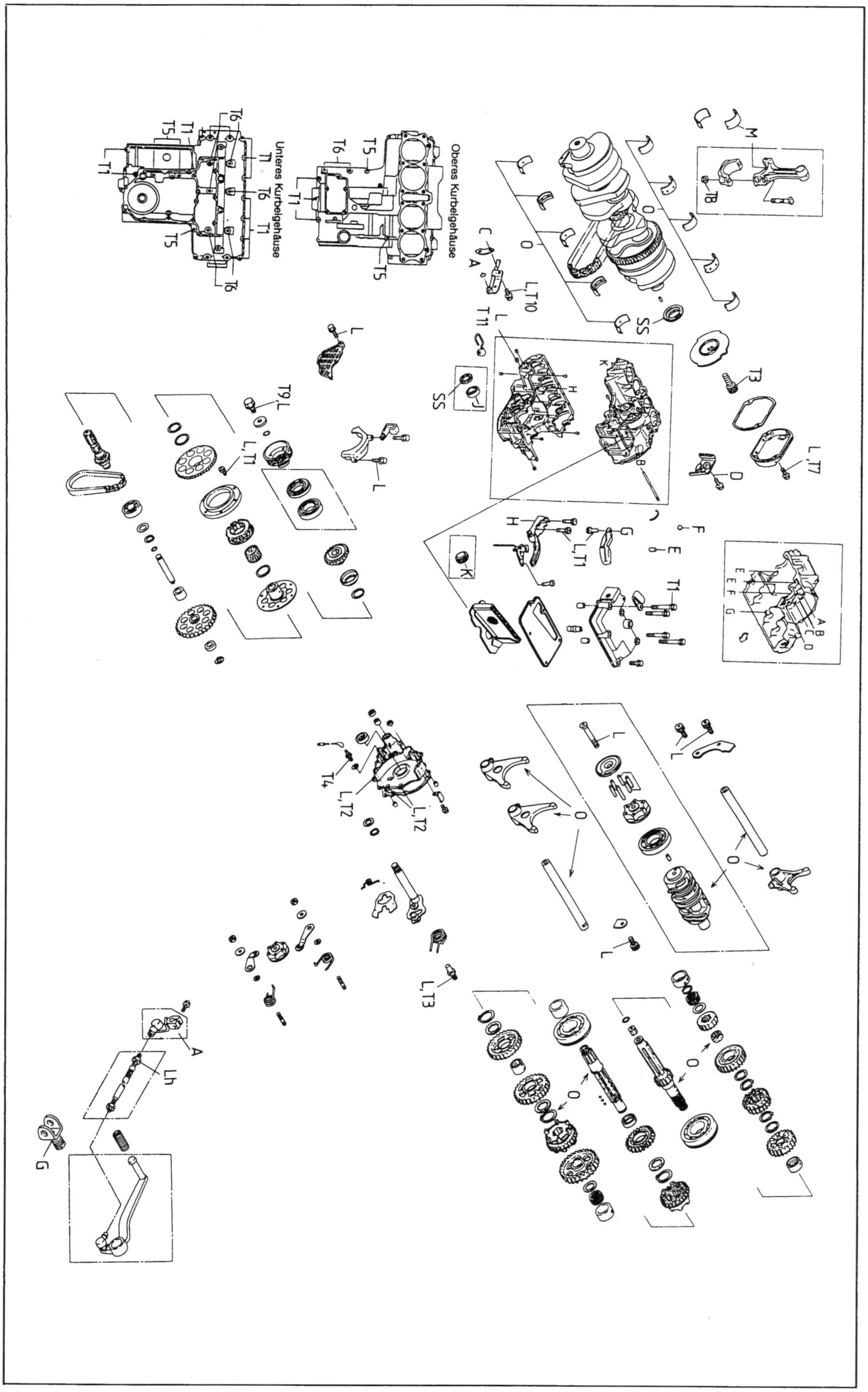

Bild 203
Teile im Motor/Getriebegehäuse

G	Auftragen von Fett
L	Auftragen von Loctite
Lh	Linksgewinde
M	Auftragen von MoS_2 Fett
O	Auftragen von Öl
SS	Auftragen von Silikondichtmasse
T1	Anzug 12 Nm
T2	Anzug 4,9 Nm
T3	Anzug 25 Nm
T4	Anzug 15 Nm
T5	Anzug 22 Nm
T6	Anzug 27 Nm
T7	Anzug 9,8 Nm
T8	Anzug 36 Nm
T9	Anzug 39 Nm
T10	Anzug 9,8 Nm
T11	Anzug 20 Nm

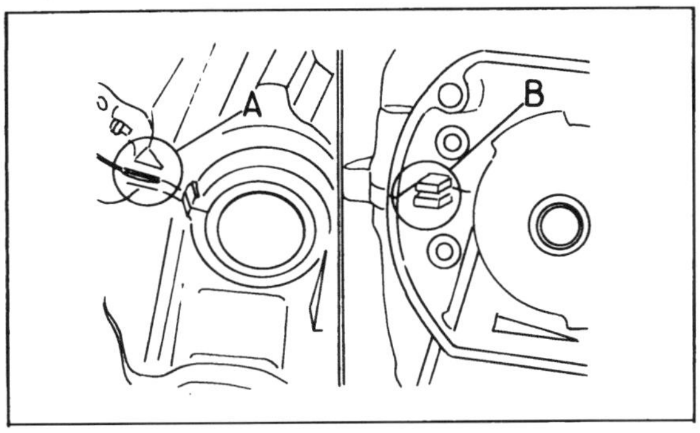

◄ **Bild 204**
Ansatzpunkte zum Trennen des Gehäuses
A Ansatzpunkt links
B Ansatzpunkt rechts

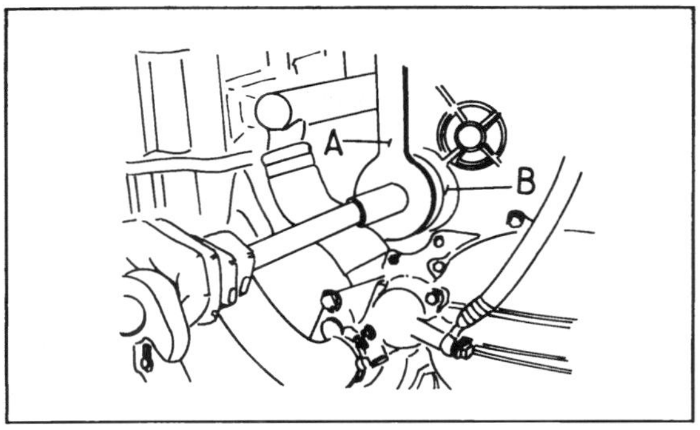

Bild 205
Zwischenwellenscheibe ausbauen
A Halter 57001-1237
B Zwischenwellenscheibe

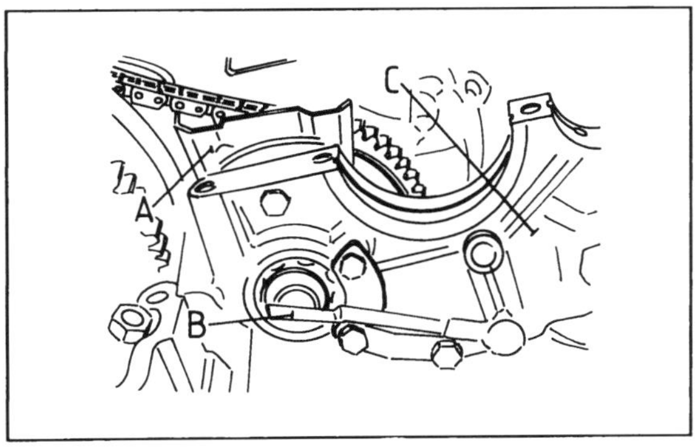

◄ **Bild 206**
Anbauteile der Zwischenwelle
A Kettenführung
B Ölrohr
C Gehäusehälfte

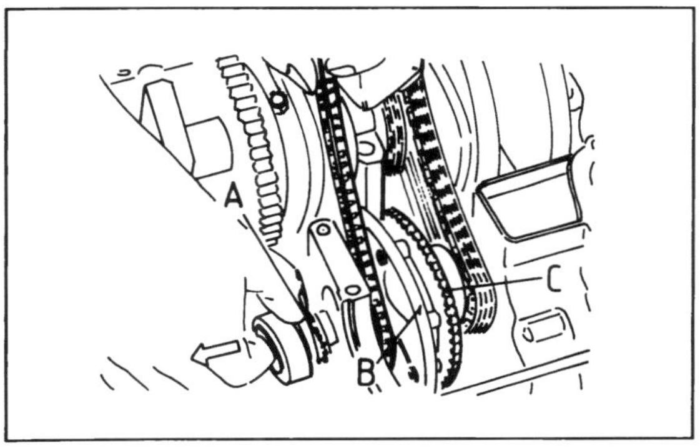

Bild 207
Zwischenwelle ausbauen
A Zwischenwelle
B Anlasserkupplung
C Anlasserkupplung-Zahnrad

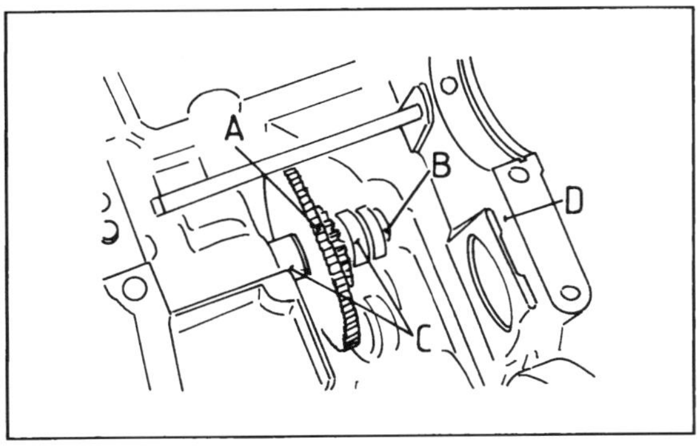

◄ **Bild 208**
Ausbau Anlasserzwischenrad
A Anlasserzwischenrad
B Federring
C Buchse
D Kurbelgehäuse

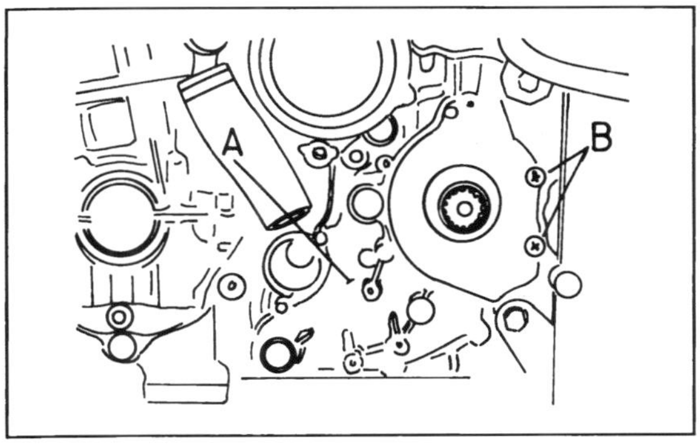

Bild 209
Deckel zum Schaltmechanismus
A Deckel
B Flachkopfschrauben

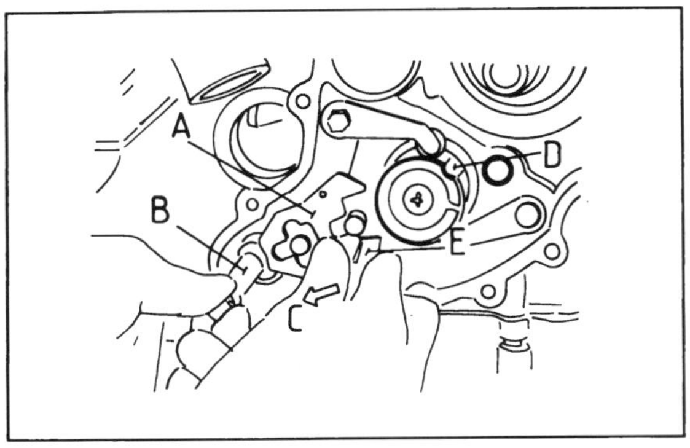

◄ **Bild 210**
Schaltmechanismus aussen
A Schaltarm
B Schaltwelle
C Drücken
D Aussparung
E Untere Schaltklaue

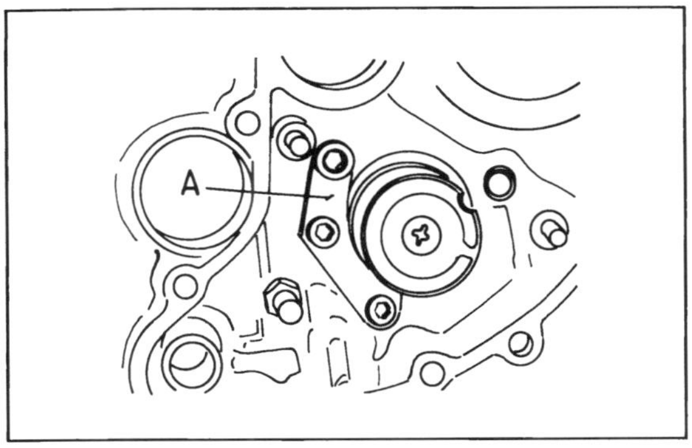

Bild 211
Halteplatte der Schaltwalze
A Platte

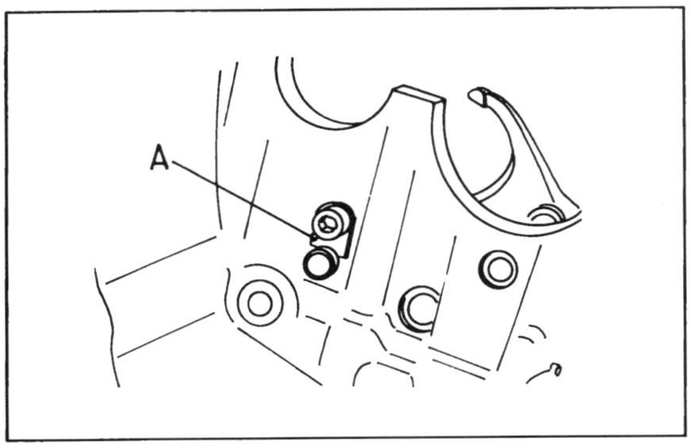

◄ **Bild 212**
Schaltstangenhalteplatte
A Platte

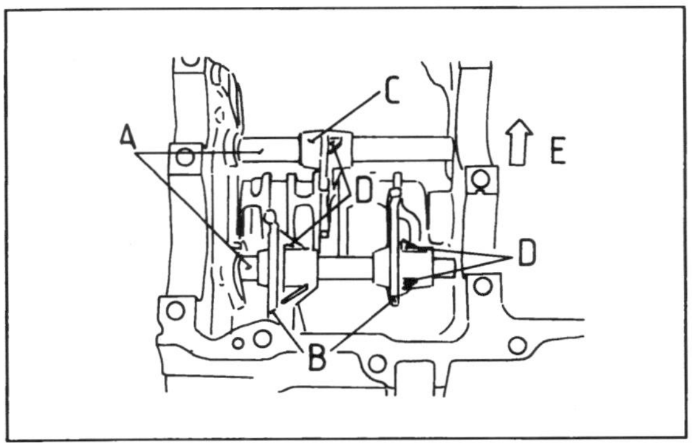

Bild 213
Schaltwalze mit Schaltgabeln
A Schaltstangen
B Schaltgabeln Abtriebswelle
C Schaltgabeln Primärwelle
D Rippen
E Frontseite

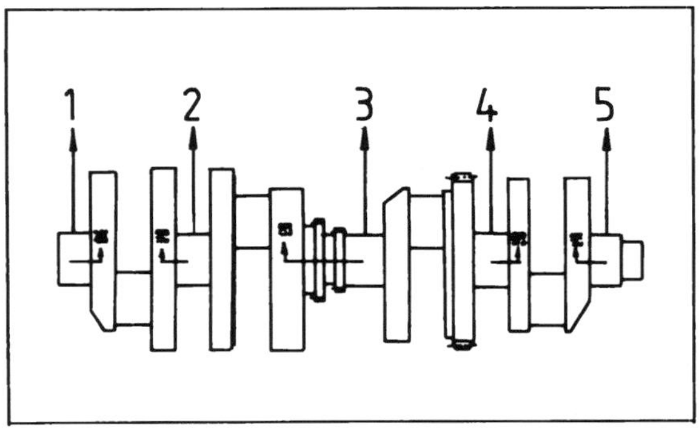

Bild 214
Markierung der Hauptlagerzapfen
⊗ Markierungsort
1 Markierung für Untermass

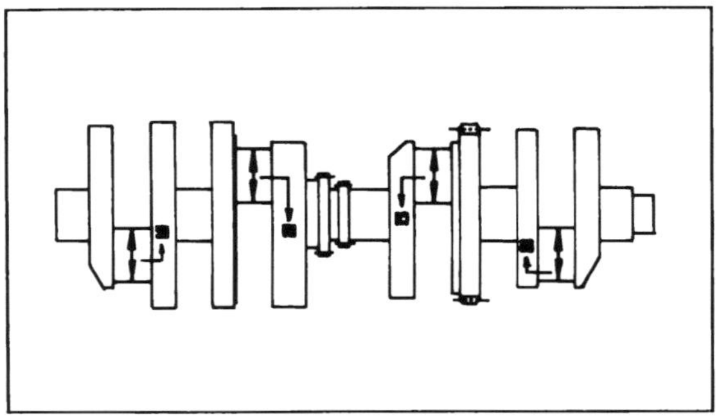

Bild 215
Markierung der Pleuellagerzapfen
⊗ Markierungsort
0 Markierung für Untermass

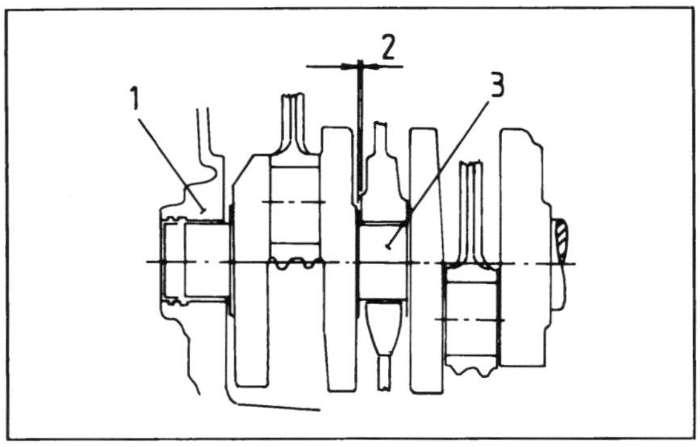

Bild 216
Axialspiel der Kurbelwelle
1 Kurbelgehäuse
2 Spiel
3 Lagerzapfen #2

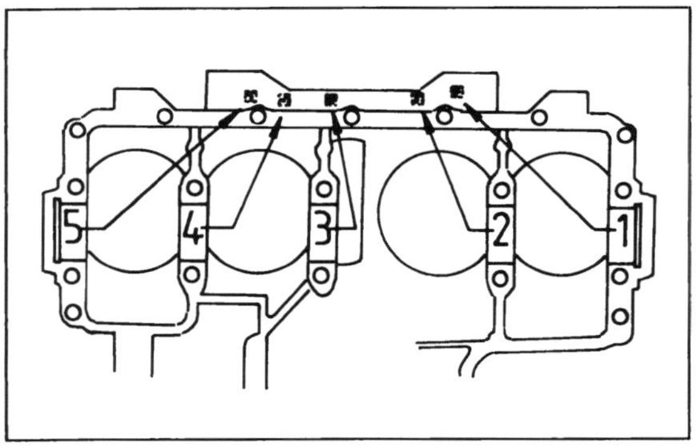

Bild 217
Markierungen am Kurbelgehäuse
⊗ Markierungsort

Axialspiel der Kurbelwelle.
An Lagerstelle 2# wird Welle axial geführt. Welle läuft direkt im Kurbelgehäuse.
● Mit Blattlehre Spiel feststellen.
Normalwert: 0,05 bis 0,20 mm
Grenzwert: 0,40 mm
Wird Grenzwert erreicht oder überschritten, Messung mit neuer Welle wiederholen (Bild 216). Wird Sollmass abermals überschritten, müssen die Kurbelgehäusehälften ersetzt werden.
Hauptlagerspiel ausmessen:
● Grundbohrungen der Kurbelgehäusehälften auf sichtbaren Verschleiss untersuchen.
● Gehäusehälften zusammenstellen und mit vorgeschriebenem Moment von 27 Nm festziehen.
● Mit Innenmikrometer Durchmesser der Grundbohrungen ausmessen.
Normalmass 37,000 bis 37,008 mm
Markierung: 0
Übermass 37,009 bis 37,016 mm
Markierung: keine
Wird Übermass überschritten, Gehäusehälften ersetzen (Bild 217).
● Gehäuse trennen und Lagerschalen gemäss nachstehender Tabelle auswählen (Bild 217a).
● ⚠ Achtung: Lagerschalen der Lager 2/4 besitzen eine Ölnut.
● Schalen trocken in die Grundbohrung einlegen (kein Öl, kein Schmutz!).
● Kurbelwelle ohne zu drehen sorgfältig in die Lagerstellen legen.
● Auf jeden Lagerzapfen ein Stück Plasti-Gage längs auflegen.
Gehäusehälften zusammenstellen und mit 27 Nm festziehen.
● ⚠ Kurbelwelle darf nicht verdreht werden,
● Messergebnis würde verfälscht.
● Kurbelgehäuse wieder trennen und mit Messlehre Spiel ausmessen (Bild 218).
● Folgendes Spiel soll vorhanden sein:
Normalwert 0,020 bis 0,044 mm
Grenzwert 0,080 mm
Wird das Normalspiel überschritten, Messung mit blauen Schalen wiederholen.
Wird das Spiel wiederum nicht erreicht, verschlis-

Ø Markierung der Kurbelgehäuse-Hauptlagerbohrung	Ø Markierung der Kurbelwellen-Hauptlagerzapfen	Lagereinsatz*		
		Farbe	Teilenummer	Lagerzapfen-Nr.
O	1	Braun	92028-1447	1,3,5
			92028-1444	2,4
Keine	1	Schwarz	92028-1446	1,3,5
O	Keine		92028-1443	2,4
Keine	Keine	Blau	92028-1445	1,3,5
			92028-1442	2,4

* Die Lagereinsätze für die Lagerzapfen Nr. 2 und Nr. 4 haben Ölnuten

Bild 217 a
Tabelle Hauptlagerschalen

senes Teil feststellen und auswechseln (Bild 219).

Pleuel:
● Pleuelfussbohrung auf Riefen und blaue Stellen untersuchen. Werden solche vorgefunden, muss der Pleuel ersetzt werden.
Pleuel besitzen am Fuss Markierungen für die Gewichtsklasse. Ein Pleuelpaar muss die gleiche Gewichtsklasse aufweisen (Bild 220).
● Pleuelfuss-Grundbohrung muss folgendes Mass aufweisen!
Normalmass 38,000 bis 38,008
Markierung am Fuss: keine
Übermass 38,009 bis 38,016
Markierung am Fuss: 0
Wird Übermass überschritten, muss Pleuel ersetzt werden.
Ausmessen des Pleuellagerspiels:
● Lagerschalen gemäss nachstehender Tabelle auswählen (Bild 221).
● Grundbohrung des Pleuels trocken reinigen.
● Lagerschalen in Pleuel und Deckel einlegen.
● ⚠ (Zwischen Schale und Grundbohrung darf sich weder Öl noch Schmutz befinden).
● Auf den Pleuelzapfen der Kurbelwelle ein Stück Plasti-Gage längs auflegen.
● Pleuel trocken auf die Welle montieren und Schrauben mit 36 Nm festziehen.
● ⚠ Pleuel darf auf der Welle nicht bewegt werden!
● Pleuel wieder demontieren.
● Mit Messlehre Lagerspiel ausmessen.
Spiel muss 0,046 bis 0,076 mm betragen.
Grenzmass 0,11 mm.
Wird Sollmass überschritten, Messung mit blauen Schalen wiederholen.
Wird das korrekte Spiel nicht erreicht, verschlissenes Teil, Pleuel oder Welle feststellen und auswechseln.
Vormontage Kurbelwelle/Pleuel:
● Ausgewählte vermessene Pleuellagerschalen trocken in Grundbohrungen der Pleuel, Pleueldeckel einsetzen.
● Pleuelzapfen der Kurbelwelle mit Motorenöl reichlich schmieren.
● Pleuel aufsetzen und Schrauben mit 36 Nm festziehen.
Prüfen ob die Pleuel nach Festzug frei auf der Welle pendeln (Bild 223).

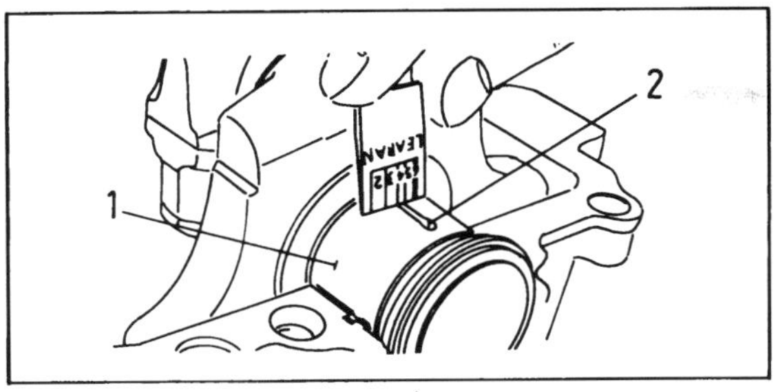

◄ **Bild 218**
Hauptlagerspiel ausmessen
1 Lagerzapfen
2 Plasti-Gage-Streifen

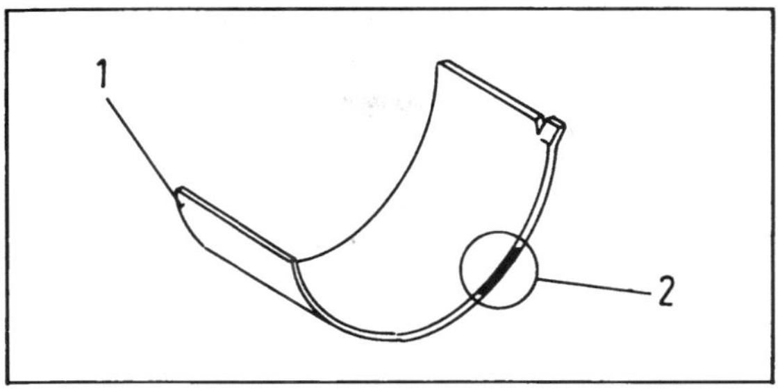

Bild 219
Lagerschale
1 Schale
2 Farbmarkierung

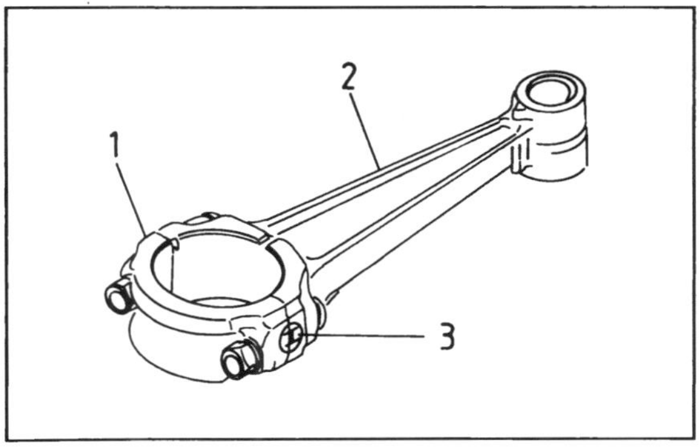

Bild 220
Markierung
für Gewichtsklasse
1 Pleueldeckel
2 Pleuel
3 Markierung

Markierung des Durchmessers der Pleuelfußbohrung	Markierung des Kurbelzapfen-durchmessers	Lagereinsatz	
		Farbe	Teilenummer
O	Keine	Blau	92028-1407
Keine	Keine	Schwarz	92028-1408
O	O		
Keine	O	Braun	92028-1409

Bild 221
Tabelle Pleuellagerschalen

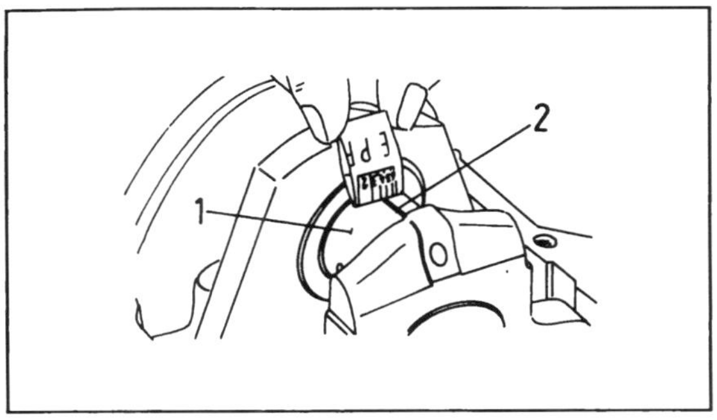

Bild 222
Pleuellagerspiel messen
1 Pleuelzapfen
2 Plasti-Gage-Streifen

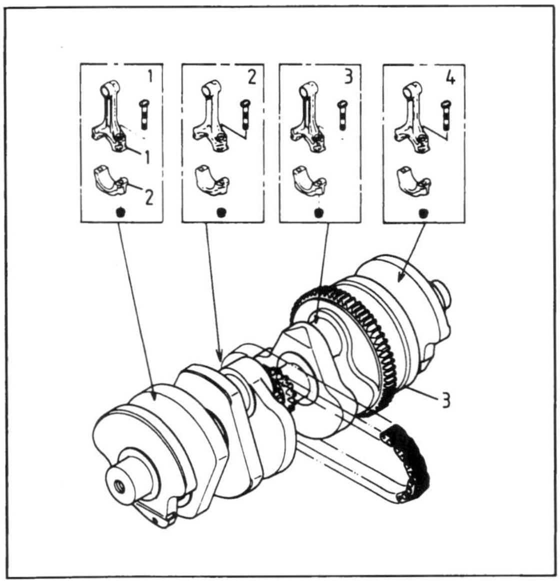

Bild 223
Vormontage Kurbelwelle
1 Pleuel
2 Deckel
3 Kurbelwelle

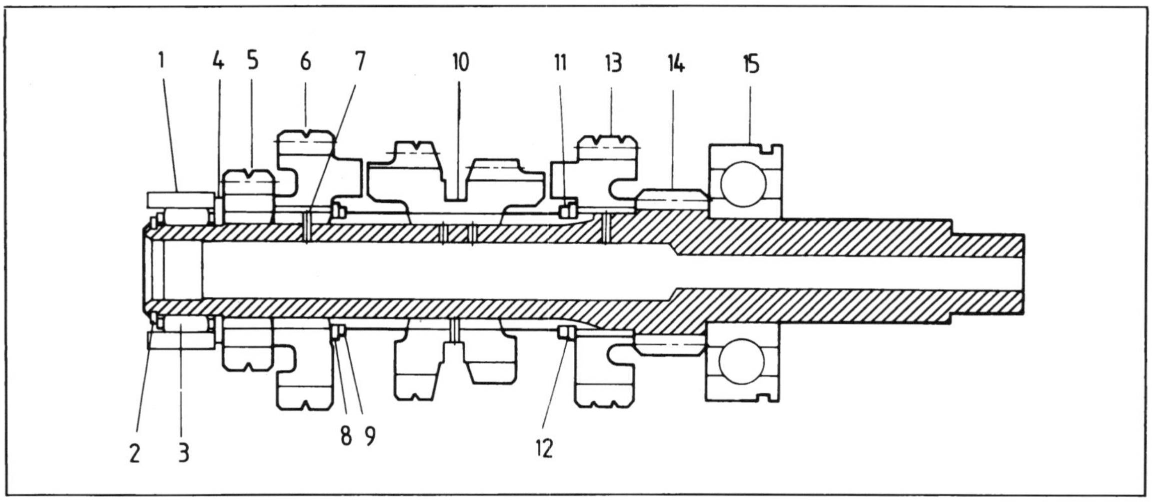

Bild 224
Primärwelle
1 Lageraussenring
2 Sicherungsring
3 Nadellager
4 Druckscheibe
5 Losrad 2. Gang
6 Losrad 6. Gang
7 Büchse
8 Distanzscheibe
9 Seegerring
10 Schieberad 3./4. Gang
11 Seegerring
12 Distanzscheibe
13 Losrad 5. Gang
14 Festrad 1. Gang
15 Kugellager

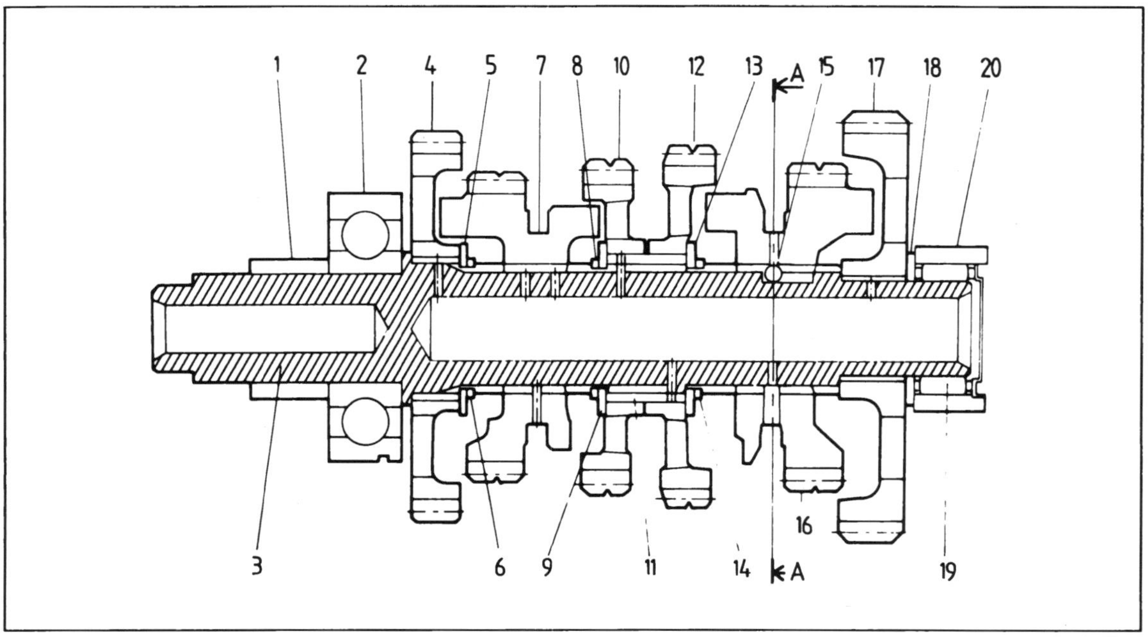

Bild 225
Abtriebswelle
1 Büchse
2 Kugellager
3 Welle
4 Festrad 2. Gang
5 Zahnscheibe
6 Seegerring
7 Schieberad 6. Gang
8 Seegerring
9 Distanzscheibe
10 Losrad 4. Gang
11 Büchse
12 Losrad 3. Gang
13 Distanzscheibe
14 Seegerring
15 Stahlkugel
16 Schieberad 5. Gang
17 Losrad 1. Gang
18 Distanzscheibe
19 Nadellager
20 Lageraussenring

11.3 Getriebe zerlegen/zusammenbauen

● Getriebewellen ausbauen.
Primärwelle (Bild 224):

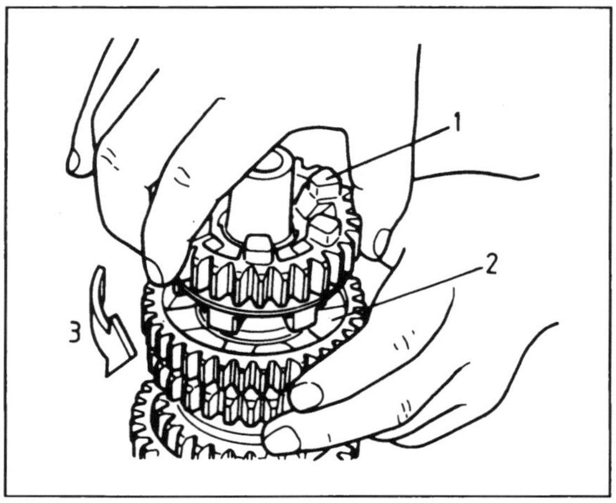

Bild 226
Schieberad 5. Gang demontieren
1 Schieberad
2 Losrad 3. Gang
3 Drehsinn

● Seegerring beim Nadellager entfernen.
● Nadellager, Losrad 2. Gang und Losrad 6. Gang abnehmen.
● Distanzscheibe des Losrads 6. Gang und Seegerring entfernen.
● Schieberad 3./4. Gang abziehen.
● Seegerring und Distanzscheibe des Losrads 5. Gang entfernen.
● Losrad 5. Gang abnehmen.
● Mit hydraulischer Presse Kugellager abdrücken.
●⚠ Kugellager nur im Schadensfall demontieren. Durch die Demontage wird das Lager unbrauchbar und muss ersetzt werden.

Abtriebswelle (Bild 225)!
● Nadellager mit Distanzscheibe abnehmen.
● Losrad 1. Gang abnehmen.
● Schieberad 5. Gang wie folgt demontieren:
Abtriebswelle senkrecht halten.
Mit schneller Drehung des Schieberads gegen

den Uhrzeigersinn und gleichzeitigem Ziehen Rad abnehmen (Bild 226).
Frei werdende Kugeln entnehmen.

- Seegerring und Distanzscheibe des Losrads 3. Gang entfernen.
- Losrad 3./4. Gang und Zahnbüchse abnehmen.
- Distanzscheibe und Seegerring des Losrads 4. Gang entfernen.
- Schieberad 6. Gang abziehen.
- Seegerring und Distanzscheibe des Losrads 2. Gang entfernen.
- Losrad 2. Gang abnehmen.
- Kugellager mit der Büchse auf der Presse abdrücken.
- ⚠ Lager nur im Schadensfall demontieren. Lager muss nach jeder Demontage ersetzt werden.

Prüfen der Teile:

- Alle Klauenkupplungen auf Verschleiss an den Klauen überprüfen.

Wird Verschleiss festgestellt, immer beide Teile, Klaue und Nutteil, ersetzen.

- Laufstellen der Räder auf sichtbaren Verschleiss untersuchen.

Bei Verschleiss immer Rad und Büchse (oder Welle) ersetzen.

- Verzahnungen der Räder auf Fressstellen prüfen.

Zahnräder immer paarweise ersetzen.

- Lager fettfrei reinigen und sorgfältig ausblasen.

Kugellager unter Pressluftstrahl nicht drehen lassen, sie würden zerstört.

- Blaue Lager oder solche mit Laufgeräusch ersetzen.

Zusammenbau der Getriebewellen:

- Zusammenbau in umgekehrter Reihenfolge des Zerlegens.
- Folgendes ist zu beachten.

Alle Seegerringe durch neue ersetzen.
Laufbüchsen der Losräder so einbauen, dass Ölbohrung durchgängig ist (Bild 227).
Stahlkugeln des Schieberads 5. Gang ohne Fett, nur mit Motorenöl, einsetzen (Bild 228).

- TIP Seegerringe so einbauen, dass Ösen in eine Nut zu liegen kommen (Bild 229).

Kugellager am Innenring auf Wellen aufpressen.

- ⚠ Einbaulage der Nut am Aussenring beachten.

11.4 Kurbelgehäuse zusammenbauen

- Zusammenbau grundsätzlich in umgekehrter Reihenfolge des Zerlegens.

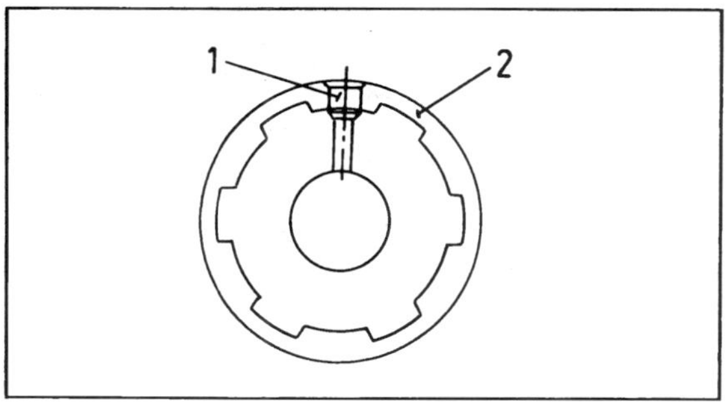

Bild 227
Einbaulage der Laufbüchsen
1 Ölbohrung
2 Laufbüchse

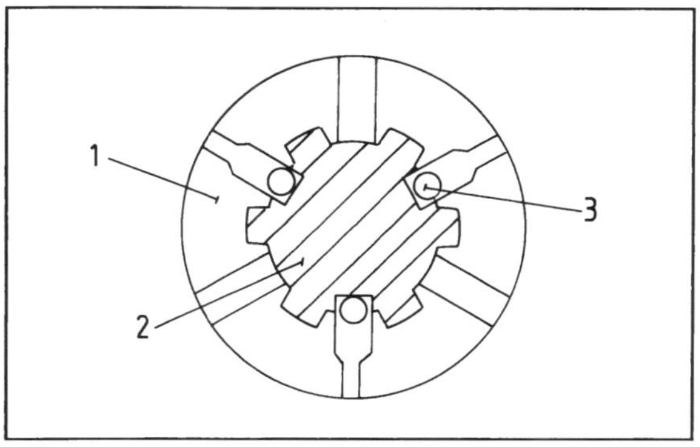

Bild 228
Einbau der Stahlkugeln
1 Schieberad
2 Welle
3 Stahlkugeln

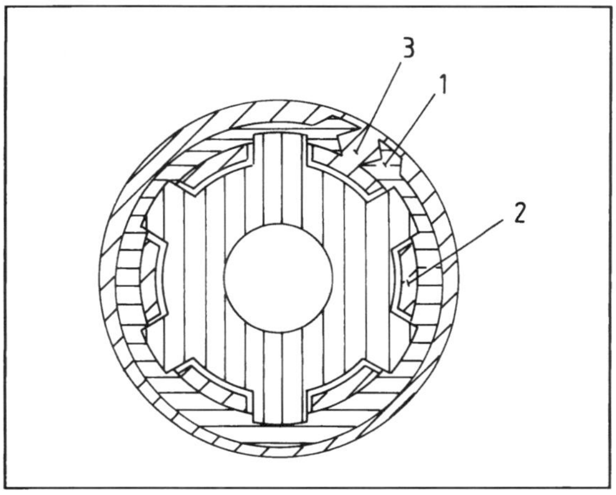

Bild 229
Einbaulage der Seegerringe
1 Öse Seegerring
2 Distanzscheibe
3 Nut

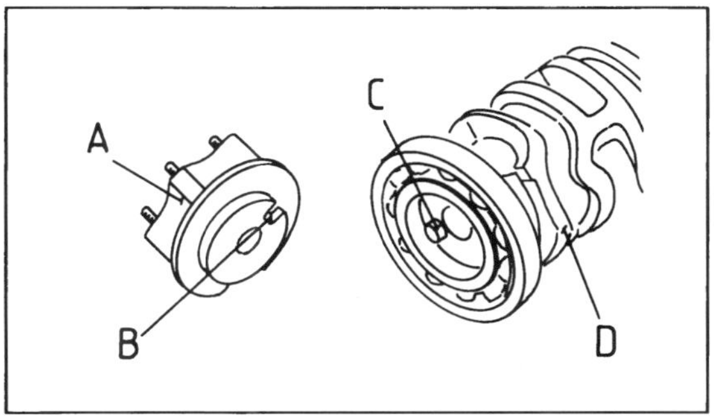

Bild 230
Einbaulage der Schaltwalzenlagerung
A Haltering
B Nut
C Stift
C Schaltwalze

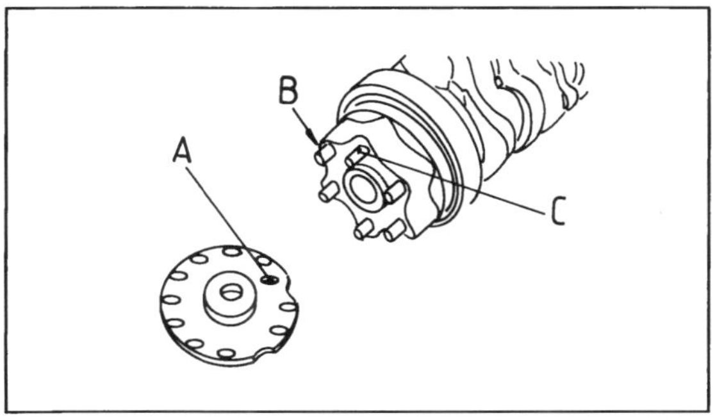

Bild 231
Montage der Stifte
A Aussparung in der Halteplatte
B Unterster Nocken
C Langer Stift

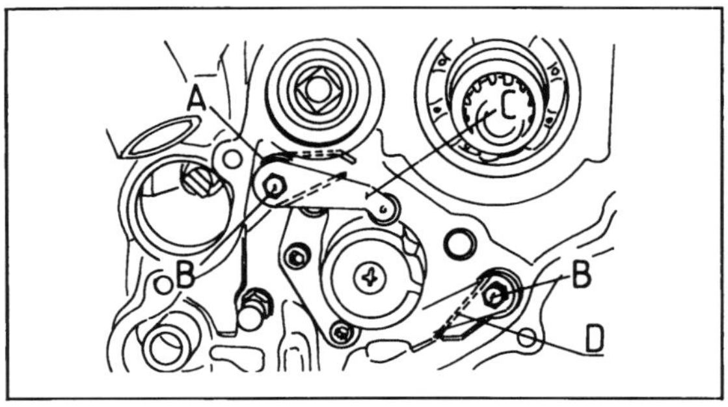

Bild 232
Einbaulage der Schenkelfedern
A Feder weiss
B Muttern
C Hebel
D Feder gelb

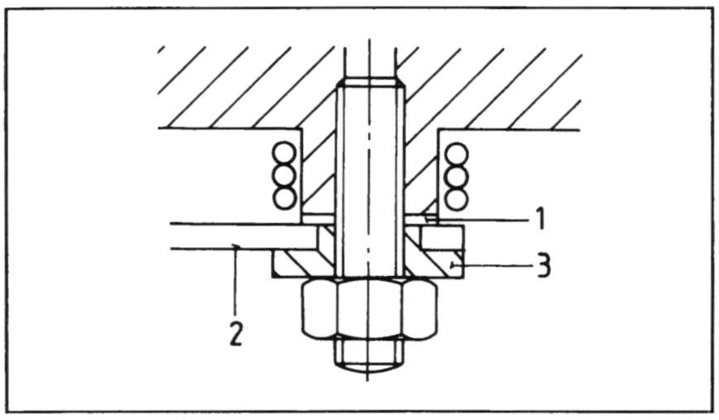

Bild 233
Lagerung der Hebel
1 Distanzscheibe
2 Hebel
3 Büchse

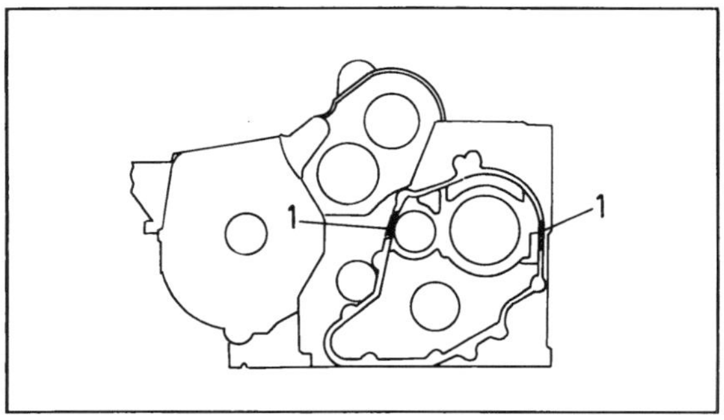

Bild 234
Anbau des Deckels
1 Auftrag von Silikondichtmittel

- Schaltwalze in die Lagerbohrung schieben.
- Haltering einsetzen (Bild 230).
- Schaltwalzenhalteplatte montieren.
- Stift der Halteplatte einbauen und festziehen und Schraube mit Loctite einsetzen (Bild 231).
- Schaltgabeln und Wellen der Antriebswelle sind identisch.
- Gabeln und Wellen einsetzen.
- Halterungen der Welle montieren. Schrauben mit Loctite einsetzen.
- Äussere Schaltungsteile einbauen. Zahnradpositionierhebel sind identisch.
- Die Schenkelfedern der Positionierhebel gemäss Bildern 232 und 233 einbauen.
- Anlasserzwischenrad einbauen.
- Kurbelwelle mit Abtriebskette in Lagerstellen legen.
- Zwischenwelle einbauen.
- Ölrohr der Zwischenwelle anbringen.
- Zwischenwellenscheibe montieren.
- Beide Getriebewellen in Lagerstellen legen. Darauf achten, dass die Schaltgabeln richtig in die Nuten der Schieberäder zu liegen kommen.
- Durch Drehen der Schaltwalze richtiges Schalten der Räder prüfen. Anschliessend Schaltwalze in Leerlaufposition drehen.
- Kolben auf die Pleuel montieren.
- Gehäuseoberteil mit den Laufbüchsen wie beschrieben aufsetzen und verschrauben. Vorgeschriebene Anzugsmomente genau einhalten.
- Deckel der äusseren Schaltungsteile montieren (Bild 234).

12 Räder/Reifen

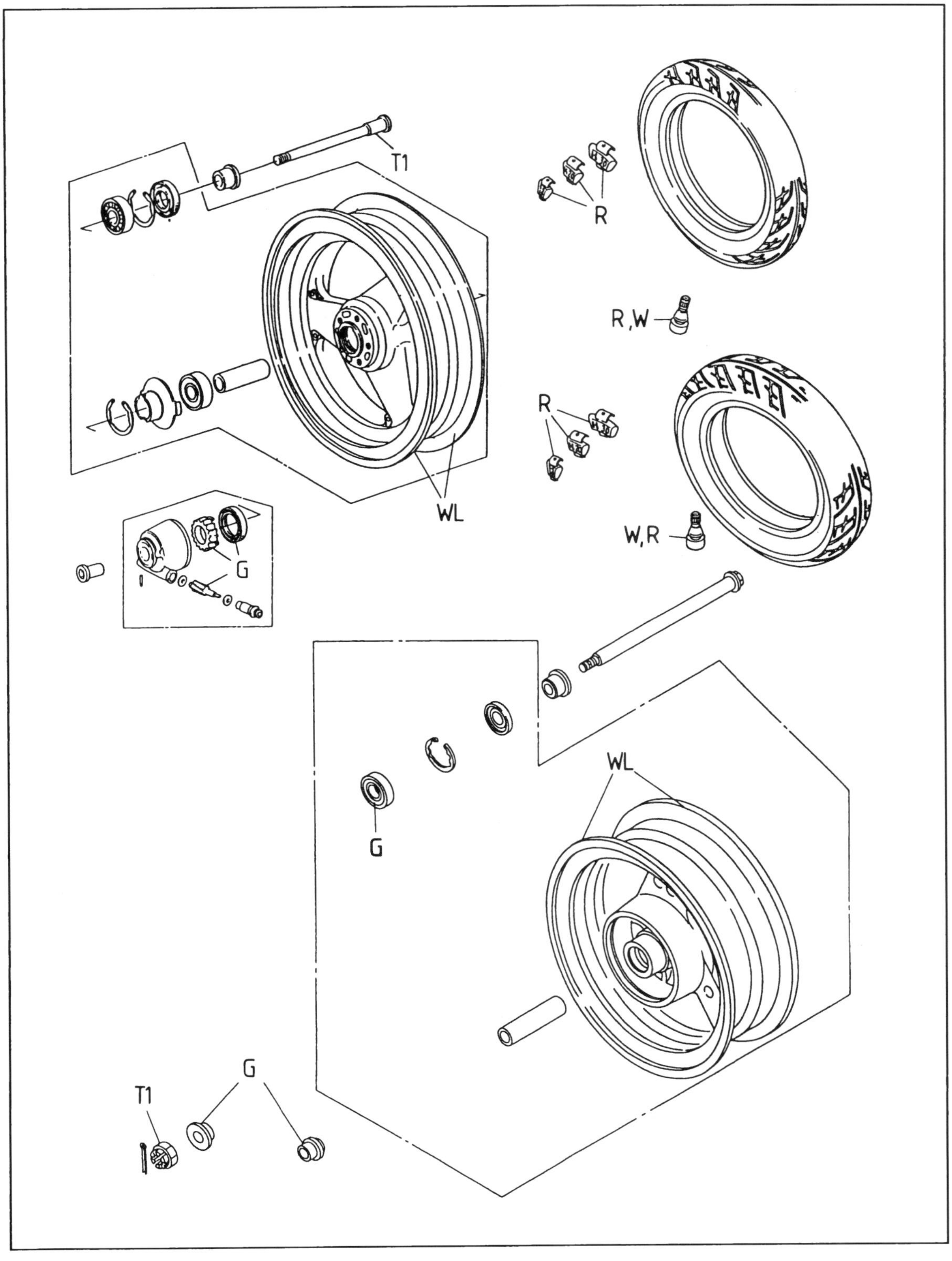

Bild 235
Teile des Vorder- und Hinterrades
G Auftragen von Fett
R Auswuchtgewichte/Ventil
WL Auftragen von Pneumontierpaste
T1 Anzug 110 Nm

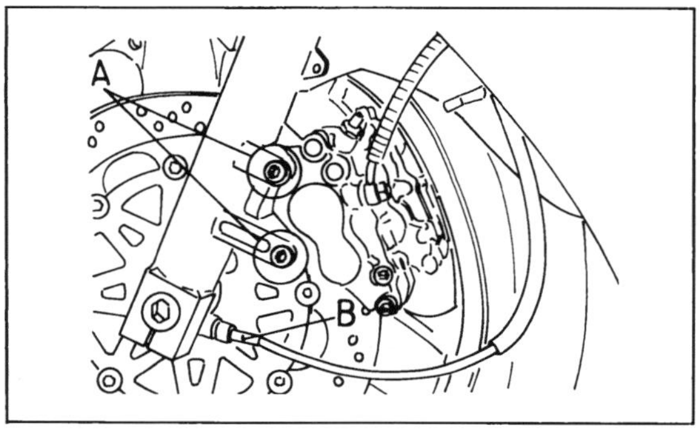

Bild 236
Bremszange vorn
A Befestigung Bremssattel
B Tachometersaite

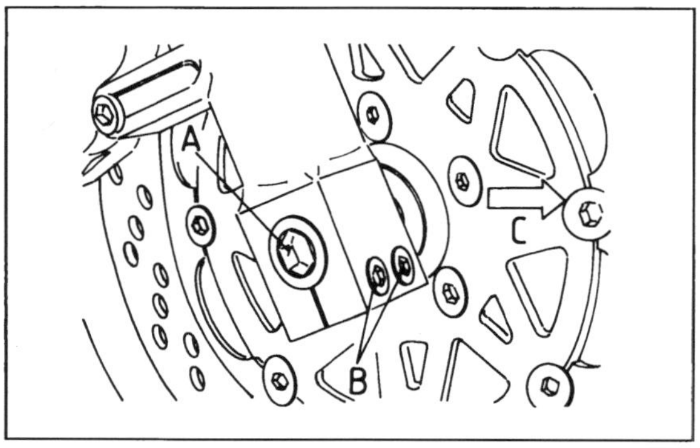

Bild 237
Klemmbolzen rechts
A Steckachse
B Klemmbolzen
C Frontseite

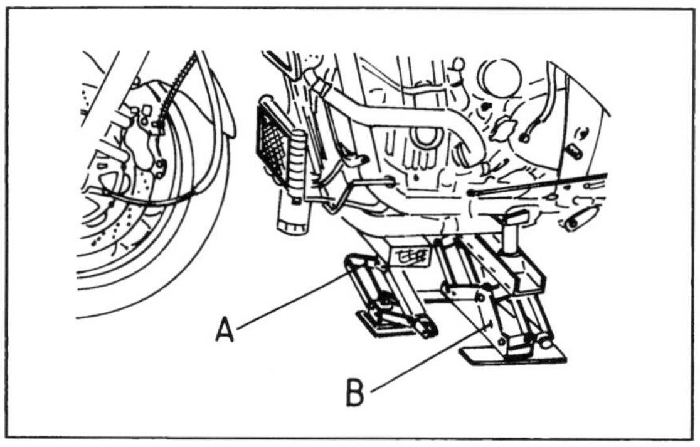

Bild 238
A Heber oder Stütze
B Heber 57001-1238

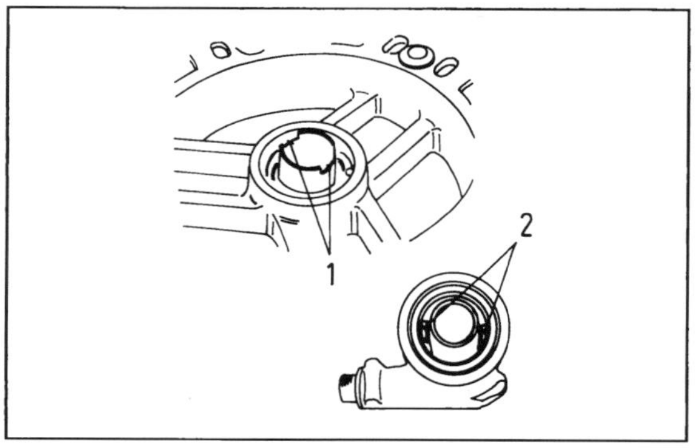

Bild 239
Tachoantrieb
1 Nuten
2 Mitnehmer

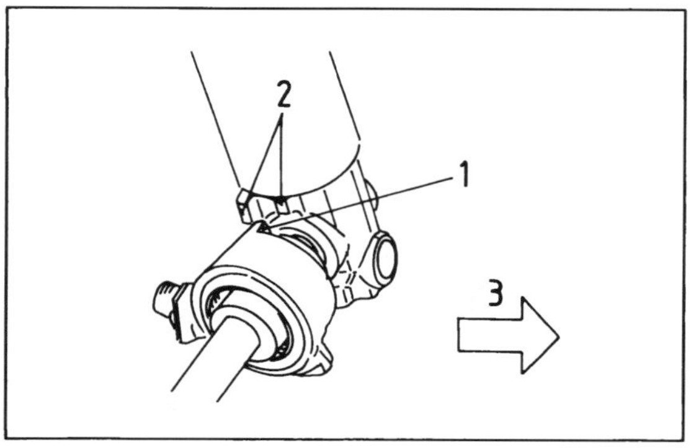

Bild 240
Einbaulage des Tachoantriebs
1 Anschlag Getriebegehäuse
2 Anschlag Gabelbein
3 Vorne

12.1 Ausbau/Einbau des Vorderrades

- Untere Verkleidung abnehmen.
- Tachosaite vom Tachoantrieb abnehmen.
- Beide Bremssättel von Gabel abschrauben.
- Klemmbolzen an rechter Gabel lösen (Bild 237).
- Motorrad anheben, bis das Vorderrad frei ist.
- Achse lösen und herausziehen.
- Vorderrad abnehmen.
- Rad so lagern, dass Bremsscheiben nicht berührt werden.

Einbau:

- Einbau in umgekehrter Reihenfolge.
- Tachometerantrieb so einbauen, dass Mitnehmer einwandfrei eingreift (Bilder 239 und 240).
- Anschlag für Getriebegehäuse am Anschlag des Gabelbeins zur Anlage bringen.
- Hülse an rechter Seite der Nabe einsetzen.
- Folgende Befestigungen festziehen:
  - Achsbolzen/Mutter 110 Nm
  - Klemmbolzen 20 Nm
  - Bremssattel 34 Nm
- Die Vorderradbremse betätigen, bis die Beläge an den Bremsscheiben anliegen.

12.2 Ausbau/Einbau des Hinterrads

Ausbau:

- Zuganker der Hinterradnabe lösen.
- Achsmutter entsplinten.
- Mutter lösen und abnehmen.
- Motorrad anheben, bis Hinterrad frei ist.
- Kette vom Kettenrad abnehmen (Bild 241).
- Steckachse herausdrehen.
- Hinterrad nach hinten herausziehen und gleichzeitig freien Bremssattel mit Halter entgegennehmen (Bild 242).
- Bremssattel mit Bindedraht befestigen.
- Rad so lagern, dass Bremsscheibe und Kettenrad nicht beschädigt werden.

Einbau:

- Einbau in umgekehrter Reihenfolge.
- Kette gemäss Kapitel «Achsantrieb» spannen.
- Achsmutter mit 110 Nm festziehen.
- Neuen Splint montieren.
- Bremse betätigen, bis Beläge an Scheibe anliegen.

12.3 Prüfen der Räder

- Reifen demontieren.

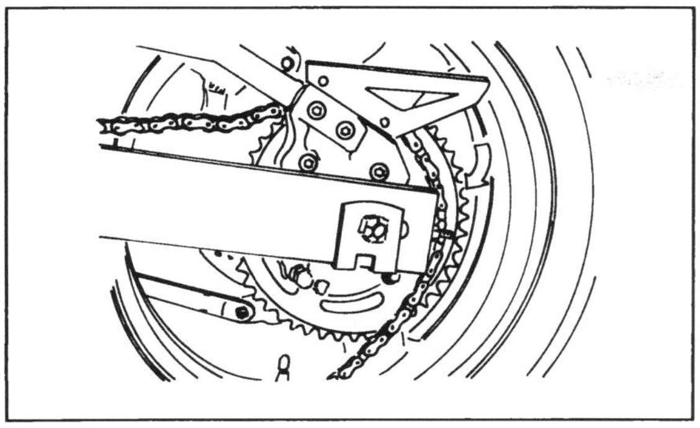

◀ **Bild 241**
Kette abnehmen

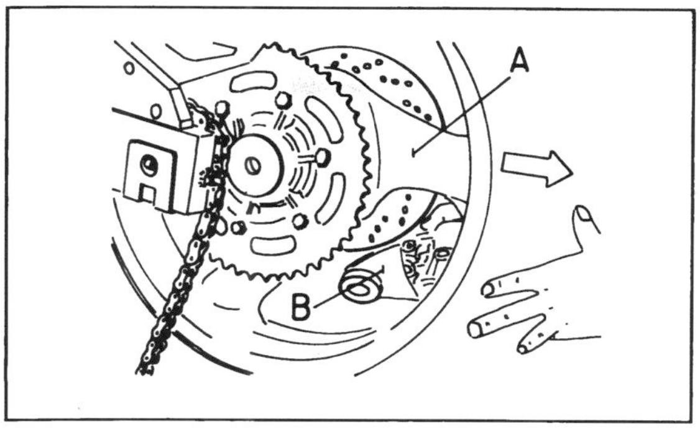

Bild 242
Hinterrad ausbauen
A Radstern
B Bremssattel mit Halter

- Felge mit Lagerung auf Bolzen aufspannen.
- Messuhr am Felgenhorn ansetzen und Schlag messen.

Der Schlag darf folgende Werte nicht überschreiten:
Axial 0,5 mm
Radial 0,8 mm

- Wird zu grosser Schlag festgestellt, die Radlagerung auf Spiel überprüfen.

Wenn die Lagerung iO, die Felge ersetzen.

- ⚠ Eine Reparatur, richten etc. ist nicht zulässig wegen Unfallgefahr!

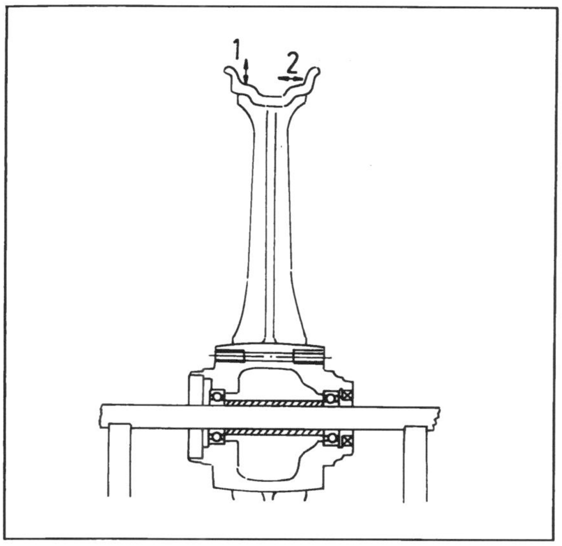

Bild 243
Messanordnung «Schlagprüfung»
1 Radialschlag
2 Axialschlag

12.4 Radlager ersetzen

- Die Felge mit Unterlagen unter dem Felgenhorn ablegen.
- Die Simmerringe heraushebeln.
- Die Sicherungsringe abziehen.
- Die Nabenlager mit dem Werkzeug 57001-1265 austreiben (Bild 244).
- Die Lager des Hinterrads mit Kugellagerfett füllen.

Diejenigen des Vorderrads werden fertig zum Einbau geschmiert angeliefert.

- Die neuen Lager und die Distanzbüchse einpressen.

Die abgedeckte Seite der Lager muss nach aussen weisen.
Die Lager dürfen dabei nur am Aussenring eingetrieben werden.

- Die Sicherungsringe einsetzen.
- Die Dichtringe an der Lippe mit Fett schmieren.

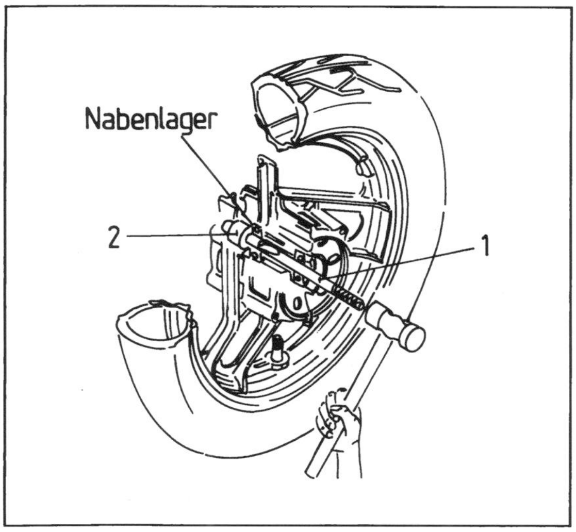

Bild 244
Lager ausbauen
1 Werkzeug 57001-1265
2 Werkzeug 57001-1293

- Die Dichtringe mit der Lippe nach innen weisend einpressen.

13 Achstrieb

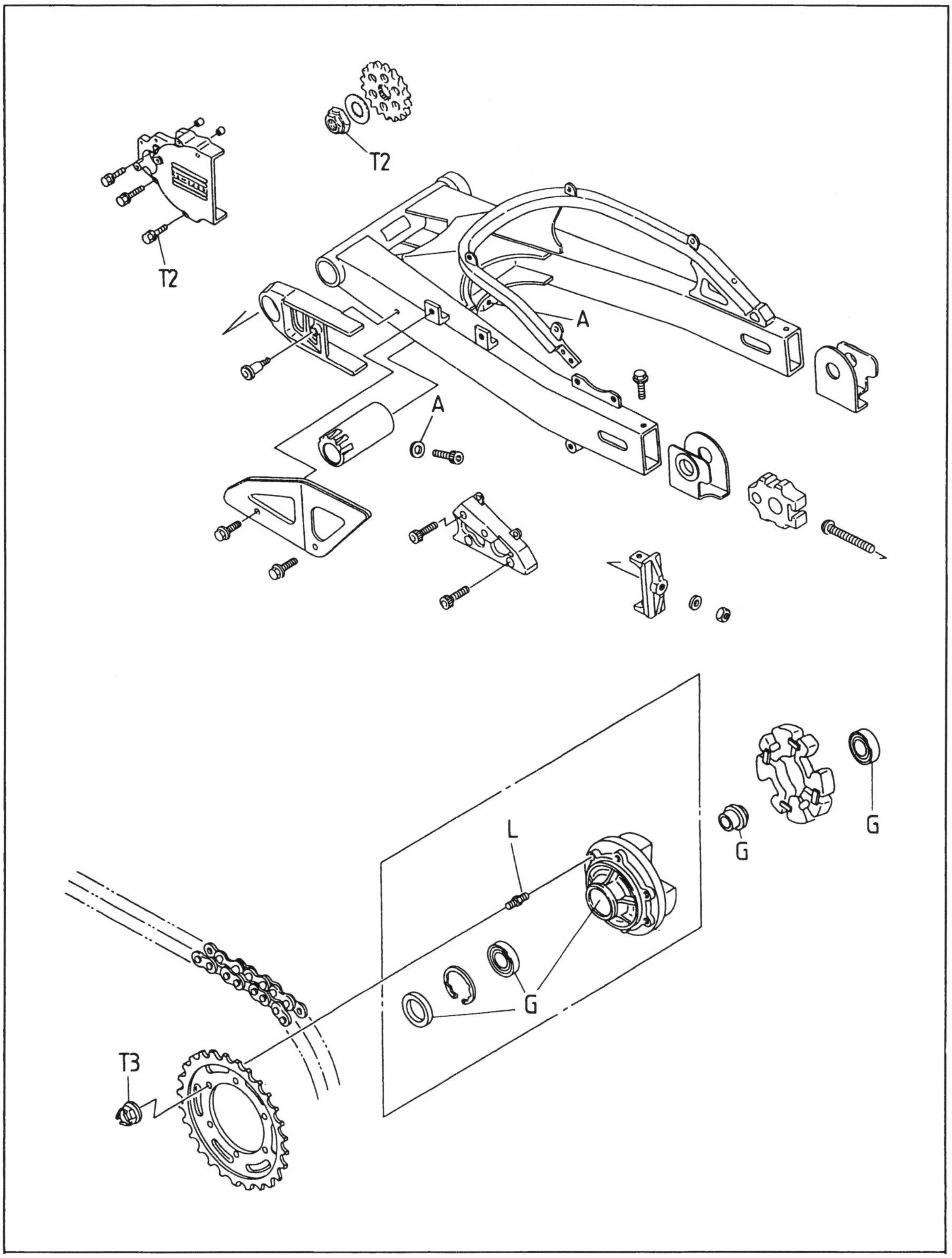

Bild 245
Teile des Radantriebs
G Auftragen von Fett
L Auftragen von Loctite
T1 Anzug 12 Nm
T2 Anzug 98 Nm
T3 Anzug 74 Nm

13.1 Aus- und Einbau der Kette

- Die linke, untere Verkleidung abnehmen.
- Den Schalthebel und die linke Fussraste demontieren.
- Das Motorritzel ausbauen. Siehe folgendes Kapitel.
- Die Kette motorseitig abnehmen (Bild 246).
- Das Hinterrad ausbauen.
- Die Schwinge ausbauen. Siehe Kapitel Federung (Bild 247).
- Die Schwingenhalterung demontieren.
- Die Kette entnehmen.

Einbau:

- Der Einbau erfolgt in umgekehrter Reihenfolge des Ausbaus.
- Die Kette gemäss Kapitel Wartung spannen.

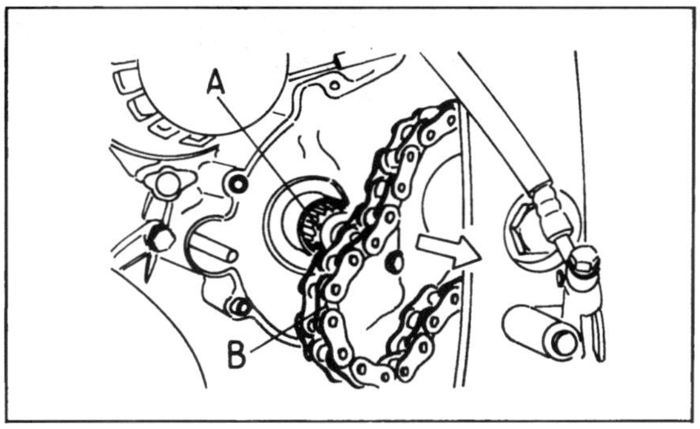

Bild 246
Kette vorne abnehmen
A Abtriebswelle des Getriebes
B Kette

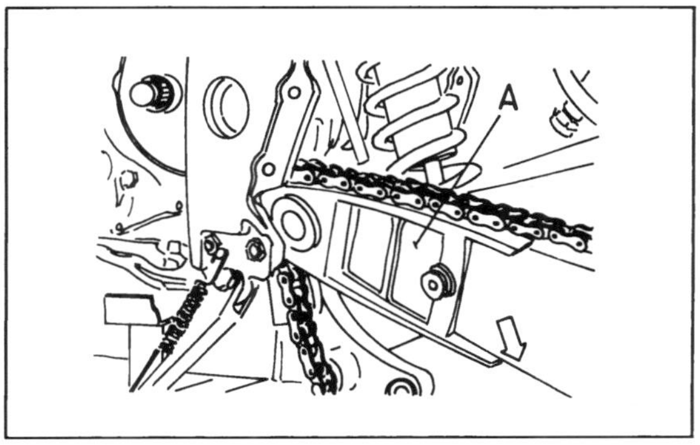

Bild 247
Schwinge ausgebaut
A Schwinge

13.2 Aus- und Einbau Kettenräder, Radkupplung

Ausbau Motorritzel:

- Die Kette entspannen.
- Die linke, untere Verkleidung abnehmen.
- Den Kupplungsnehmerzylinder abbauen.
- Die Schrauben der Lichtmaschinenhalterung entfernen.
- Die Motorritzelabdeckung abnehmen.
- Die Ritzelmutter lösen. Dazu das Ritzel mittels Durchschlag über die Bohrungen im Ritzel blokkieren (Bilder 248 und 249).
- Das Motorrad anheben bis das Hinterrad frei ist.
- Die Kette vom Kettenrad hinten abnehmen.
- Das Ritzel mitsamt der Kette von der Getriebewelle abziehen (Bild 250).
- Das Ritzel entgegennehmen.

Wird das Ritzel aus Verschleissgründen ersetzt, die Kette und das hintere Kettenrad gleichfalls ersetzen.

Einbau des Motorritzels:

- Der Einbau erfolgt in umgekehrter Reihenfolge des Ausbaus.

Folgendes beachten:

- Die Sicherungsscheibe des Motorritzels und den Achssplint hinten ersetzen.
- Das Ritzel ist symmetrisch, die Einbaulage deshalb nicht von Bedeutung.
- Die Ritzelmutter mit 98 Nm festziehen und sichern.
- Die Achsmutter mit 110 Nm festziehen.

Ausbau Kettenrad hinten:

- Das Hinterrad ausbauen.
- Die Hinterradkupplung aus der Nabe des Rads ziehen.

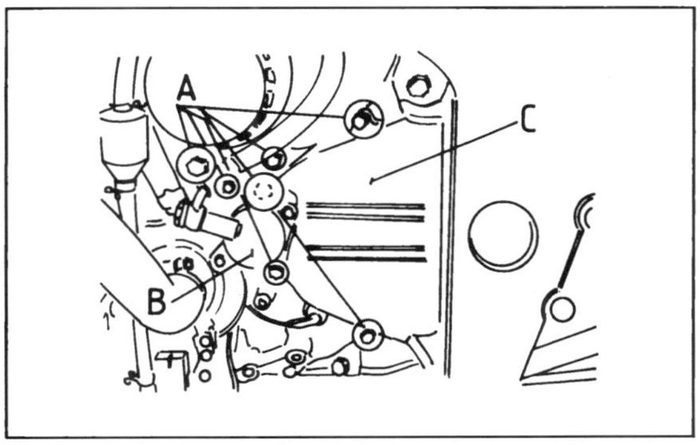

Bild 248
Ritzelabdeckung
A Schrauben
B Kupplungsnehmerzylinder
C Abdeckung

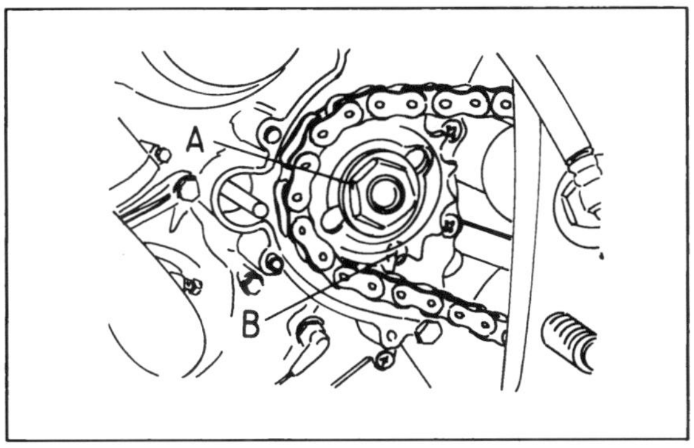

Bild 249
Motorritzel
A Mutter
B Bohrung zum Blockieren des Ritzels

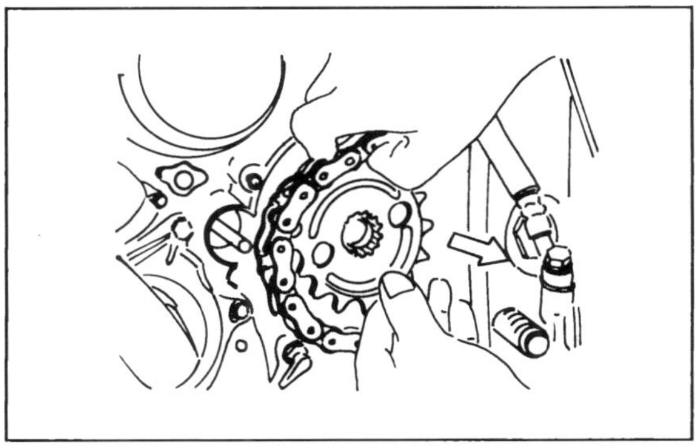

Bild 250
Ritzel ausbauen

Bild 251
Einbaulage des hinteren Kettenrades
A Markierung

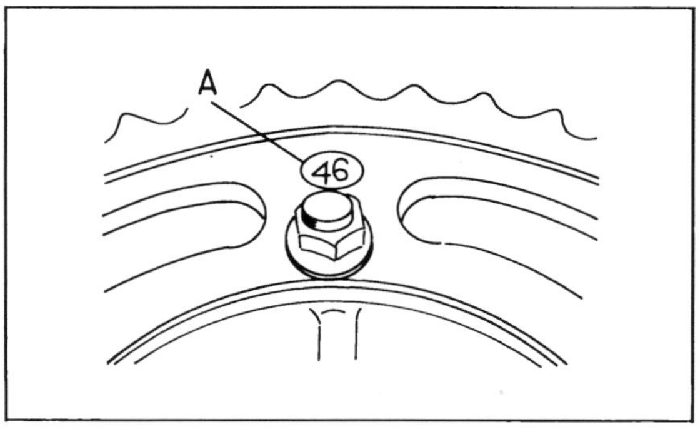

Bild 252 ▶
Einbau Radkupplung
A Fettauftrag

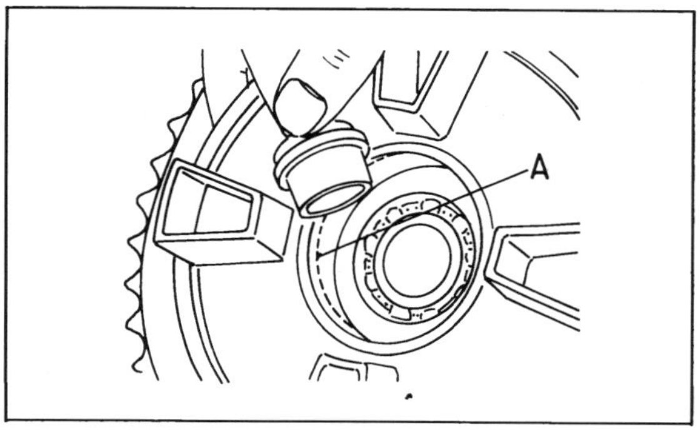

● Das Kettenrad von der Kupplung abschrauben.

Einbau des hinteren Kettenrads:

● Der Einbau erfolgt in umgekehrter Reihenfolge.

Folgendes beachten:

● Die Bezeichnung auf dem Kettenrad muss von aussen lesbar sein (Bild 251).

Die Muttern mit 74 Nm festziehen.

Bezüglich Beurteilung des Kettenradverschleisses das Kapitel Wartung beachten.

Einbau der Radkupplung:

● Das Radlager mit Fett versehen.

● Die Abdichtung der Radkupplung zum Einbau schmieren.

● Die Innenfläche der Radkupplung gleichfalls fetten (Bild 252).

14 Bremsen

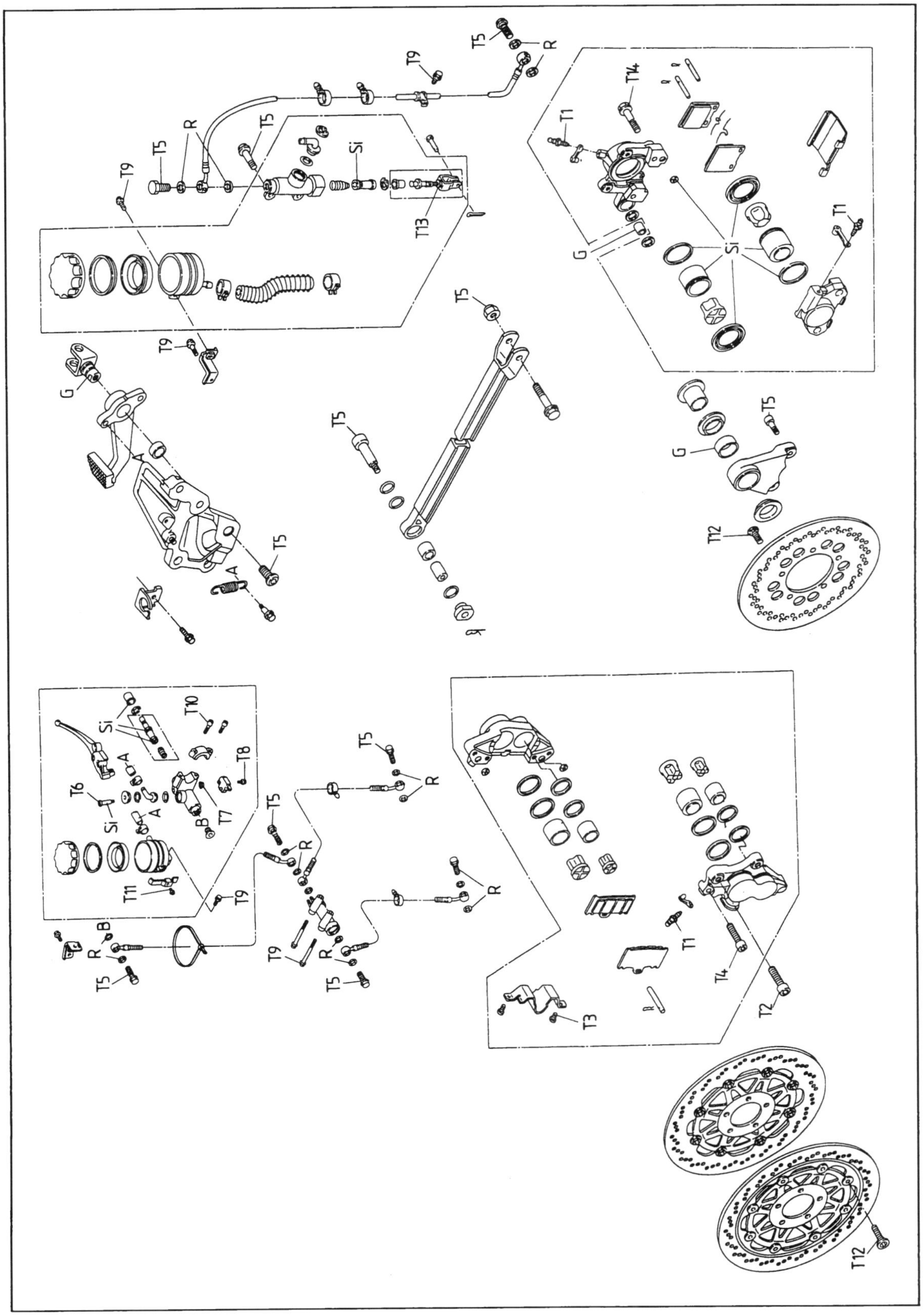

Bild 253
Teile der Bremsen

G	Auftragen von Fett
R	Zu ersetzende Teile
Si	Silikondichtmittel
T1	Anzug 7,8 Nm
T2	Anzug 34 Nm
T3	Anzug 2,9 Nm
T4	Anzug 21 Nm
T5	Anzug 25 Nm
T6	Anzug 1,0 Nm
T7	Anzug 5,9 Nm
T8	Anzug 1,2 Nm
T9	Anzug 6,9 Nm
T10	Anzug 11 Nm
T11	Anzug 1,5 Nm
T12	Anzug 23 Nm
T13	Anzug 18 Nm
T14	Anzug 32 Nm

Die Bremsen bestehen vorne aus Doppel- und hinten aus einer Einfachscheibenbremse. Die Betätigung erfolgt hydraulisch.

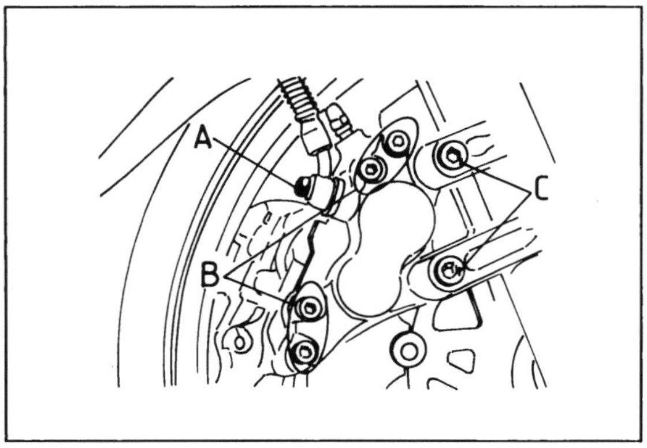

Bild 254
Bremssattel vorn
A Hohlschraube
B Bremssattelschrauben
C Befestigungsschrauben

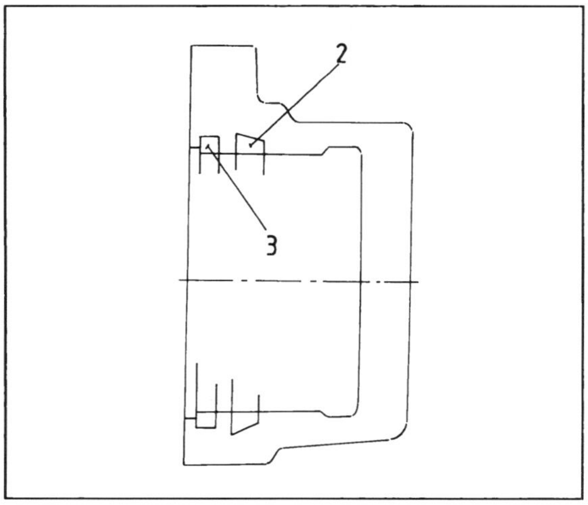

Bild 255
Einbaulage Staubkappe Vorderradzange
2 Einstich für Staubkappe
3 Lage der Dichtung

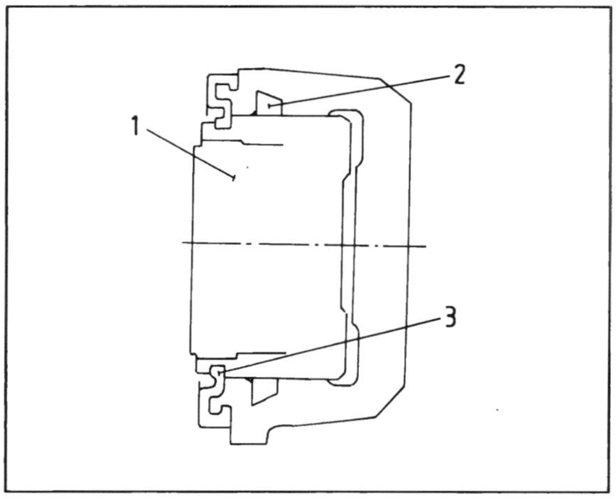

Bild 256
Einbaulge der Staubkappe Hinterradzange
1 Kolben
2 Dichtung
3 Staubkappe

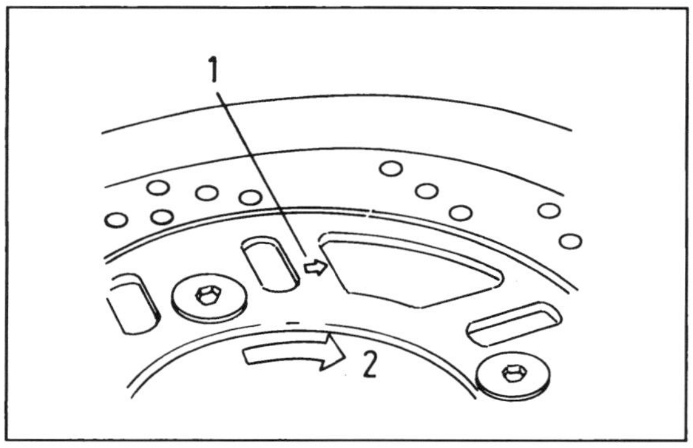

Bild 257
Bremsscheibe
1 Markierung
2 Laufrichtung des Rades

14.1 Aus- und Einbau des Vorderradbremssattels

Ausbau:
- Den Bremsschlauch abklemmen.
- ⚠ Die Hohlschraube am Bremssattel lösen und die Bremsleitung abnehmen. Darauf achten, dass die austretende Bremsflüssigkeit weder auf die Reifen noch an lackierte Teile gelangt.
Die entstandenen Öffnungen mit Plastik-Kappen verschliessen.
- Die Befestigungsschrauben lösen und den Bremssattel abnehmen (Bild 254).

Einbau:
- Der Einbau erfolgt in umgekehrter Reihenfolge.
- Die Befestigungsschrauben mit 34 Nm festziehen.
- Die Dichtringe ersetzen.
- Das Bremssystem gemäss Kapitel Wartung entlüften.
- Die Bremse betätigen bis die Beläge an den Scheiben anliegen.

14.2 Aus- und Einbau Hinterradbremssattel

- Bremsschlauch abklemmen.
- Hohlschraube lösen und Bremsleitung abnehmen.
- Entstandene Öffnungen mit Plastik-Kappen verschliessen.
- Bezüglich Vorsichtsmassnahme Bremsflüssigkeit siehe vorstehendes Kapitel.
- Bremssattel vom Halter abschrauben und abnehmen.

Einbau:
- Einbau in umgekehrter Reihenfolge.
- Befestigungsschrauben mit 25 Nm festziehen.
- Dichtringe ersetzen.
- Bremssystem anschliessend entlüften. Siehe Kapitel «Wartung».
- Bremse betätigen, bis Beläge an der Bremsscheibe anliegen.

14.3 Revision der Bremszangen

- TIP Schadhafte Bremszangen sollten aus Sicherheitsgründen nicht repariert oder zerlegt werden. Die dazu erforderlichen Werkzeuge und maschinellen Einrichtungen stehen meist nicht zur Verfügung.

Die Reparatur beschränkt sich auf das Ersetzen defekter Staubdichtungen der Bremskolben. Sind diese Kappen über längere Zeit undicht, dringen Wasser und Schmutz zur Laufbahn der Kolben und bewirken Undichtheit.

Ersatz der Staubkappen:

- Bremszange ausbauen (ohne Demontage der Bremsleitung).
- Bremse vorsichtig betätigen, bis Kolben soweit ausgetreten sind, dass die Staubkappen von den Kolben abgenommen werden können.
- Kolbenlaufbahn auf sichtbaren Verschleiss prüfen.

Sind Riefen vorhanden oder tritt bereits Bremsflüssigkeit aus, Bremszange ersetzen.

- Neue Staubkappe auf Kolben und anschliessend auf Andrehung der Bremszange stülpen.
- Mit Kolbenrücksetzzange Kolben in Ausgangslage zurückdrücken.
- Darauf achten, dass sich die Staubkappe einwandfrei zu einem Balg formt.

14.4 Bremsscheiben ersetzen

- Rad ausbauen.
- Bremsscheibe abschrauben.
- Auflagefläche der Bremsscheibe reinigen, ohne Material zu entfernen.
- Bremsscheibe fettfrei reinigen.
- Eventuell vorhandene Grate von der Anlagefläche entfernen.
- Bremsscheibe so aufsetzen, dass Laufrichtung mit Pfeil auf der Scheibe übereinstimmt.
- Schrauben kreuzweise mit 23 Nm festziehen.
- Rad auf Bolzen montieren und mit Messuhr Seitenschlag prüfen.

Dieser darf 0,3 mm nicht überschreiten.
Normalwert 0,2 mm.

15 Federung

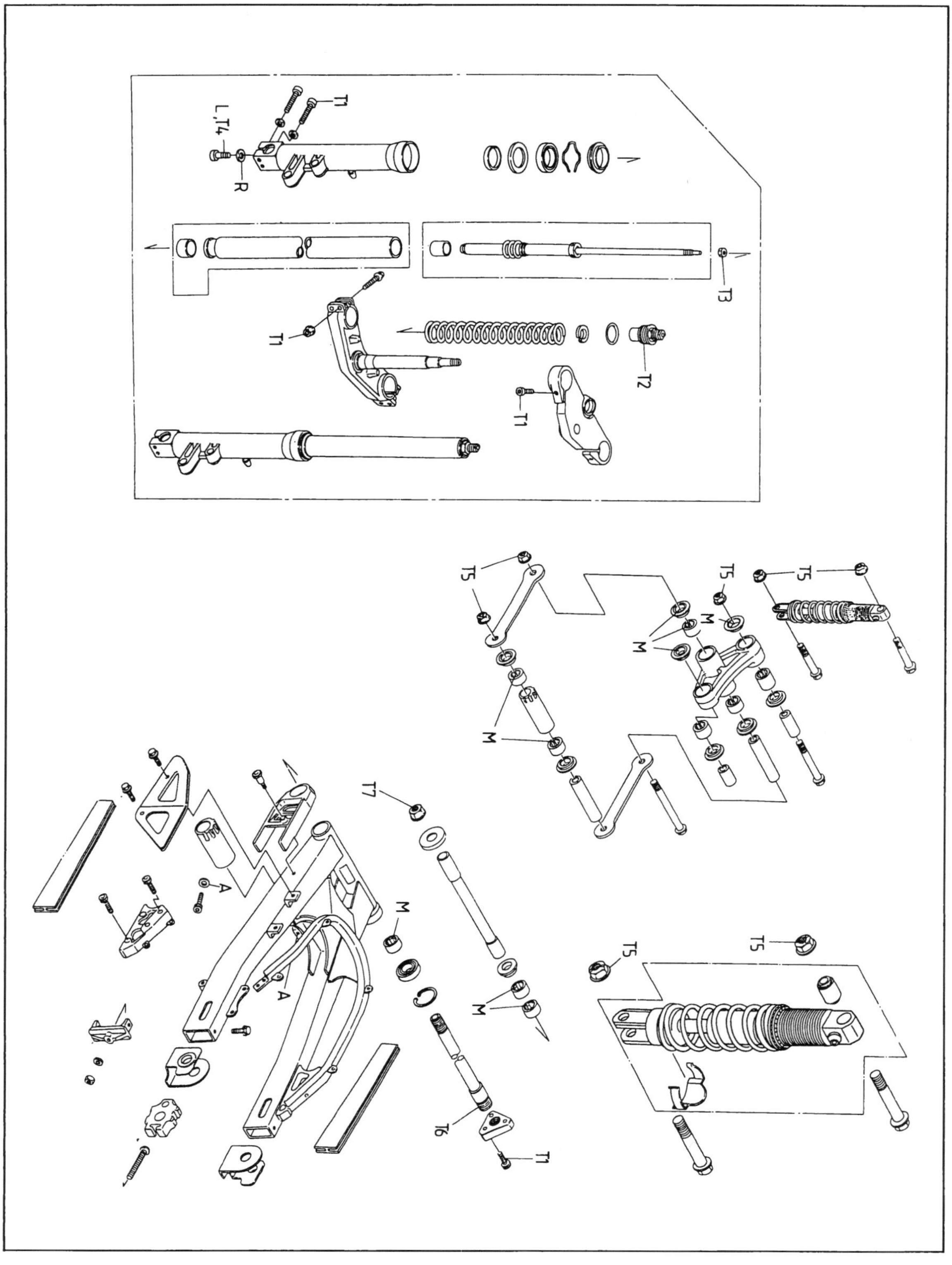

Bild 258 a
Teile der Federung
L Auftragen Loctite
M Auftragen MoS_2 Fett
R Zu ersetzende Teile
T1 Anzug 20 Nm
T2 Anzug 23 Nm
T3 Anzug 13 Nm
T4 Anzug 39 Nm
T5 Anzug 59 Nm
T6 Anzug 9,8 Nm
T7 Anzug 88 Nm

Die Federung erfolgt über Federbeine, die einerseits in der Vorderradgabel untergebracht sind, andererseits als einzelnes Federelement an der Hinterradschwinge wirken.
Die Dämpfung der Elemente ist einstellbar, ebenso die Vorspannung der Federn.
Diese Einstellungen sind im Kapitel «Wartung» eingehend beschrieben.

15.1 Aus- und Einbau der Vorderradgabelbeine

- Obere Verschlussstopfen der Gabelbeine lösen (Bild 258b).
- Lenkerbefestigungsschrauben lösen (Bild 259).
- Vorderrad ausbauen.
- Bremszangen abbauen, aber angeschlossen lassen.
- TIP Zangen festbinden.
- Klemmbolzen der Gabel oben und unten lösen (Bild 260).
- Vorderes Schutzblech abbauen.
- Gabelbeine entnehmen.

Einbau:
- Gabelbeine eindrehen und gemäss Bild 261 positionieren.
- Vorderrad einbauen.
- Schrauben in folgender Reihenfolge festziehen:
  – Klemmbolzen 20 Nm
  – Lenkerbefestigungsschrauben 23 Nm
  – Verschlussstopfen der Vordergabel 23 Nm
- Federvorspannung und Ausfederungsdämpfung einstellen.
  Dabei das Kapitel «Wartung» beachten.
- Bremszangen montieren.
  Bremse betätigen, bis Bremsklötze an den Scheiben liegen.

15.2 Gabelbein zerlegen/zusammenbauen

- Verschlussstopfen entfernen.
- Feder entnehmen und Gabelöl ausgiessen.
- Haltewerkzeug 57001-1297 montieren.
- Inbusschraube ausdrehen (Bild 262).
- Dichtung an Unterseite des Aussenrohrs abnehmen.
- Kolben/Zylindereinheit herausnehmen.
- Sicherungsring entfernen (Bild 263).
- Staubdichtung abnehmen.
- Aussen- und Innenrohr auseinandernehmen.
  Dazu Rohre senkrecht halten und Aussenrohr

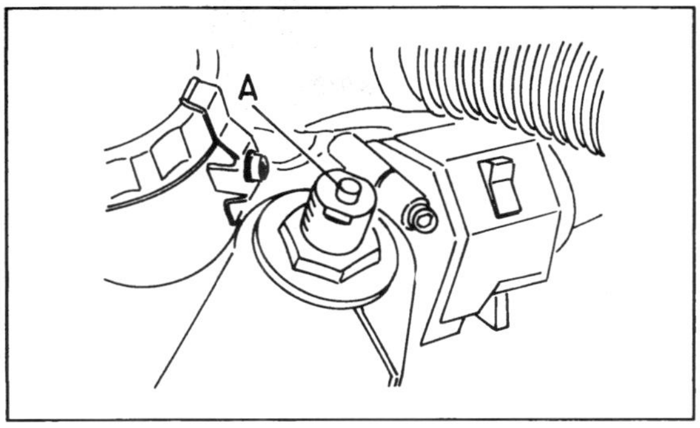

Bild 258b
Verschlussstopfen
A Oberer Verschlussstopfen

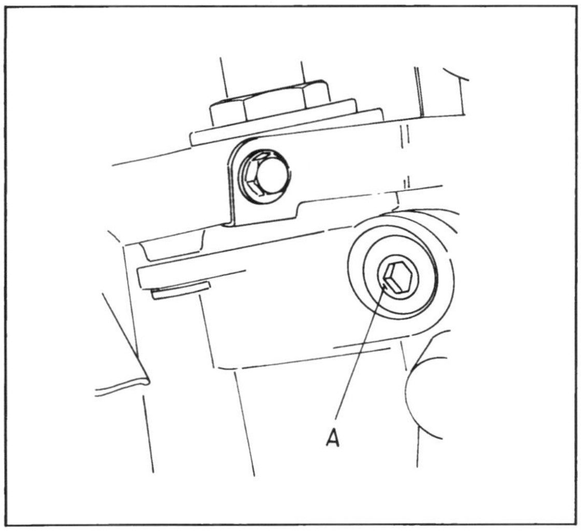

Bild 259
Lenkerbefestigung
A Schraube

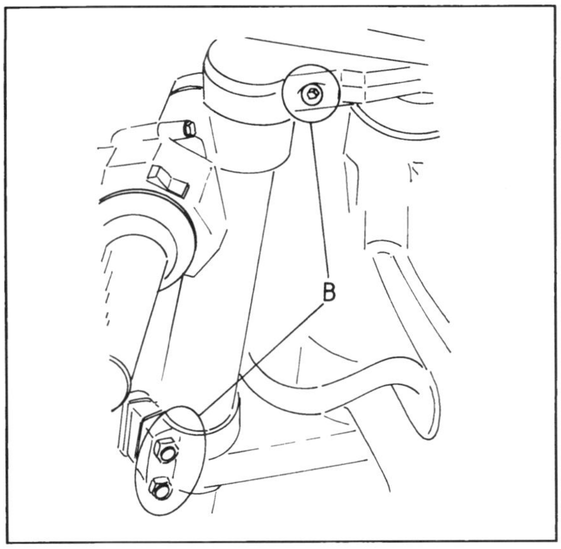

Bild 260
Klemmbolzen
B Schrauben

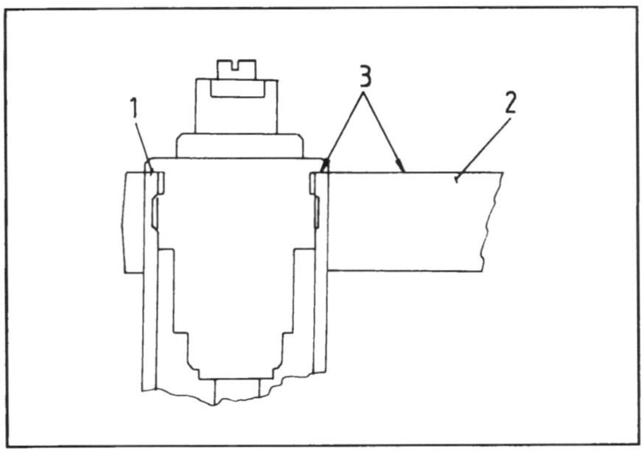

Bild 261
Einbaulage Gabelbein
1 Innenrohr
2 Gabelbrücke
3 Einbaulage

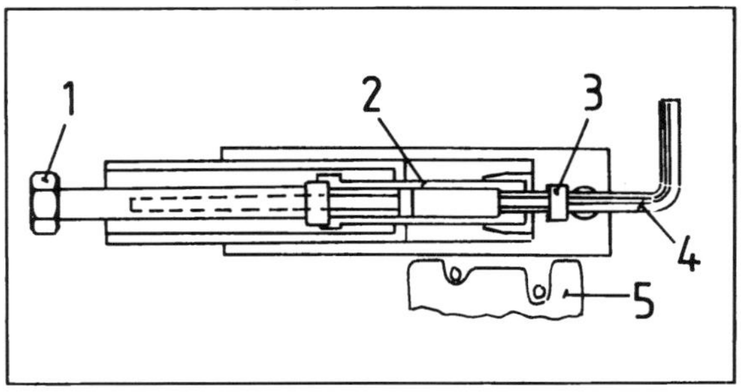

Bild 262
Gabelbein zerlegen
1 Haltewerkzeug 56001-1297
2 Kolben/Zylindereinheit
3 Inbusschraube
4 Schlüssel
5

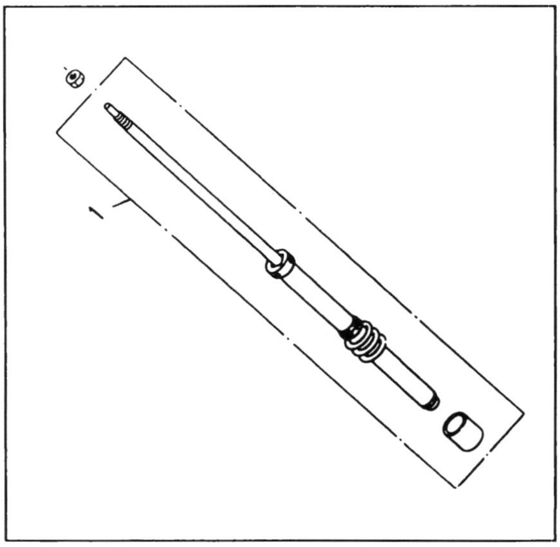

Bild 263
Teile des Gabelbeins
1 Kolben/Zylindereinheit
2 Staubdichtung
3 Sicherungsring

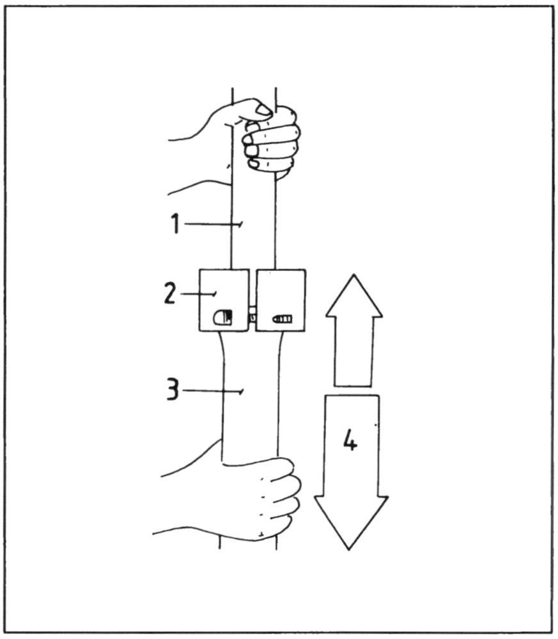

Bild 264
Rohr trennen
1 Innenrohr
2 Gewicht 57001-1218
3 Aussenrohr
4 Zugrichtung

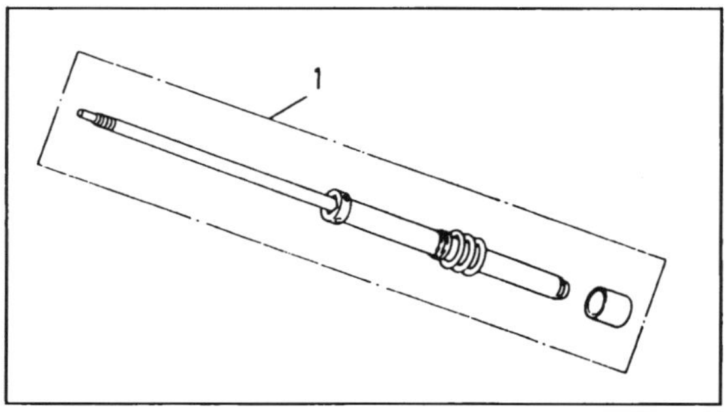

Bild 265
Kolben/Zylindereinheit (1)

mehrmals nach unten ziehen (Bild 264).
● Kolben/Zylinder und Zylinderunterteil herausnehmen.
● Kolben/Zylindereinheit darf nicht zerlegt werden (Bild 265).
Zusammenbau:
● Zusammenbau in umgekehrter Reihenfolge des Zerlegens.
Folgendes beachten:
● O-Ring des Verschlussstopfens ersetzen.
● Führungsbuchse ersetzen (Bild 266).
● Öldichtung ersetzen.
● Dichtung der Inbusschraube ersetzen.
● Neue Führungsbüchse auf Innenrohr setzen.
● Zylindereinheit, Innenrohr und Zylinderunterteil in Aussenrohr einbauen (Bild 267).
● Inbusschraube mit neuer Dichtung und mit Loctite versehen eindrehen, mit 39 Nm festziehen.
● Führungsbuchse einbauen.
Dazu alte Führungsbuchse auf neue legen und mit Öldichtungstreiber 57001-1219 bis zum Anschlag eintreiben (Bild 268).
● TIP Schlitz der neuen Buchse muss nach vorn weisen.
● Alte Buchse entfernen.
● Unterlegscheibe einbauen.
● Öldichtung mit Treiber 57001-1219 eintreiben.
● Sicherungsring einsetzen.
● Staubdichtung anbringen.
● Kolbenstange montieren.
● Gabelöl einfüllen (siehe Kapitel «Wartung»).
● Kolbenstange nach oben über Innenrohr ziehen.
● Die Mutter der Kolbenstange fingerfest anziehen.
● Prüfen ob mindestens 12 mm Gewinde sichtbar ist (Bild 269).
● Hauptfeder einbauen.
● Federhalterung einsetzen.
● Dämpfungseinsteller so eindrehen, dass Abstand bis Ende Einsteller 25 mm beträgt (Bild 270).
● Kolbenstange nach oben über Oberkante Innenrohr ziehen.
● Verschlussstopfen bis zur Anlage auf Kolbenstange aufdrehen.
● Verschlussstopfen festhalten und Mutter gegenziehen. Anzugsmoment 13 Nm (Bild 271).

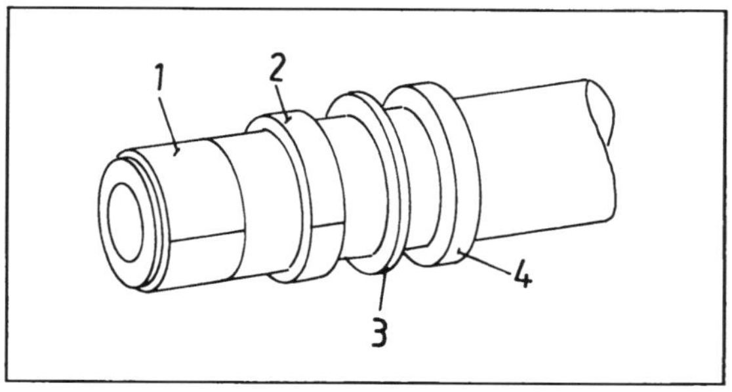

Bild 266 ▶
Zylindereinheit
1 Führungsbuchse Innenrohr
2 Führungsbuchse Aussenrohr
3 Unterlegscheibe
4 Öldichtring

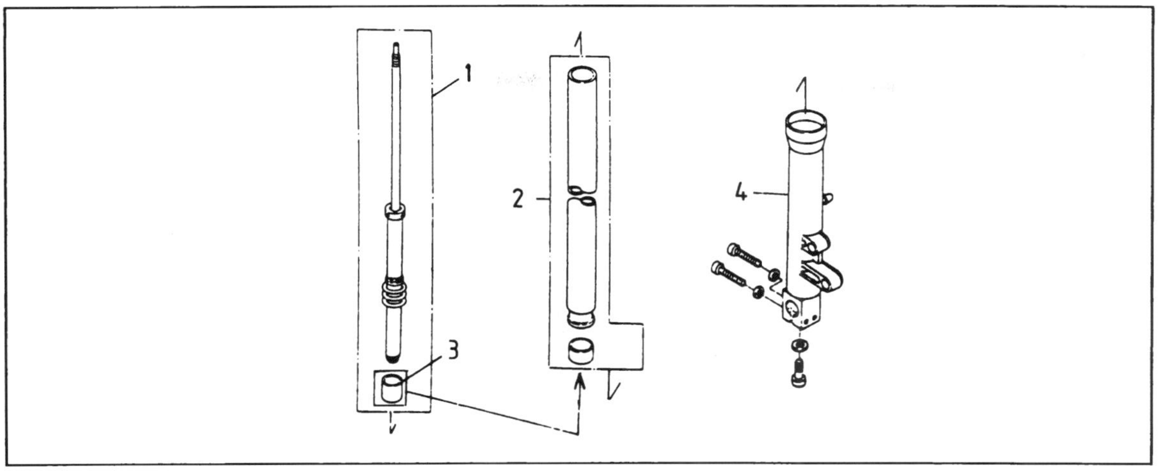

Bild 267
Komponenten des Gabelbeins
1 Kolben-Zylindereinheit
2 Innenrohr
3 Zylinderunterteil
4 Aussenrohr

● Verschlussstopfen in Innenrohr eindrehen und mit 23 Nm festziehen.
● TIP Beschädigte Innenrohre generell ersetzen.
Prüfen von Öl- und Staubdichtung:
● Beschädigte oder verschlissene Staubdichtungen durch Neuteile ersetzen.
● Öldichtung muss bei jedem Zerlegen ersetzt werden (Bild 272).
Prüfen der Hauptfeder:
● Länge der Feder beträgt 387,5 mm. Minimales Mass 380 mm.
● Wird Grenzmass unterschritten, muss Feder ersetzt werden (Bild 273).

15.3 Federbein hinten

Ausbau:
● Seitendeckel abnehmen.
● Motorrad anheben, bis Hinterrad frei ist.
● Befestigungsschrauben des Federbeins entfernen.
● Verbindungsschrauben der Lenker entfernen.
● Schwinghebel vom Rahmen abschrauben.
Zum Entfernen der Schrauben Schwinghebel unterstellen (Bilder 274 und 275).
● Schelle des Auspufftopfs vom Rahmen abschrauben und Auspuff nach oben oder unten schwenken (Bild 276).

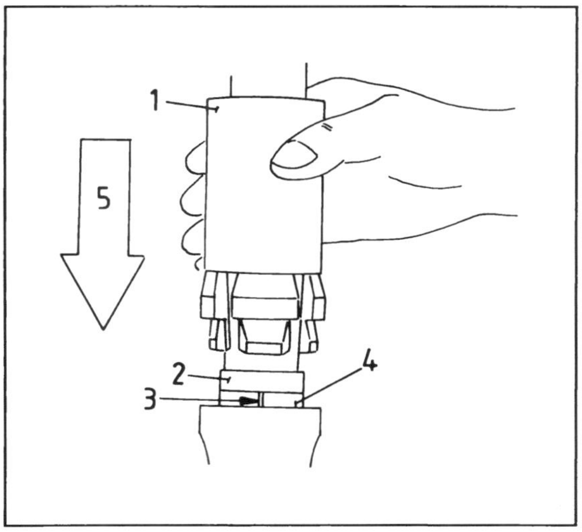

Bild 268
Einbau der Führungsbuchse
1 Treiber 57001-1219
2 Alte Buchse
3 Schlitz
4 Neue Führungsbuchse
5 Einbaurichtung

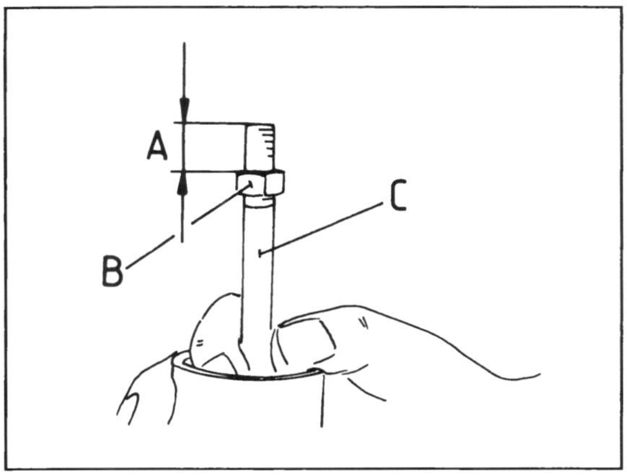

Bild 269
Kolbenstange
A Gewindelänge min. 12 mm
B Mutter
C Kolbenstange

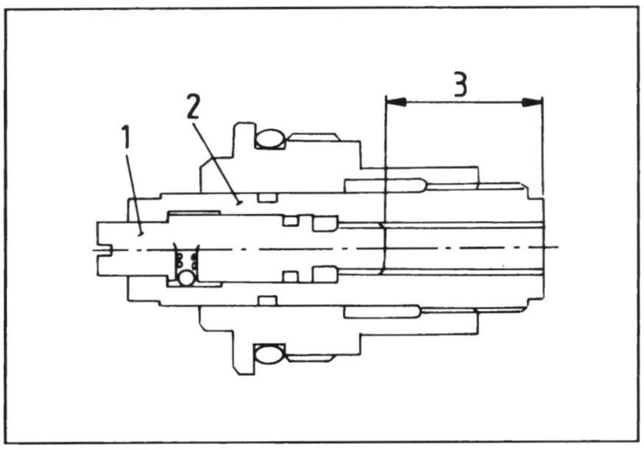

◄ **Bild 270**
Dämpfungseinsteller
1 Einsteller für die Dämpfung
2 Einsteller der Feder
3 Einstellmass 25 mm

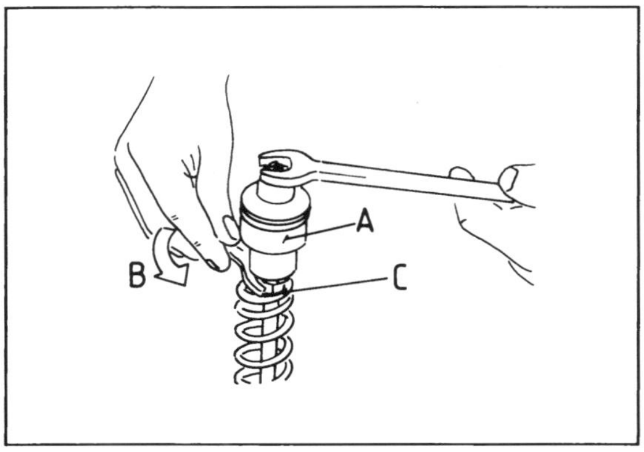

Bild 271
Verschlussstopfen festziehen
A Verschlussstopfen
B Mutter kontern
C Mutter

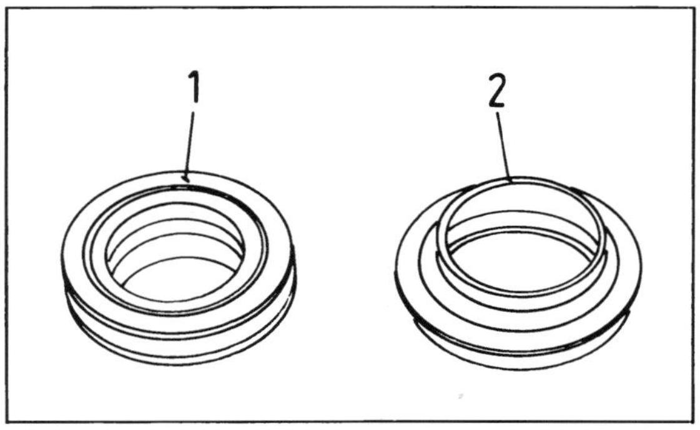

Bild 272
Dichtringe
1 Öldichtung
2 Staubdichtung

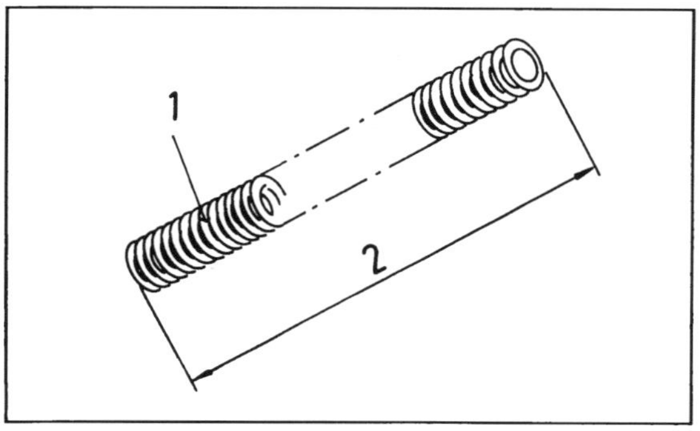

Bild 273 ▶
Gabelfeder
1 Feder
2 Ungespannte Länge

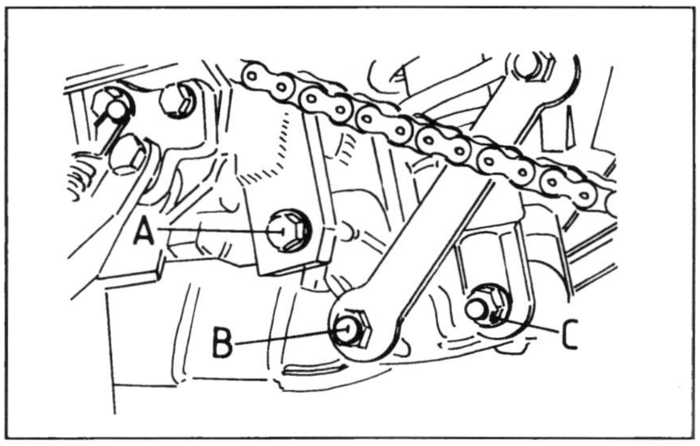

Bild 274
Federbeinanlenkung unten
A Schwinghebel-Drehpunkt
B Lenkerbefestigung
C Befestigung Federbein unten

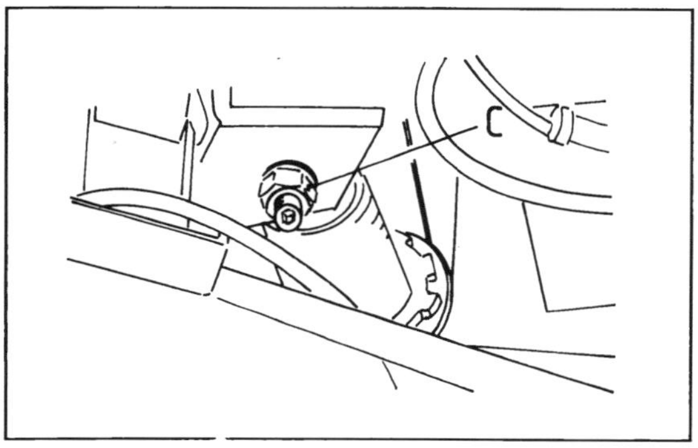

Bild 275 ▶
Federbeinbefestigung oben
C Schraube

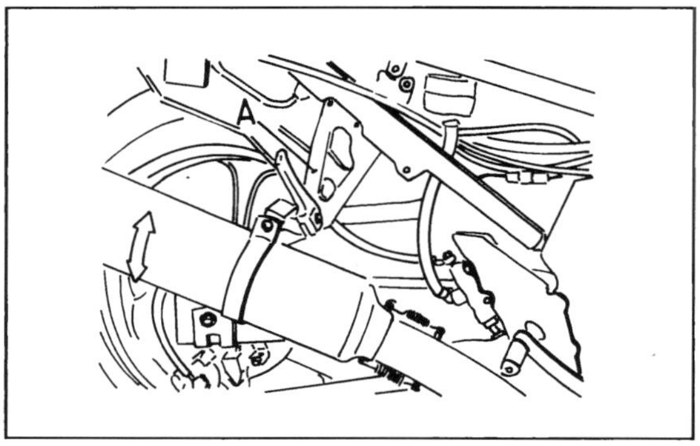

Bild 276
Auspufftopf
A Halterung

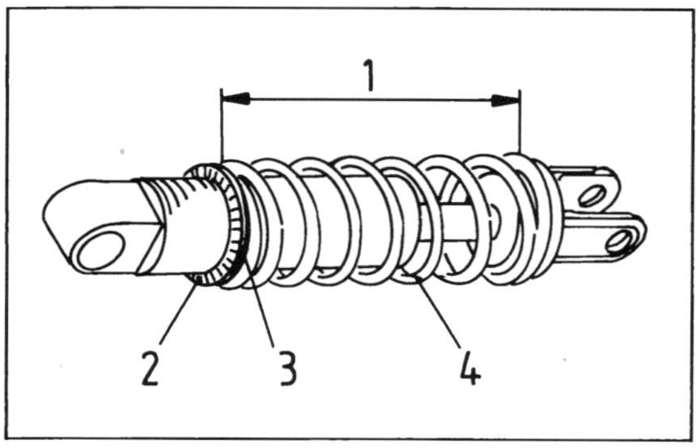

Bild 277 ▶
Grundeinstellung Federbein
1 Federlänge, ungespannte Länge minus 10 mm
2 Gegenmutter
3 Federauflage
4 Feder

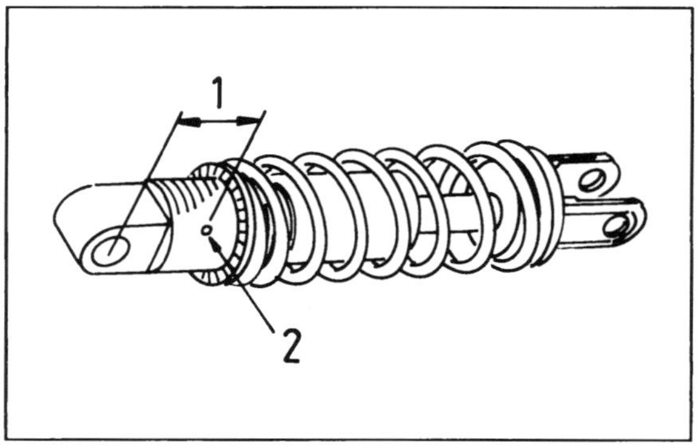

Bild 278
Entsorgen des Dämpfers
1 Bohrmass 42–44 mm
2 Loch 2 mm Ø

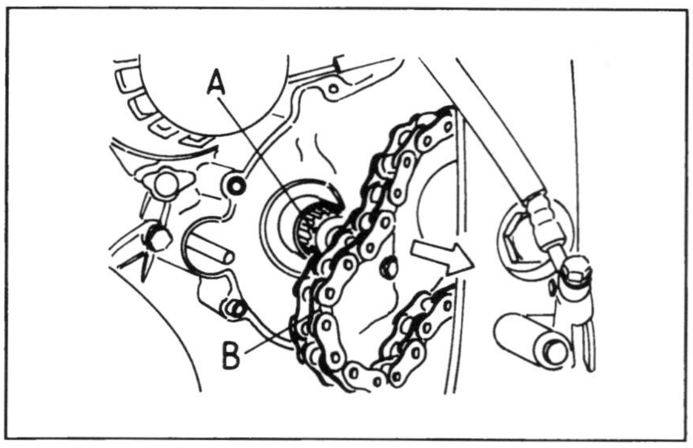

Bild 279 ▶
Motorritzel ausgebaut
A Getriebewelle
B Kette

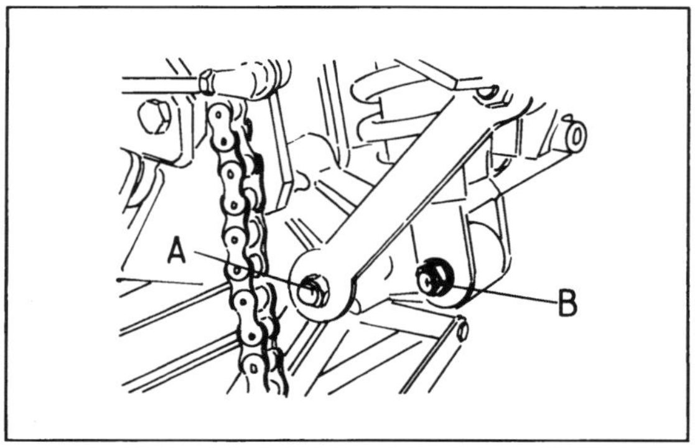

Bild 280
Lenker/Federbein
A Befestigung der Lenker
B Befestigung Federbein

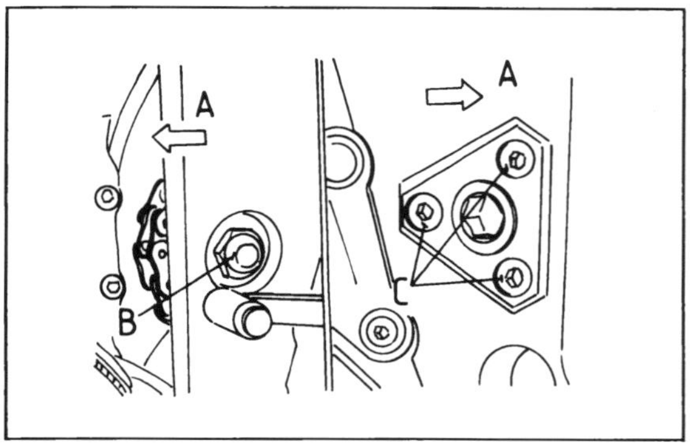

Bild 281 ▶
Lagerung der Schwinge
A Frontseite
B Mutter der Lagerwelle
C Befestigung der Lagerwelle

● Federbein nach unten herausnehmen.
Einbau:
● Einbau im umgekehrter Reihenfolge.
● Nadellager des Schwinghebels reichlich mit MoS_2-Fett schmieren.
● Gemäss Kapitel «Wartung» Federvorspannung und Dämpferrate einstellen.
● Federbein so einsetzen, dass Dämpfereinsteller rechts liegt.
● Schrauben wie folgt festziehen:

– Schrauben der Schwinge	59 Nm
– Lenkerschrauben	59 Nm
– Stossdämpferbefestigung	59 Nm

● Endgültigen Festzug der Gummibüchsenverbindungen erst vornehmen, wenn Motorrad auf den Rädern steht.
Zerlegen:
● Federbein besitzt eine Stickstoffüllung, die unter Druck steht. Dämpfer darf deshalb nicht geöffnet werden.
Bei Undichtheit oder Defekt muss Dämpferteil des Federbeins durch Originalteil ersetzt werden.
● Federauflage lösen und abnehmen.
● Feder abnehmen.
Zusammenbau:
● Feder aufschieben.
● Federauflage aufdrehen.
● Freie Federlänge messen.
● Federauflage weiter aufdrehen, bis Feder 10 mm vorgespannt ist (Bild 277).
● Gegenmutter anbringen und festziehen.
Verschrotten:
● TIP Vor Verschrotten auf Gewindehöhe ein 2-mm-Loch in Dämpferwandung bohren (Bild 278).
● ⚠ Dadurch wird Dämpfer drucklos. Diese Arbeit unbedingt mit Schutzbrille durchführen.

15.4 Schwinge

Ausbau:
● Untere Verkleidung abnehmen.
● Schalthebel und linke Fussrastenhalterung demontieren.
● Motorritzel ausbauen (Bild 279).
● Antriebskette ausbauen.
● Hinterrad ausbauen.
● Bremsschlauchschellen lösen.
● Federbeinbefestigung unten trennen.
● Lenker vom Schwinghebel trennen (Bild 280).
● Mutter der Schwingen-Lagerwelle entfernen.
● Befestigungsschrauben der Lagerwelle abnehmen (Bild 281).
● Schwinge von unten abstützen und Lagerwelle herausziehen.
● Schwinge entgegennehmen.
Einbau:
● Einbau in umgekehrter Reihenfolge des Ausbaus.
● Kugellager der Schwingenlagerung besitzen Lebensdauerschmierung und sind geschlossen. Schmieren ist nicht erforderlich.
● Nadellager der Kniehebelschwinge reichlich mit MoS_2-Fett schmieren.
● Lagerwelle wie folgt montieren:
– Halteplatte auf Welle aufdrehen und fingerfest anziehen (Bild 282).
– Lagerwelle und Halteplatte von rechts einbauen.
– Schrauben der Halteplatte mit 20 Nm festziehen.
– Lagerwellenmutter mit 88 Nm festziehen.
– Stossdämpferbefestigung mit 59 Nm festziehen. Dazu Motorrad auf die Räder stellen.
● Hinterrad und Kette montieren.

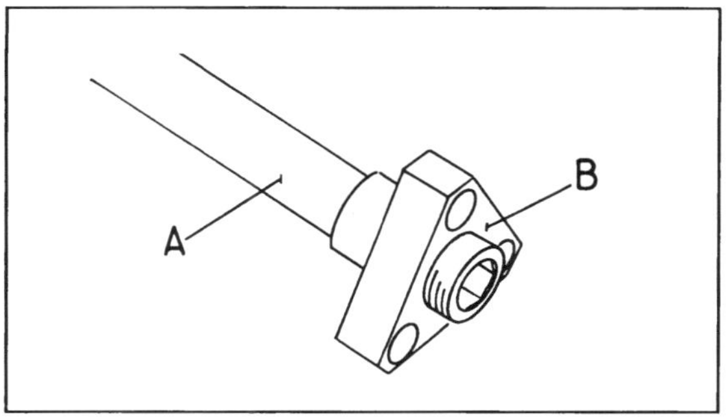

Bild 282
Lagerwelle vormontiert
A Lagerwelle
B Halteplatte

Ersatz der Schwingenlagerung:
● Schwinge ausbauen.
● Sicherungsring des Kugellagers entfernen.
● Kugellager austreiben.
● Dichtring heraushebeln.
● Nadelhülsen mit Werkzeug 57001-1058 herausziehen (Bild 283).

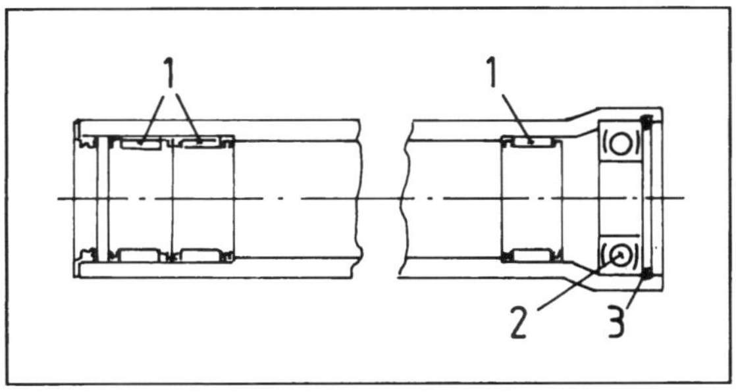

Bild 283
Lagerung der Schwinge
1 Nadelhülsen
2 Kugellager
3 Sicherungsring

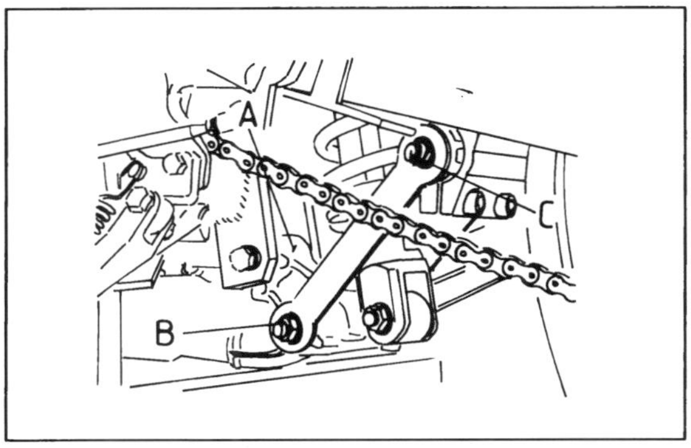

Bild 284
Lenker
A Schwinghebel
B untere Mutter
C obere Mutter

● Bohrung der Lagerung reinigen.
● Nadelhülsen mit passendem Aufsatz und Presse montieren.
● Kugellager einpressen.

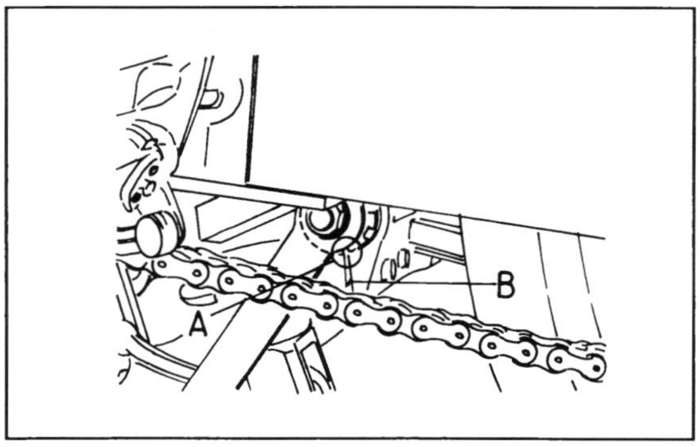

Bild 285
Einbaulage Exzenternocken
A Mittlere Markierung
B Spalt

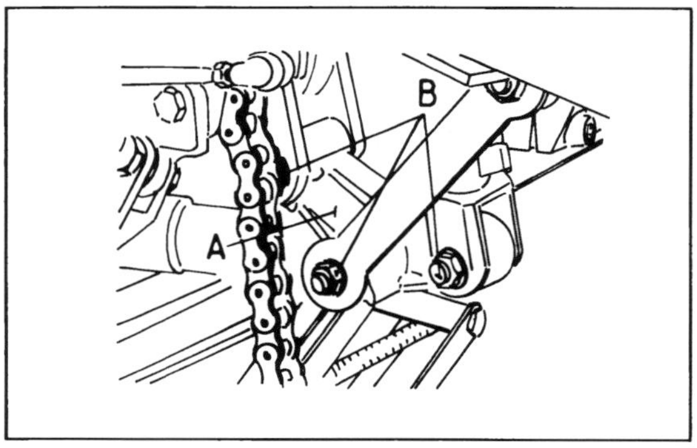

Bild 286
Schwinghebel
A Schwinghebel
B Befestigung

● Seegerring montieren.
● Dichtring einpressen.
● Nadellager reichlich mit MoS_2-Fett schmieren.
● Zum Einbau neue Innenhülse verwenden.

15.5 Lenker/Schwinghebel

Ausbau der Lenker:
● Schwinghebel ausbauen (siehe Kapitel «Federbein»).
● Befestigungsmuttern der Lenker abschrauben.
● Lenker abnehmen (Bild 284).
Einbau der Lenker:
● Nadellager reichlich mit MoS_2-Fett schmieren.
● Prüfen ob mittlere Markierung mit Spalt in Schwinge fluchtet (Bild 285).
● Lenker aufsetzen und Muttern mit 59 Nm festziehen.
● Schwinghebel einbauen.
Ausbau des Schwinghebels:
Schwinghebel wird zusammen mit Federbein ausgebaut. Dazu das Kapitel «Federbein» beachten (Bild 286).
Einbau des Schwinghebels:
Dazu das Kapitel «Federbein» beachten.

16 Lenkung

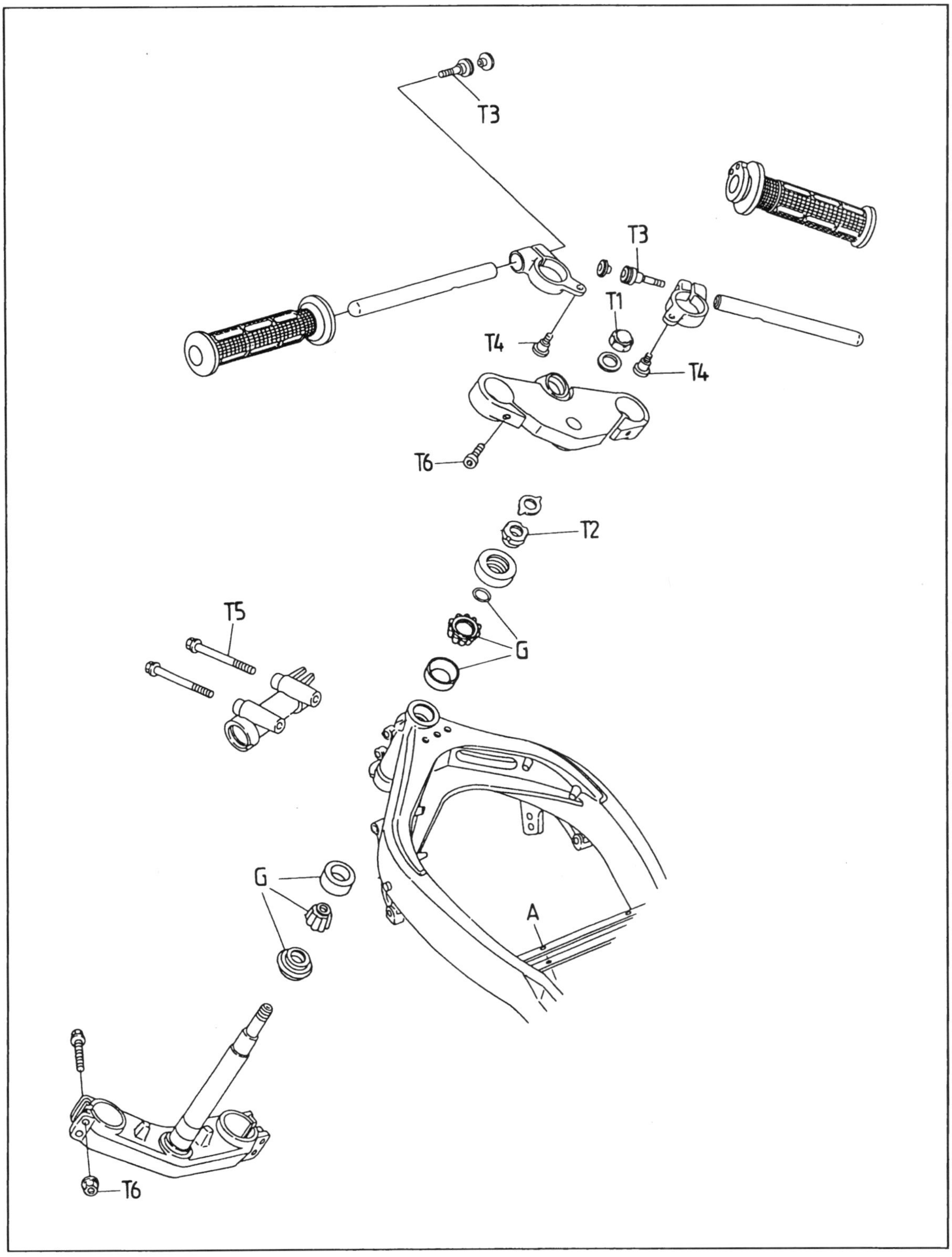

Bild 287
Teile der Lenkung
G Auftragen von Fett
T1 Anzug 39 Nm
T2 Anzug 4,9 Nm
T3 Anzug 23 Nm
T4 Anzug 9,8 Nm
T5 Anzug 6,9 Nm
T6 Anzug 20 Nm

Bild 288
Bremsschlauch-Verbindungsstück
A Verbinder
B Schrauben

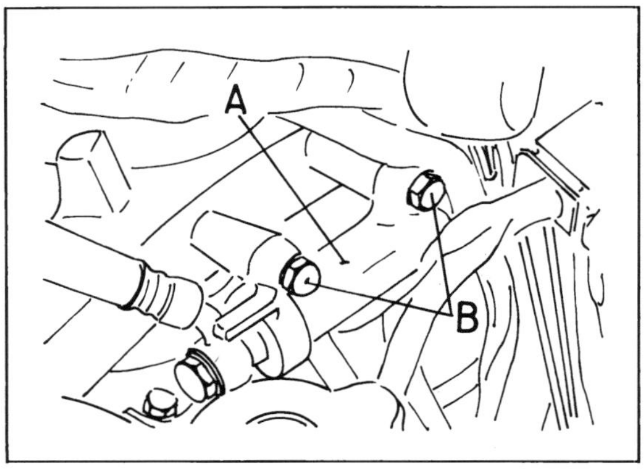

Bild 289 ►
Lageraussenringe ausbauen
1 Werkzeug 57001-1107

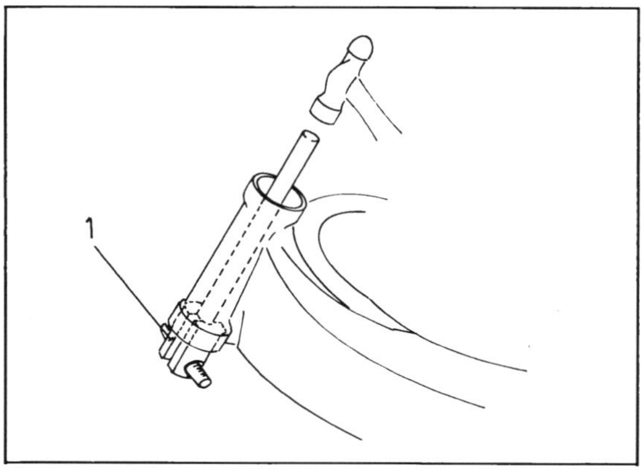

Bild 290
Innenring unten demontieren
1 Abziehwerkzeug 57001-158
2 Adapter 57001-317
3 Kegelrollenlager
4 Untere Gabelbrücke

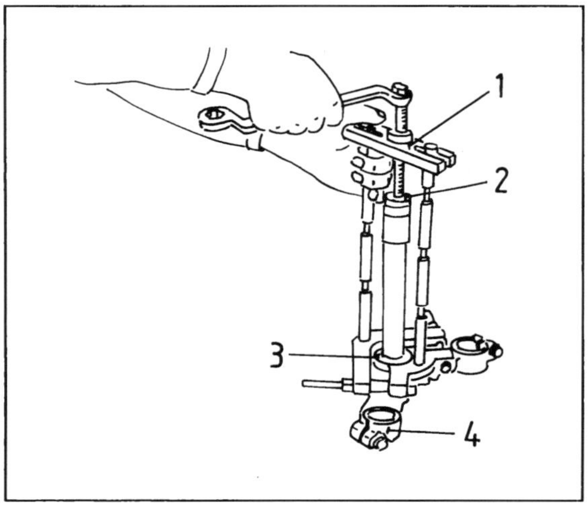

Bild 291 ►
Aussenringe einbauen
1 Spindel
2 Aufsatz oben
3 Aufsatz unten

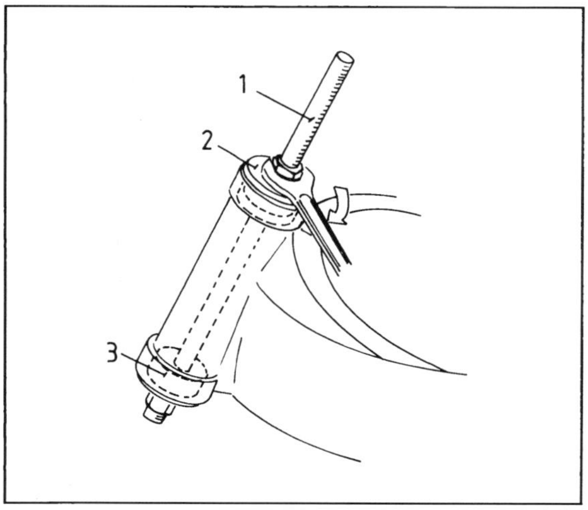

Bild 292
Einbaulage der Fettdichtung
1 Dichtung

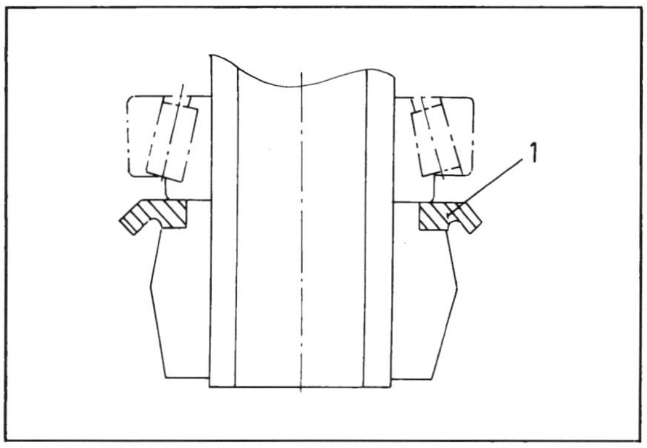

Bild 293
Lager unten montieren
1 Rohr
2 Lager

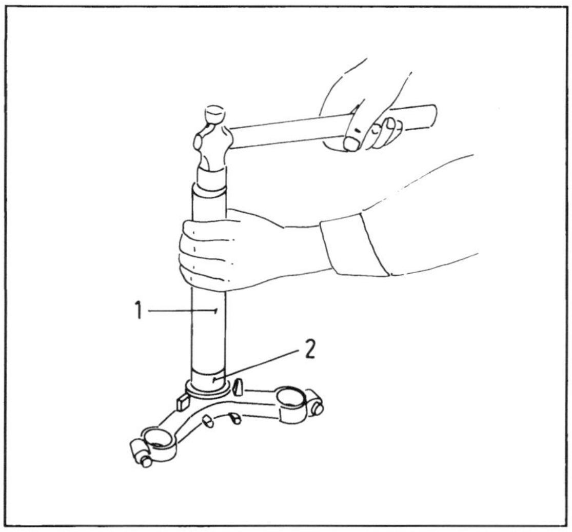

16.1 Lenkkopf

Ausbau:

- Benzintank demontieren.
- Obere und untere Verkleidung abnehmen.
- Gabelbeine ausbauen.
- Bremsschlauch-Verbindungsstück demontieren (Bild 288).
- Befestigungsmutter der oberen Gabelbrücke entfernen.
- Inbusschrauben der Lenkerhalterung lösen.
- Untere Gabelbrücke nach oben drücken und Einstellmutter mit Hakenschlüssel (57001-1100) lösen.
- Obere Gabelbrücke abnehmen.
- Innenring des oberen Kegelrollenlagers abziehen.
- Untere Gabelbrücke entgegennehmen.
- Aussenlaufringe der Kegelrollenlager mit Werkzeug 57001-1107 demontieren (Bild 289).
- Innenring des unteren Kegelrollenlagers mit Abzieher 57001-158 von unterer Gabelbrücke abziehen (Bild 290).

Einbau:

- Einbau in umgekehrter Reihenfolge des Ausbaus.
- Lageraussenring in Lenkkopfrohr des Rahmens einziehen (Bild 291).

- Fettdichtung einbauen, dabei auf Lage der Dichtlippe achten (Bild 292).
- Unteres Lager auf untere Gabelbrücke aufpressen (Bild 293).
- Lager schmieren.
- Gabelbrücken einbauen und wie folgt Lagerung einstellen:
- Einstellmutter mit 39 Nm festziehen.
- TIP Während Beidrehen der Mutter Gabelbrücke hin und her schwenken.

Das Moment wird erzielt, indem am Hakenschlüssel mit 22,2 kp gezogen wird (Bild 294).

- Prüfen ob Spiel vorhanden und ob sich Lenkkopf leicht drehen lässt.

Wird Rucken festgestellt, sind Lager beschädigt und müssen ersetzt werden.

- Einstellmutter leicht lösen, bis Lenkkopf leichtgängig wird.
- Einstellmutter gerade soviel anstellen, dass kein Lagerspiel vorhanden ist und der Lenkkopf leichtgängig schwenkt.
- Restliche demontierte Teile einbauen.

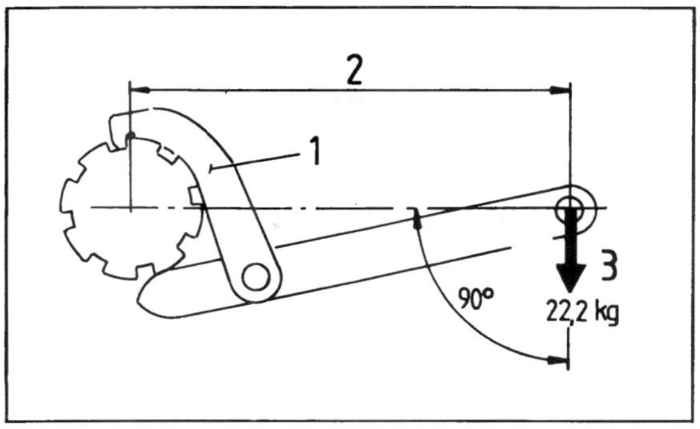

Bild 294
Einstellmutter festziehen
1 Hakenschlüssel 57002-1100
2 Hebelarm 1 = 180 mm
3 Zugkraft 22,2 kp

17 Rahmen/Fahrgestell

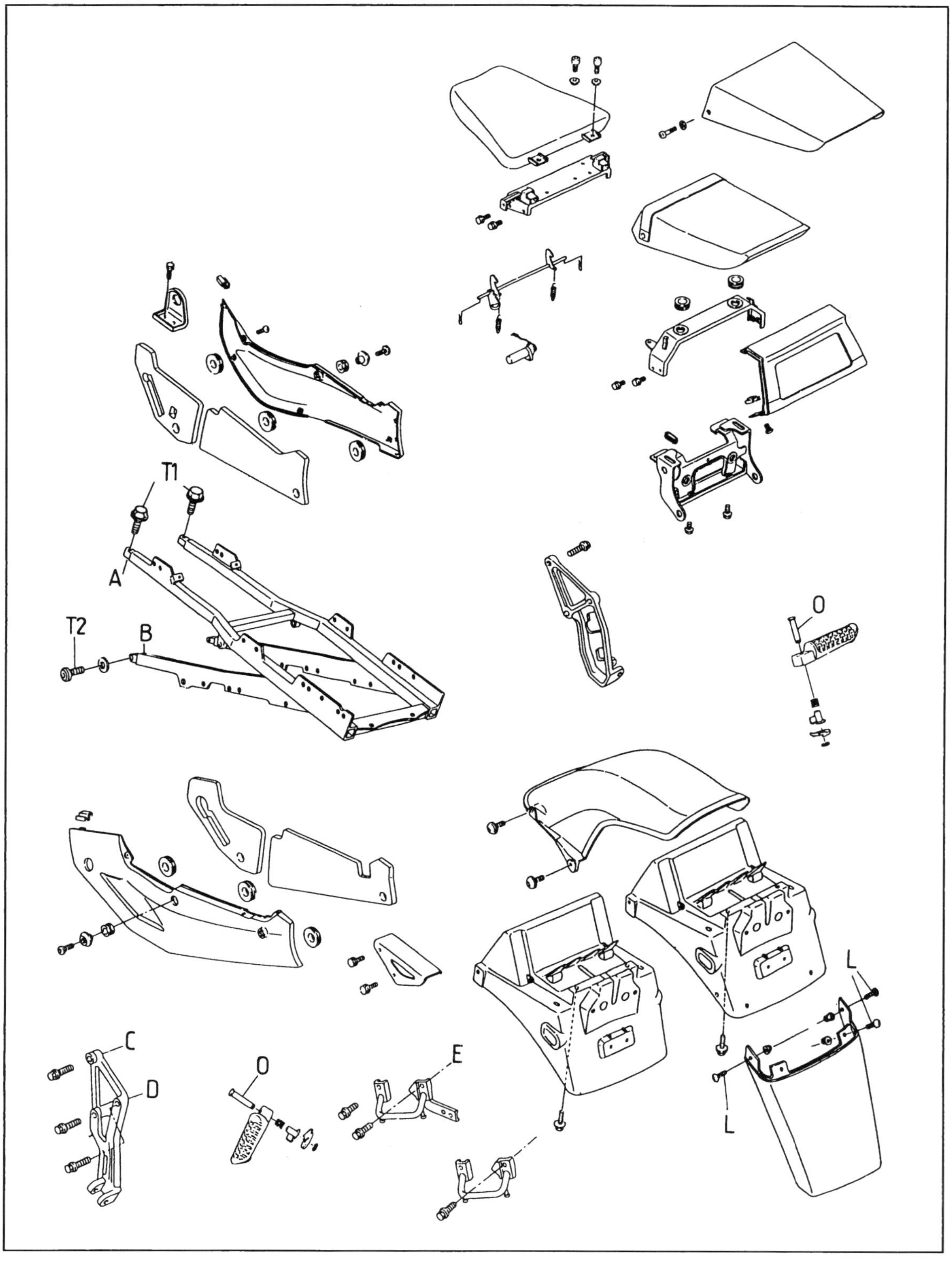

Bild 295
Teile des Rahmens, Fahrgestells
L Auftragen von Loctite
O Auftragen von Öl
T1 Anzug 20 Nm
T2 Anzug 44 Nm
T3 Anzug 23 Nm
T4 Anzug 39 Nm

17.1 Unterzüge

Ausbau:
- Verkleidung abnehmen.
- Wasserkühler demontieren.
- Ölkühler ausbauen.
- Auspuffanlage abschrauben.
- Befestigungsschrauben der Unterzüge lösen (Bild 296).

Einbau:
- Einbau in umgekehrter Reihenfolge.
- Entsprechende Kapitel beachten.
- Schrauben der Unterzüge mit 44 Nm festziehen.

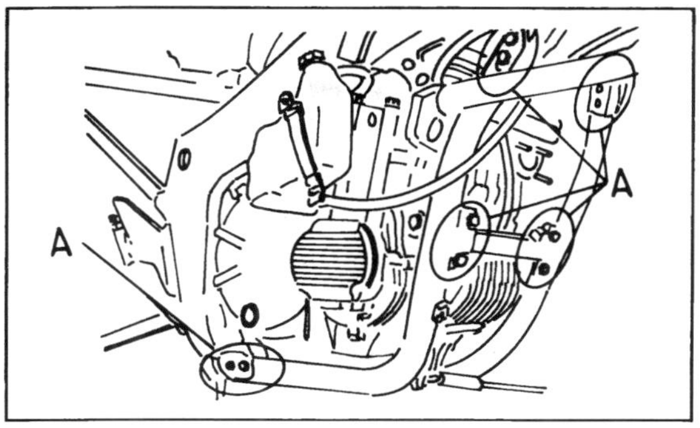

Bild 296
Befestigung der Unterzüge
A Schrauben

17.2 Sitze

Ausbau des Hintersitzes:
- Zündschlüssel in Sitzbankschloss stecken.
- Auf Rückseite des Sitzes drücken und gleichzeitig Schlüssel im Uhrzeigersinn drehen.
- Hintersitz aufklappen und abnehmen (Bild 297).

Einbau:
- Haken des Hintersitzes unter Rahmen-Verstrebung schieben.
- Zentrierungen in Aufnahmen am Rahmen drücken.
- Hinten auf den Sitz drücken, bis Schloss einrastet (Bild 298).

Ausbau des Vordersitzes:
- Hintersitz demontieren.
- Befestigungsschrauben des Vordersitzes lösen (Bild 299).
- Sitz nach hinten ziehen und abnehmen.

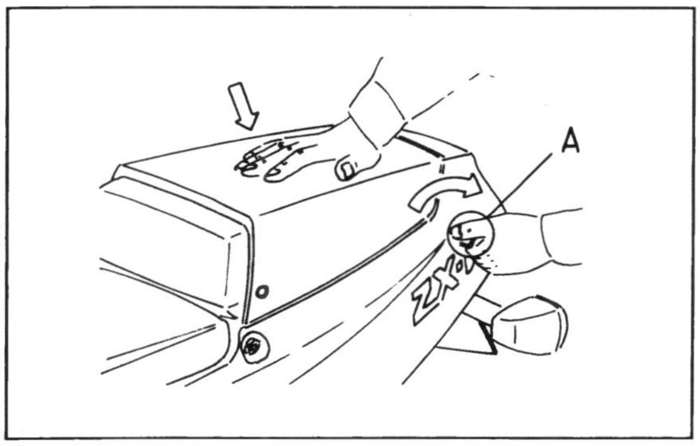

Bild 297
Demontage Hintersitz
A Sitzbankschloss

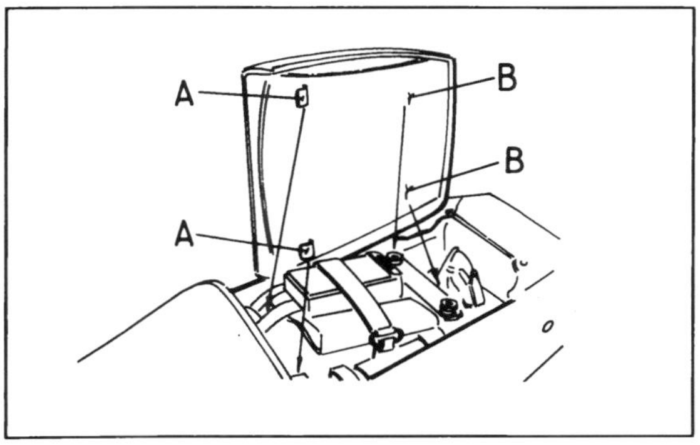

Bild 298
Einbau Hintersitz
A Haken
B Zentrierungen

17.3 Seitendeckel

Ausbau:
- Vorder- und Hintersitz abbauen.
- Schrauben und Bolzen entfernen (Bild 301).

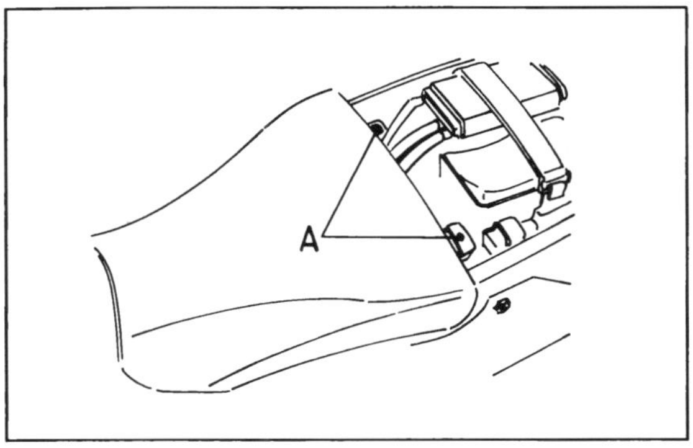

Bild 299
Befestigung Vordersitz
A Schrauben

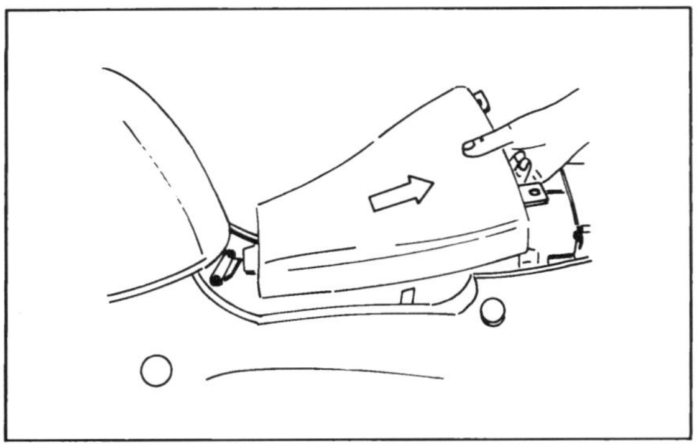

◄ **Bild 300**
Ausbau des Vordersitzes

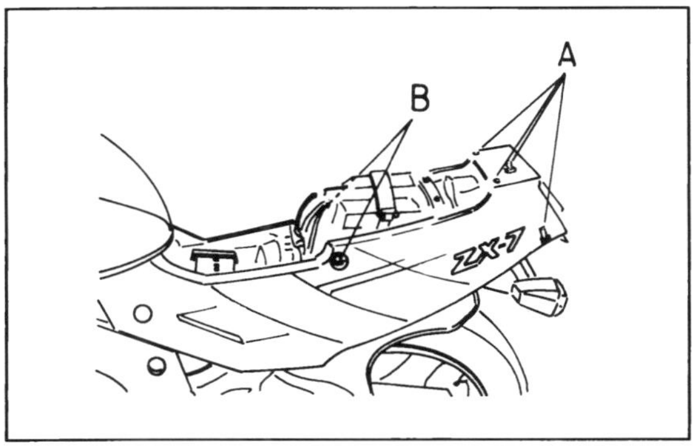

Bild 301
Befestigung der Seitendeckel
A Schrauben
B Bolzen

● Seitendeckel vorn und hinten gleichzeitig herausziehen, damit Arretierungen frei werden.

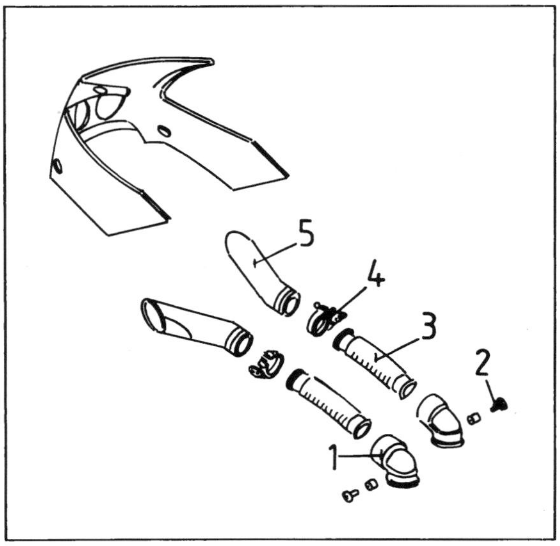

Bild 302
Teile der oberen Verkleidung
1 Hintere Rohre
2 Schrauben
3 Flexible Rohre
4 Schellen
5 Vordere Rohre

Einbau:
Einbau in umgekehrter Reihenfolge.

17.4 Verkleidung

Ausbau obere Verkleidung:
● In Bild 302 dargestellte Teile abbauen.
● Rückspiegel demontieren.
● Befestigungen der Verkleidung entfernen.
● Verkleidung abnehmen (Bild 303).
Einbau obere Verkleidung:
● Einbau in umgekehrter Reihenfolge.
● Rohre sind mir R und L bezeichnet. Rohre entsprechend links und rechts montieren.
Ausbau untere Verkleidung:
● Befestigungsschrauben entfernen (Bild 304).
● Verkleidung abnehmen.

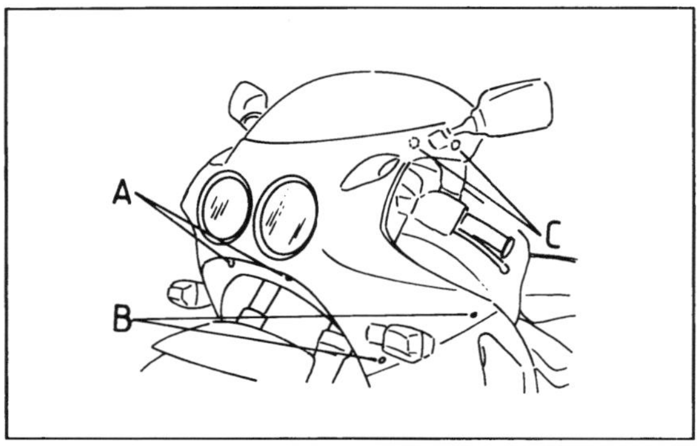

Bild 303
Befestigung der Verkleidung
A Bolzen
B Schrauben
C Mutter der Rückspiegel

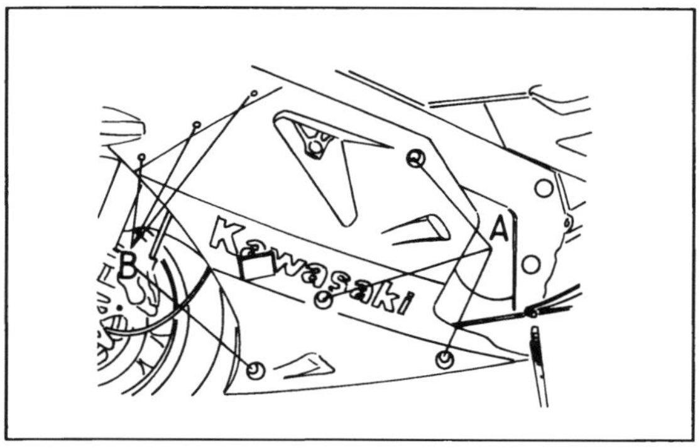

Bild 304 ►
Befestigung der unteren Verkleidung
A Bolzen
B Schrauben

18 Elektrik

Die elektrische Anlage arbeitet mit 12 Volt Gleichstrom. Die Batterie versorgt das Fahrzeug im Stillstand und mit dem zum Anlasser notwendigen Strom. Der vom Motor angetriebene Alternator liefert den Strom für den Betrieb und das Aufladen der Batterie.
Die Komponenten der Anlage sind durchweg mit Mehrfachsteckern angeschlossen. Dadurch wird falsches Anschliessen weitgehend vermieden.

18.1 Batterie

● TIP Wartung der Batterie ist im Kapitel «Wartung» behandelt. Zu beachtende Vorsichtsmassnahmen sind in diesem Kapitel behandelt.

18.2 Alternator

Ausbau:

- ● Benzintank demontieren.
- ● Vergaser ausbauen.
- ● Linke untere Verkleidung abnehmen.
- ● Batterie am Minuspol abklemmen.
- ● Steckverbinder zum Alternator trennen.
- ● Obere Alternator-Abdeckung abnehmen (Bild 307).
- ● Nehmerzylinder der Kupplung abbauen.
- ● Haltewinkel des Alternators ausbauen.
- ● Motorritzelabdeckung abnehmen (Bild 308).
- ● Befestigungsschraube des Alternators entfernen.
- ● Alternator entnehmen (Bilder 309 und 310).

Einbau:

- ● Alternator einsetzen. Darauf achten, dass Antriebsriemen richtig auf Poulie liegt (Bild 311).
- ● Befestigungsschraube fingerfest anziehen.
- ● Spannung des Riemens folgendermassen vornehmen:
  - – Motor muss kalt sein.
  - – Spannschraube mit 16 Nm (F, G, Sw) 14 Nm (alle anderen) festziehen.
  - – Gleichzeitig mit zweitem Schlüssel Befestigungsschrauben mit 40 Nm festziehen.
- ● Restliche Teile in umgekehrter Reihenfolge einbauen.

Reparatur des Alternators:
Bei einem Defekt suche man eine spezialisierte Elektrowerkstätte auf, die über erforderliche Messmittel verfügt. Diese Werkstätten unterhalten in der Regel einen guten Austauschservice für Alternatoren.
● TIP Austausch-Alternatoren erhalten die übliche Garantie und sind der preiswerteste Weg bei einer Reparatur (Bild 312).

18.3 Zündsystem

Dazu das Kapitel «Wartung» beachten.
Impulsgeber:
Ausbau der Geberspule:

- ● Beide Sitze demontieren.
- ● Batterie am Minuspol abklemmen.

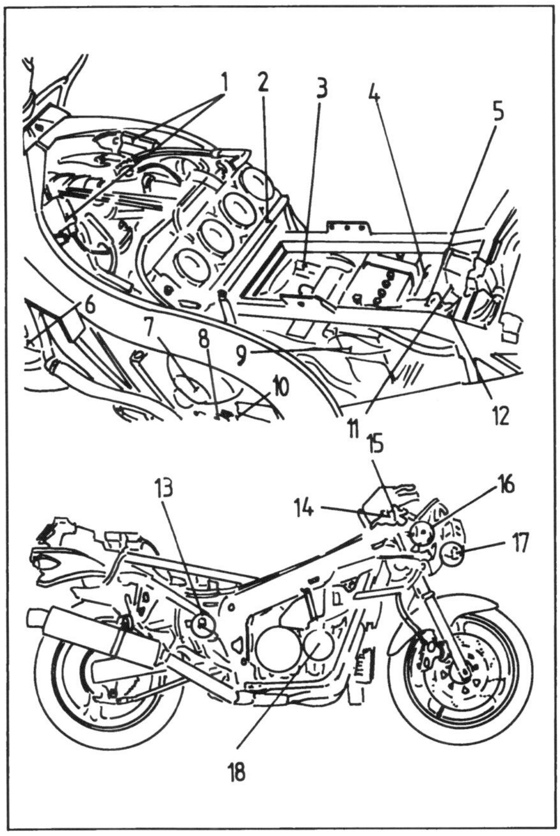

Bild 305
Lage der Elektroteile
1 Zündspulen
2 Anlasser
3 Benzinpumpe
4 Verteilkasten
5 Blinkerrelais
6 Gebläseschalter
7 Alternator
8 Öldruckschalter
9 Zündbox
10 Leerlaufschalter
11 Anlasserrelais/Hauptsicherung
12 Kraftstoffpumpenrelais
13 Bremslichtschalter-Hinterrad
14 Bremslichtschalter-Vorderrad
15 Anlass-Sperrschalter
16 Scheinwerferrelais
17 Wassertemperaturfühler
18 Impulsgeber

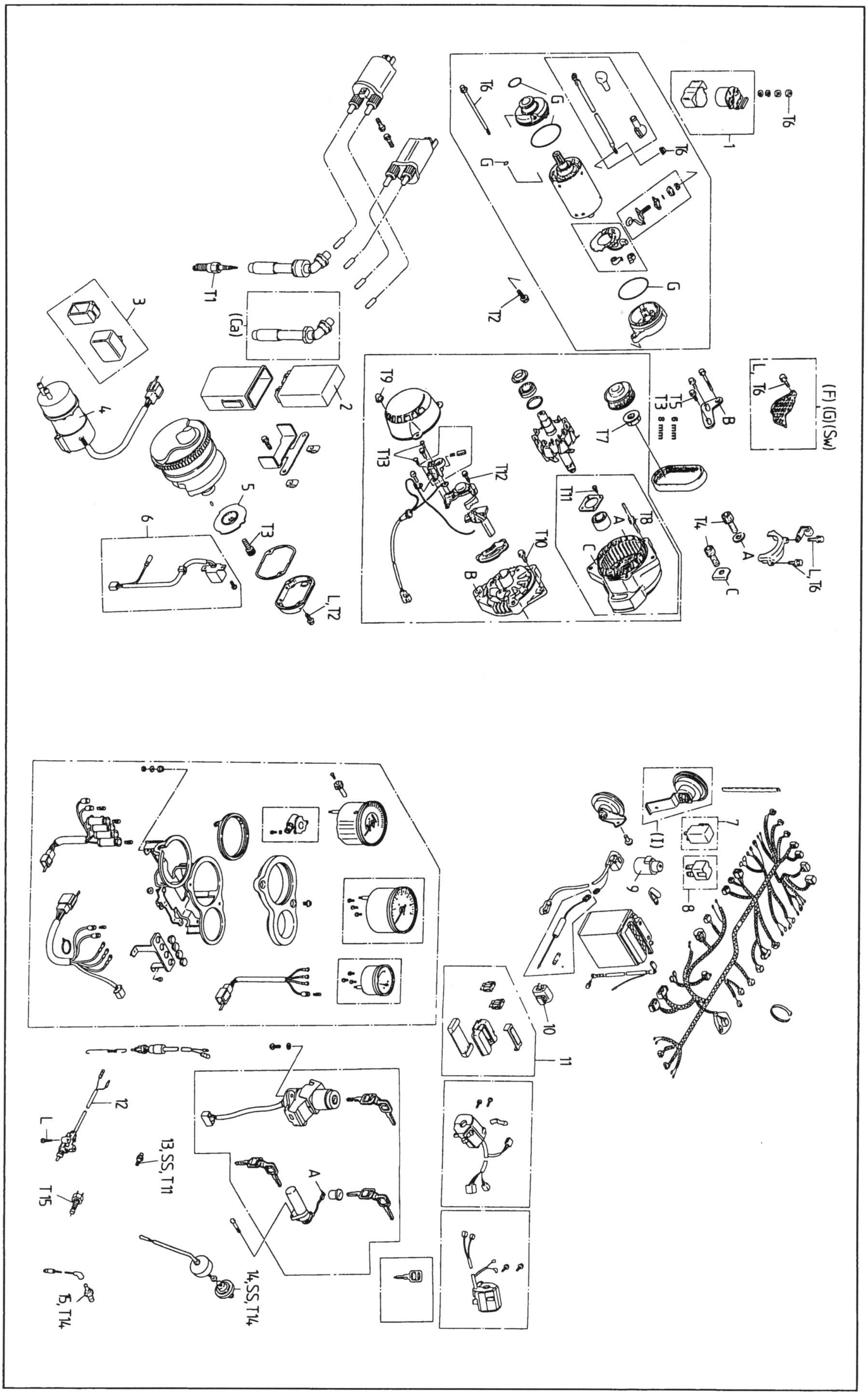

Bild 306
Teile der elektrischen Anlage

T1 Anzug 13 Nm
T2 Anzug 9,8 Nm
T3 Anzug 25 Nm
T4 Anzug 39 Nm
T5 Anzug 12 Nm
T6 Anzug 4,9 Nm
T7 Anzug 110 Nm
T8 Anzug 8,8 Nm
T9 Anzug 4,4 Nm
T10 Anzug 6,9 Nm
T11 Anzug 2,5 Nm
T12 Anzug 3,4 Nm
T13 Anzug 2,0 Nm
T14 Anzug 15 Nm
T15 Anzug 27 Nm
T16 Anzug 7,4 Nm
T17 Anzug 5,9 Nm
1 Anlasserrelais
2 Zündbox
3 Kraftstoffpumpenrelais
4 Benzinpumpe
5 Steuerrotor
6 Impulsgeber
7 Blinkerrelais (G, SW)
8 Gleichrichter (U)
9 Scheinwerferrelais (alle ausser W)
10 Blinkerrelais
11 Verteilerkasten
12 Seitenständerschalter
13 Wassertemperaturfühler
14 Öldruckschalter
15 Leerlaufschalter
Ca Kalifornisches Modell
F Französisches Modell
G Deutsches Modell
Gr Griechisches Modell
I Italienisches Modell
Sw Schwedisches Modell
U US-Modell
W Schweizerisches Modell

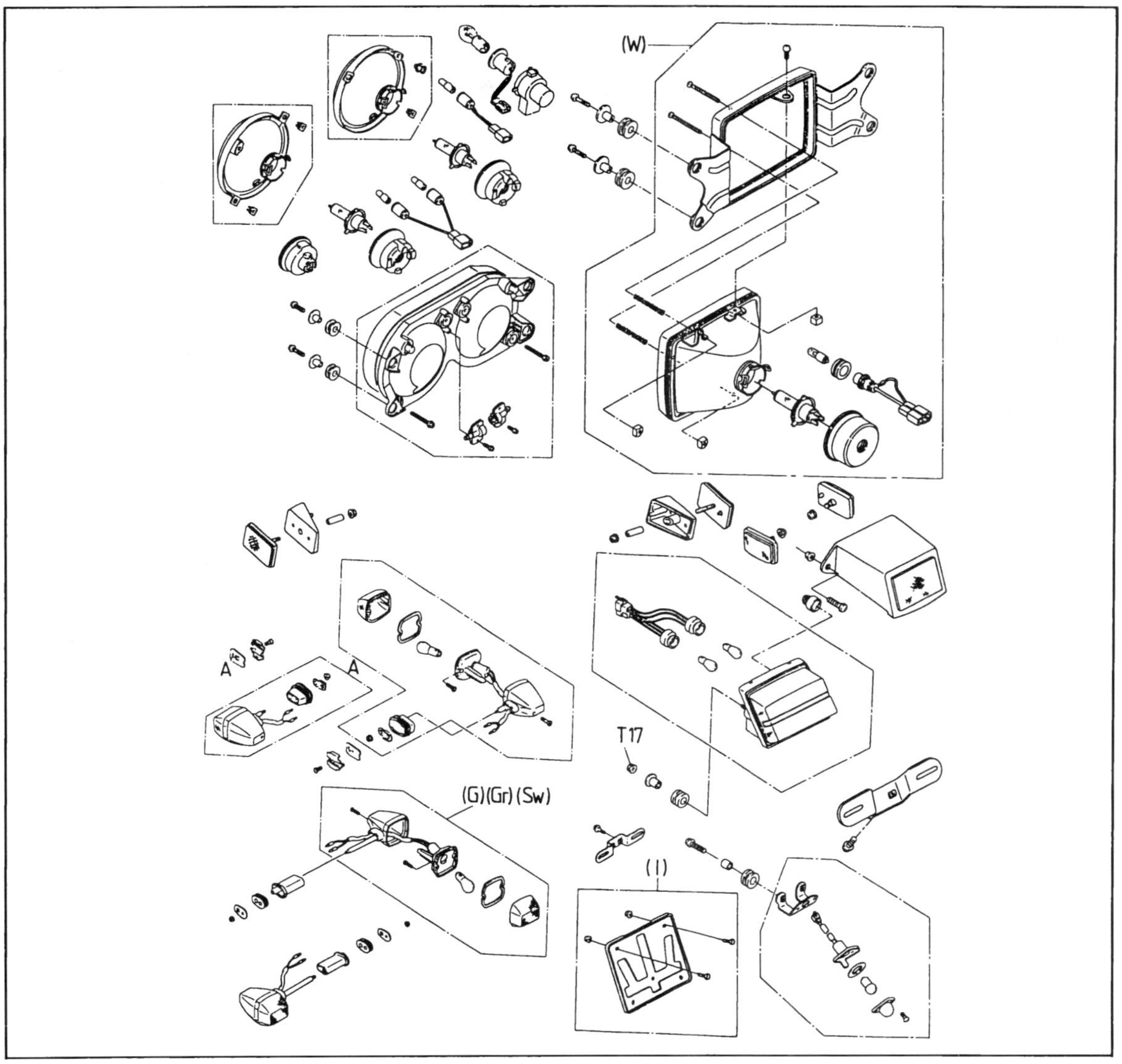

Bild 306

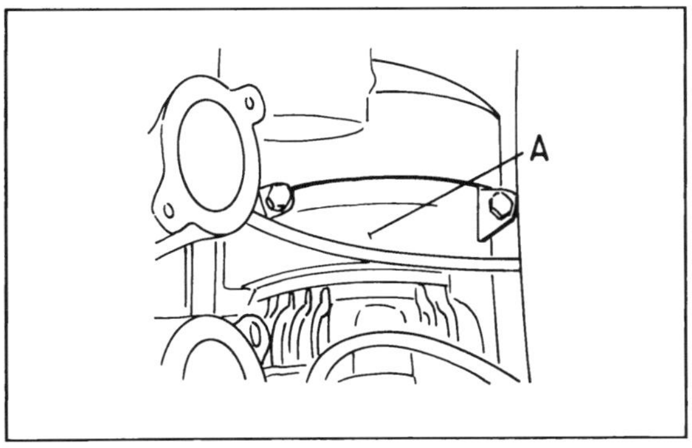

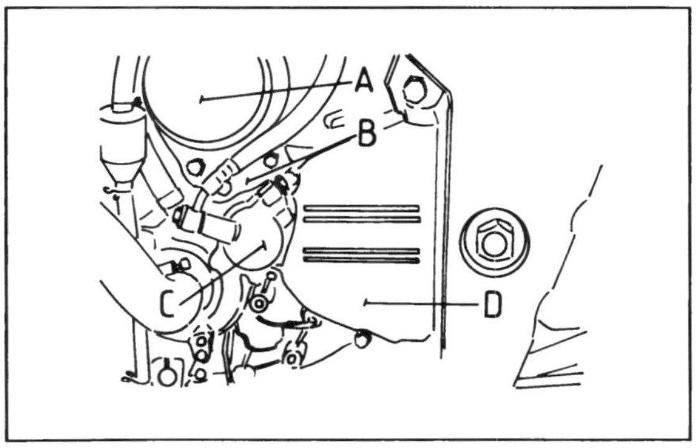

◀ **Bild 307**
Abdeckung Alternator
A Abdeckung

Bild 308
Auszubauende Teile
A Alternator
B Haltewinkel
C Nehmerzylinder
D Ritzelabdeckung

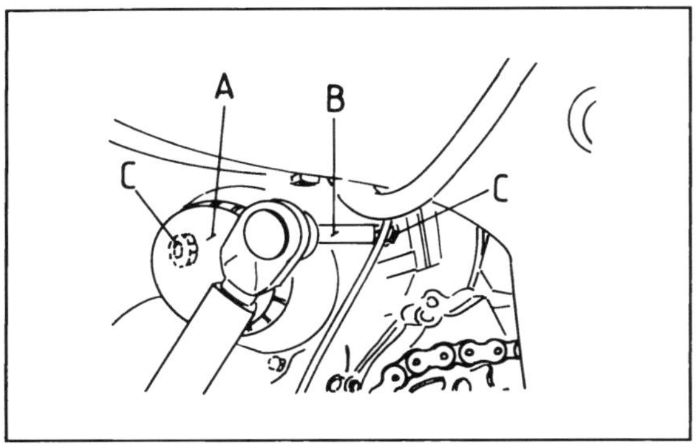

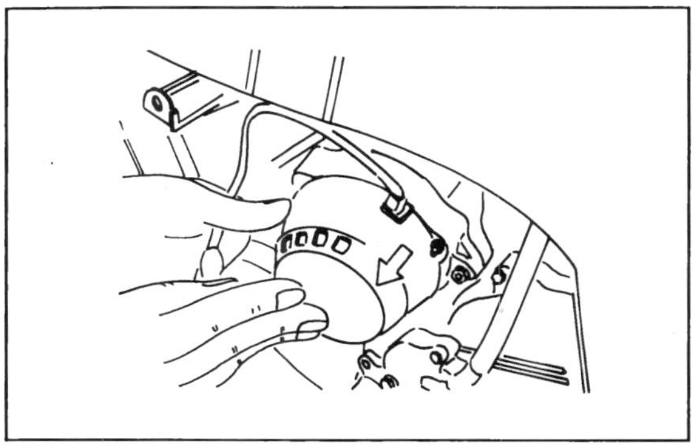

◀ **Bild 309**
Ausbau Alternator
A Alternator
B Inbusschlüssel
C Befestigungsschraube

Bild 310
Herausnehmen des Alternators

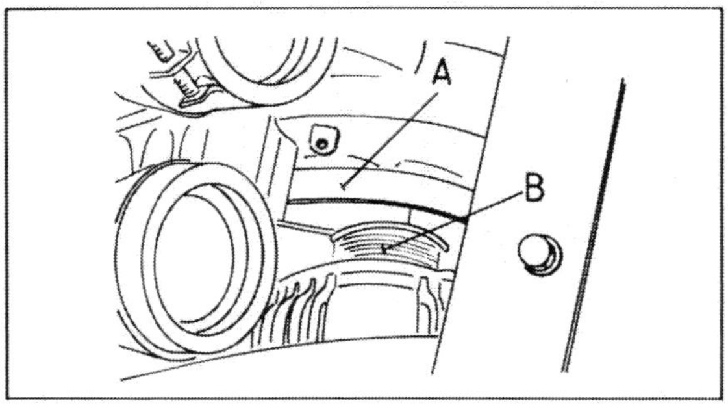

Bild 311
Einbau des Alternators
A Riemen
B Poulie

- Linke untere Verkleidung abnehmen.
- Impulsgeberdeckel abschrauben.
- Spule demontieren (Bild 313).

Einbau der Spule:

- Geberspule fingerfest anschrauben.
- Luftspalt zum Nocken auf genau 0,5 mm einstellen.
- Befestigungsschrauben endgültig festziehen.
- Luftspalt nochmals ausmessen.
- Geberkabel ordnungsgemäss verlegen und

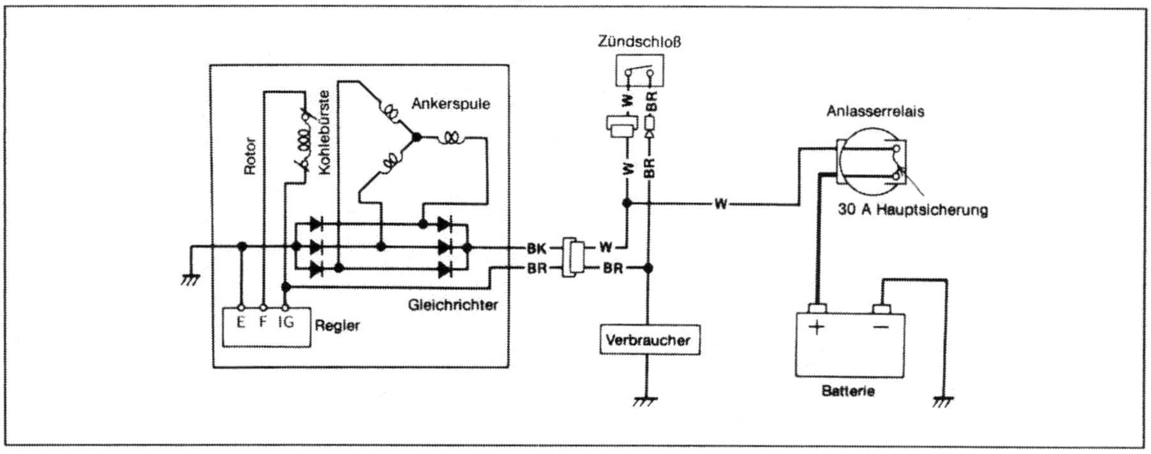

Bild 312
Schaltkreis des Alternators

verbinden.

- Deckel des Impulsgebers so montieren, dass Kerbe in Auflagefläche nach unten zu liegen kommt (Bild 314).
- Schrauben des Deckels mit Loctite einsetzen.

Prüfung des Impulsgebers:

- Mit Ohmmeter Widerstand der Geberspule feststellen. Widerstand muss 400 bis 490 Ω betragen.

Ist dieser Wert nicht vorhanden, Geber ersetzen.

Zündspulen ausbauen:

- Benzintank demontieren.
- Batterie am Minuspol abklemmen.
- Zündspulen abschliessen.
- Spule vom Rahmen abschrauben (Bild 315).

Einbau:

- Einbau in umgekehrter Reihenfolge.

Folgendes beachten:

- Schwarze Leitung an Spule Zylinder 1/4 anschliessen.
- Grüne Leitung an Spule Zylinder 2/3 anschliessen.
- Rote Leitungen an beide Spulen.

Prüfen der Spulen:
Siehe Kapitel Wartung.

Zündkerzen

Ausbau:

- Benzintank entfernen.
- Kerzenstecker abziehen.
- Kerzenlöcher mit Pressluft reinigen.
- Kerzen mit passendem Schlüssel 5700-1262 herausdrehen.

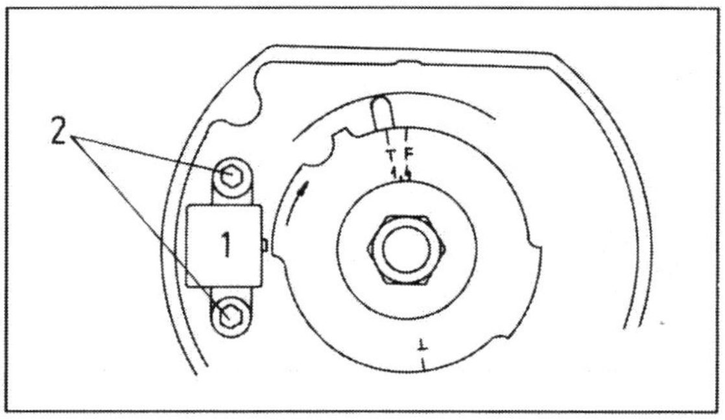

Bild 313
Impulsgeber
1 Geberspule
2 Befestigung

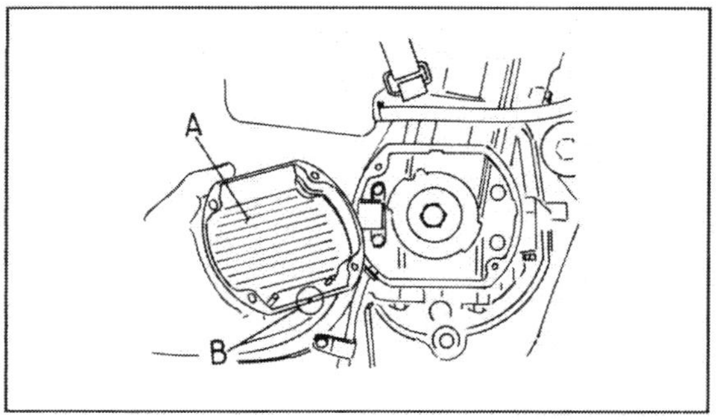

Bild 314
Einbau des Deckels
A Deckel
B Kerbe

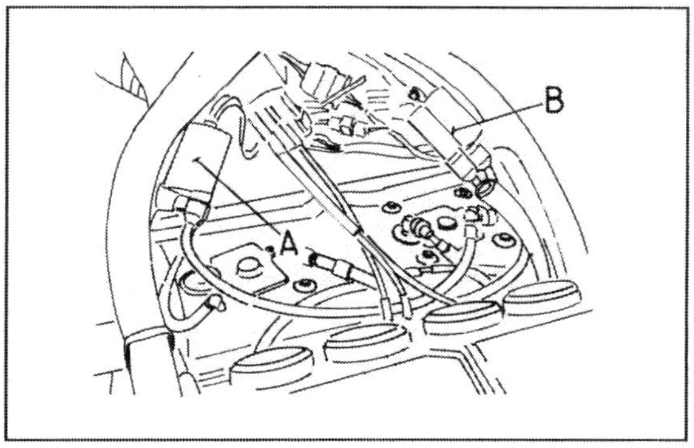

Bild 315
Einbaulage der Spulen
A Spule Zylinder 1/4
B Spule Zylinder 2/3

Einbau:

- Elektrodenabstand auf 0,7 bis 0,8 mm einstellen.
- Kerzen trocken eindrehen und mit 13 Nm festziehen.

Bei Ersatz immer Original-Kerzen verwenden.
Folgende Zündkerzen sind vorgeschrieben:
USA, Australien, Italien, Südafrika NGK C9E; ND U27ES-N
Alle andern NGK CR9E; ND U27ESR-N

- ⚠ Mit anderen Kerzen kann Motor Schaden nehmen (Bild 316).

Zündbox:
Vom Ausmessen der Zündbox sollte Abstand genommen werden. Dazu Spezialisten beiziehen. Durch falsche Manipulationen kann die Box sehr leicht zerstört werden.

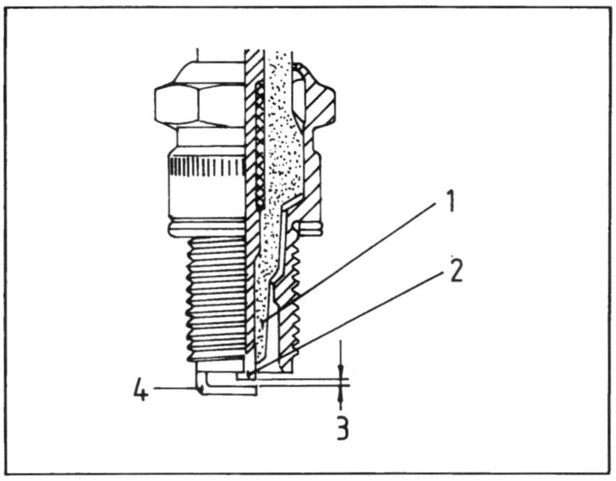

Bild 316
Zündkerze
1 Isolierkörper
2 Elektrodenabstand
3 Mittelelektrode
4 Masseelektrode

18.4 Anlasser

Ausbau:

- Rechte untere Verkleidung abnehmen.

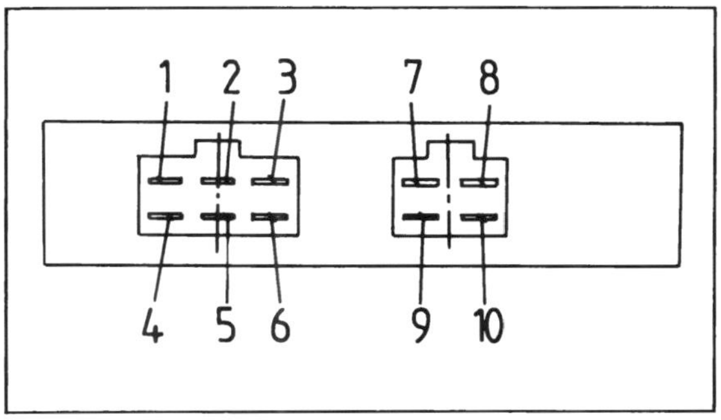

Bild 317
Anschlussklemmen der Zündbox

Anschluß der negativen Leitung (-) des Testers / Anschluß der positiven Leitung (+)

Klemmen Nr.	1	2	3	4	5	6
1		∞	∞	∞	∞	∞
2	30 – 70		30 – 70	30 – 70	40 – 100	18 – 30
3	13 – 45	15 – 70		13 – 45	8.5 – 13	5 – 9.5
4	∞	∞	∞		∞	∞
5	35 – 150	40 – 150	8.5 – 13	35 – 150		18 – 35
6	2 – 3.8	2.6 – 5	4 – 6.5	2 – 3.8	12 – 24	

◀ **Bild 318**
Messschema Zündbox

Anschluß der negativen Leitung (-) des Testers / Anschluß der Testerplusleitung (+)

Klemmen Nr.	7	8	9	10
7		∞	∞	∞
8	∞		∞	35 – 70
9	∞	∞		∞
10	∞	28 – 60	∞	

Bild 319
Messschema Zündbox

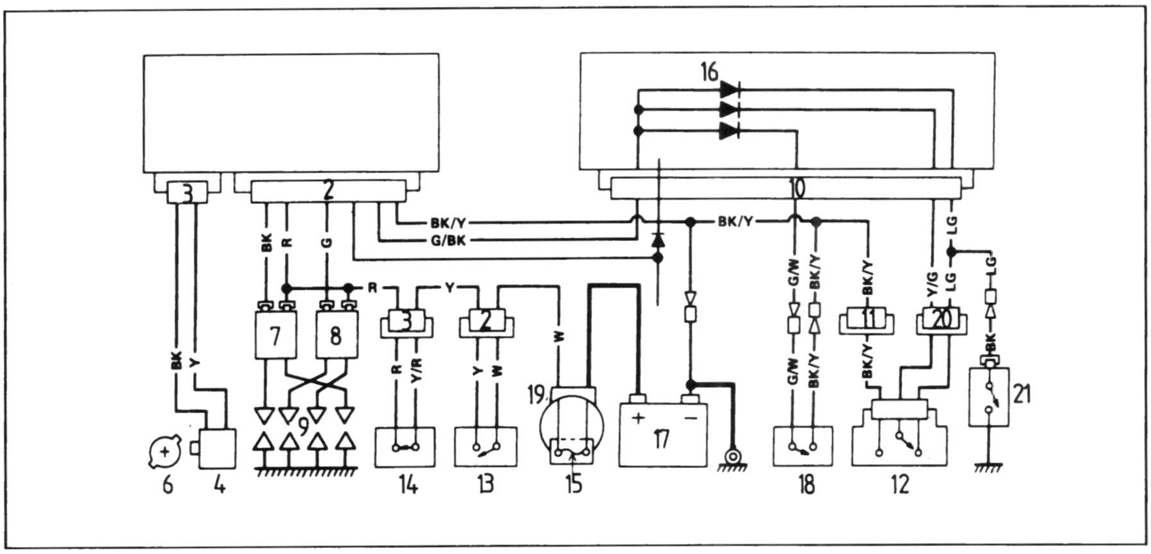

Bild 320
Schaltplan Zündsystem (US, Kanada)

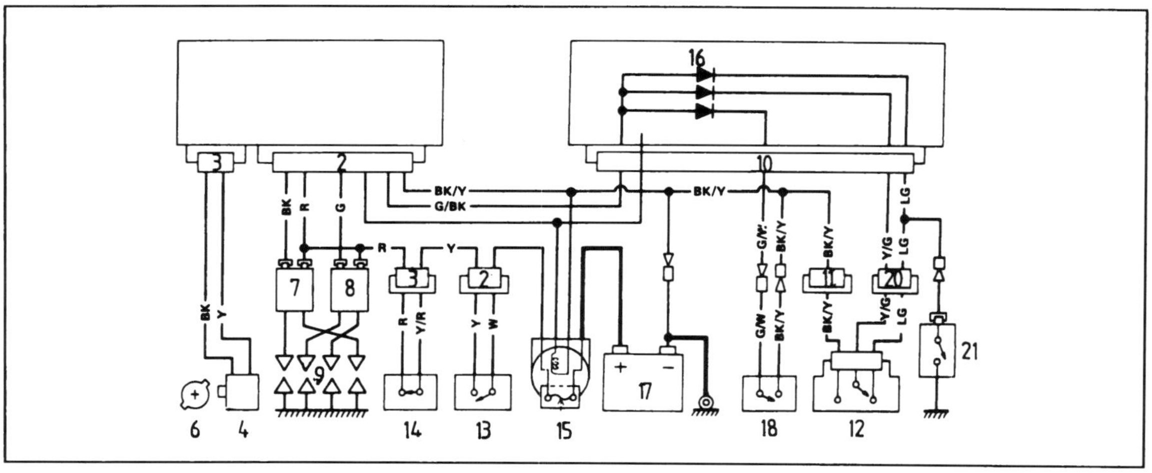

Bild 321
Schaltplan Zündsystem (übrige)

1 IC-Zünder (Zündbox)
2 Steckverbinder sechspolig
3 Steckverbinder vierpolig
4 Impulsgeber
5 Verteilerkasten
6 Steuerrotor
7 Zündspule Zyl. 1/4
8 Zündspule Zyl. 2/3
9 Zündkerzen
10 Steckverbinder zehnpolig
11 Steckverbinder neunpolig
12 Anlasssperrschalter
13 Zündschloss
14 Zündunterbrecher
15 Hauptsicherung 30A
16 Dioden
17 Batterie
18 Seitenständerschalter
19 Anlasserrelais
20 Steckverbinder zweipolig
21 Leerlaufschalter
22 Relais Anlasserschaltkreis
23 Anlasserknopf

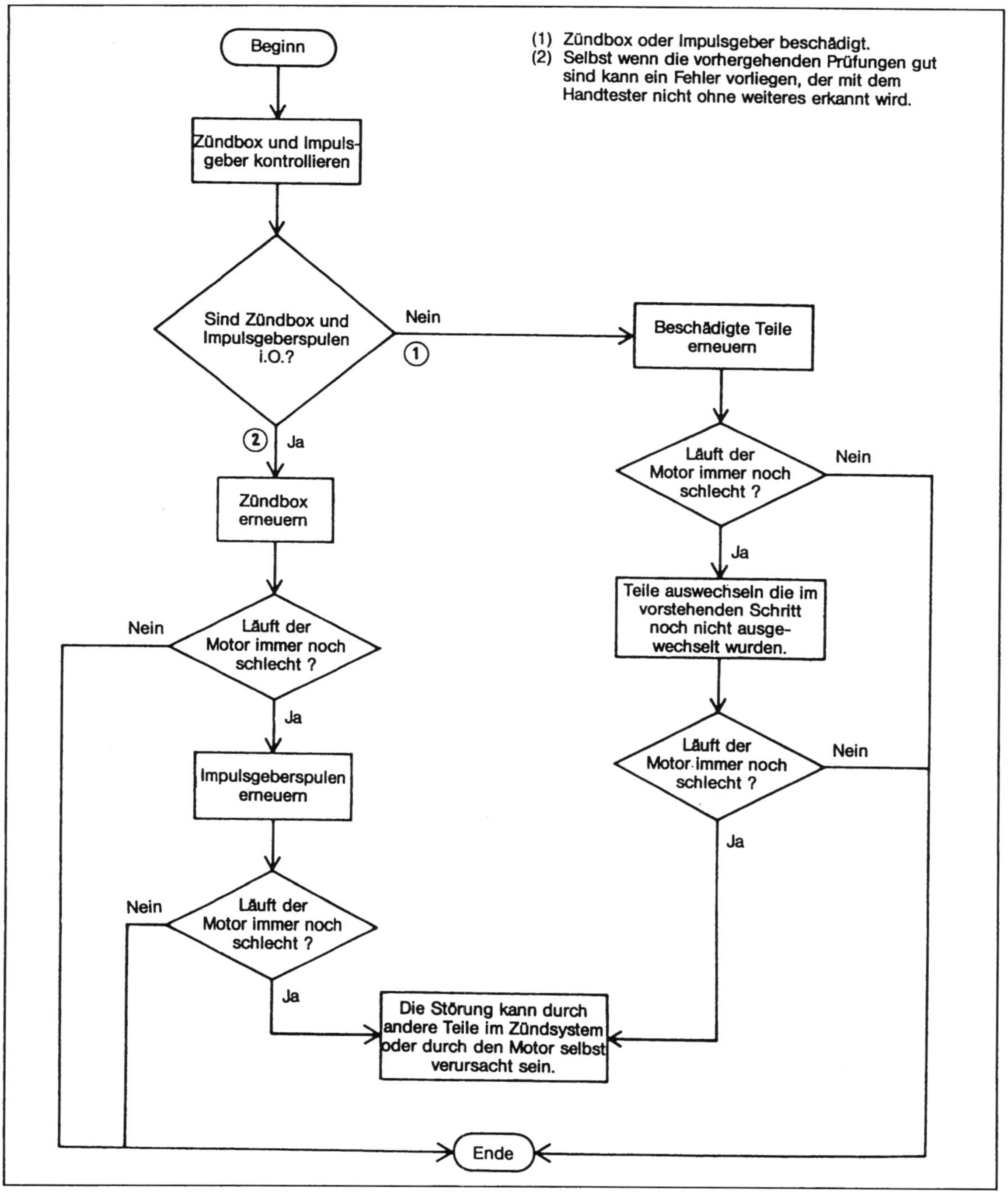

Bild 322
Fehlersuche Zündsystem

- Ausgleichbehälter der Kühlung ausbauen.
- Batterie am Minuspol abklemmen.
- Anschlusskabel vom Anlasser abschliessen.
- Anlasser ausbauen (Bild 323).

Einbau:

- Anlageflächen von Anlasser und Kurbelgehäuse mit Schmirgeltuch blank abziehen.
- O-Dichtring am Anlasser ersetzen.
- Anlasser einsetzen und Schrauben mit 9,8 Nm festziehen.
- Elektrischen Anschluss herstellen.

Zerlegen des Anlassers:

- Beide Verbindungsschrauben ausdrehen.
- Abschlussdeckel abnehmen (Bild 324).
- Anker herausziehen.
- Bürstenplatte aus Abschlussdeckel nehmen.
- Feder der Bürsten ausklinken und Bürsten aus Führungen ziehen (Bild 325).
- Anschlussschraube aus Deckel ausbauen.
- Bürsten herausnehmen (Bild 326).

Kontrolle der Teile:

- Länge der Bürsten messen.

Normallänge 12 mm.
Grenzmass 8,5 mm.

- Kollektor des Ankers auf sichtbaren Verschleiss prüfen.

Eingelaufene Kollektoren können bis zu 27,5 mm Durchmesser nachgedreht werden (Bild 327).
Normaldurchmesser 28,0 mm
Grenzmass 27,0 mm

- TIP Wird Kollektor nachgedreht, darauf achten, dass Drehfläche absolut glatt und glänzend ausfällt. Drehfläche darf mit Schmirgeltuch 200 leicht nachgearbeitet werden.
- Mit Ohmmeter Wicklungen des Ankers auf

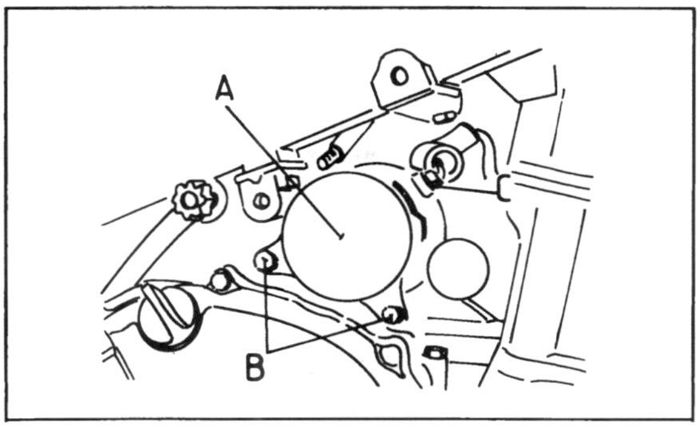

Bild 323
Anlasser eingebaut
A Anlasser
B Befestigung
C Anschluss

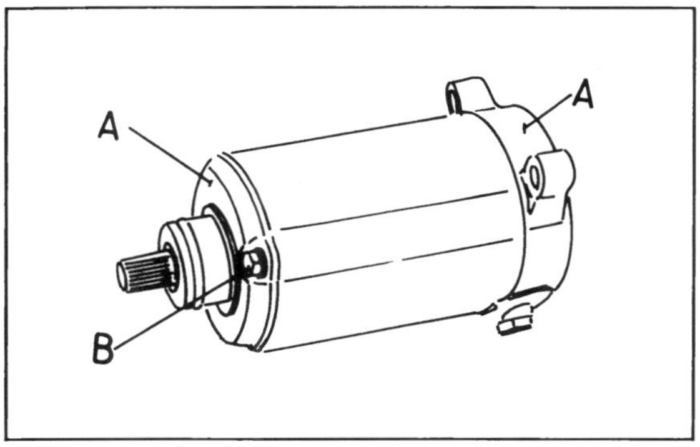

Bild 324
Anlasser ausgebaut
A Abschlussdeckel
B Verbindungsschrauben

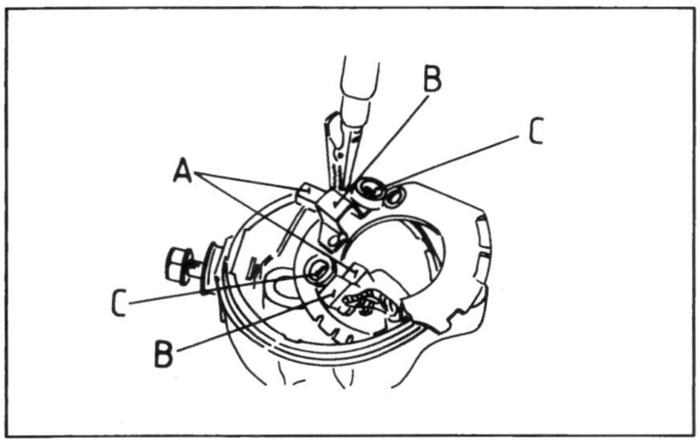

Bild 325
Bürstenplatte
A Bürsten
B Führungen
C Federn

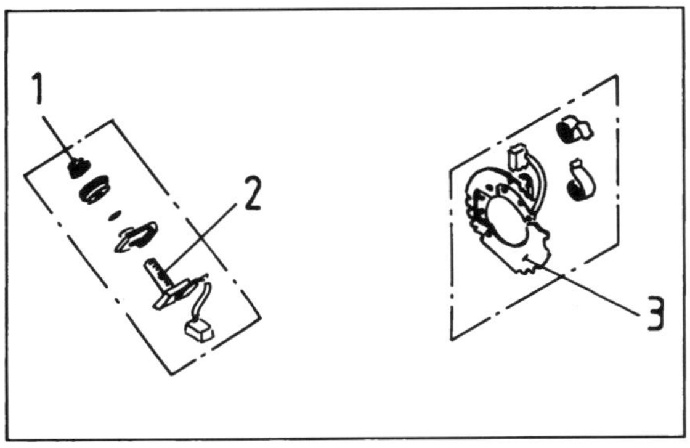

◄ Bild 326
Anschlussschraube
1 Mutter
2 Anschlussschraube
3 Bürstenplatte

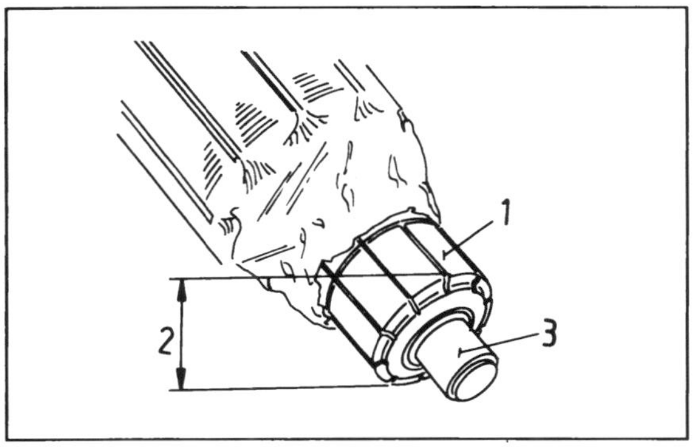

Bild 327
Kollektor des Anlassers
1 Kollektorsegment
2 Durchmesser
3 Lagerzapfen

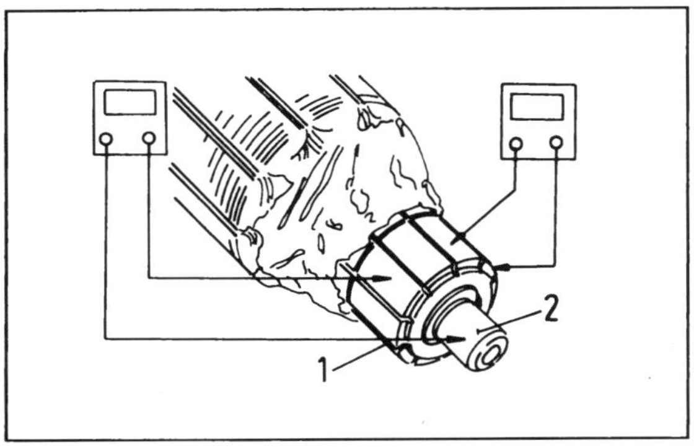

◄ Bild 328
Ankerwicklung prüfen
1 Segment
2 Lagerzapfen

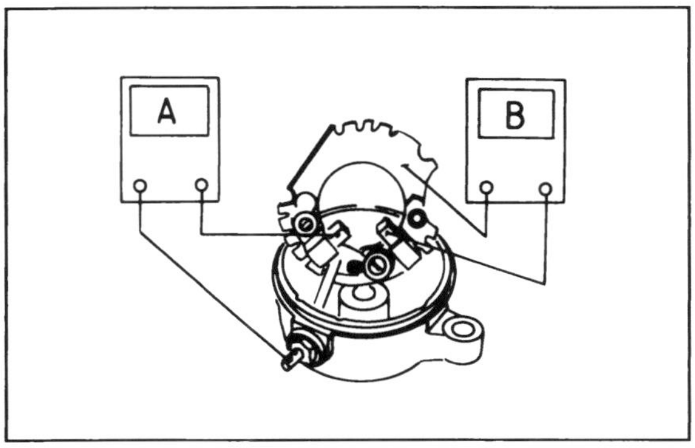

Bild 329
Prüfen der Bürstenleitungen

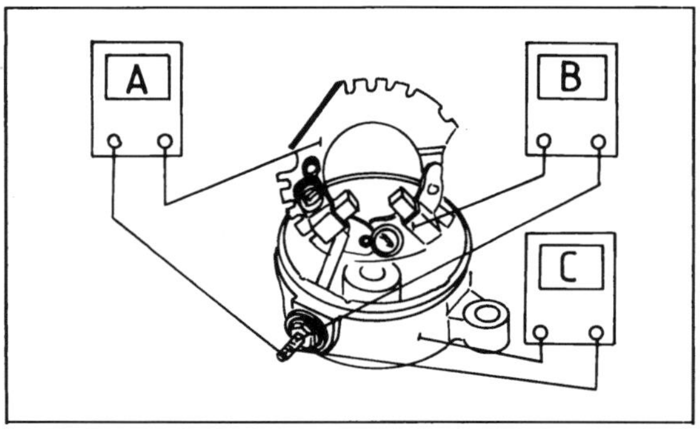

Bild 330
Prüfen der Bürstenplatte

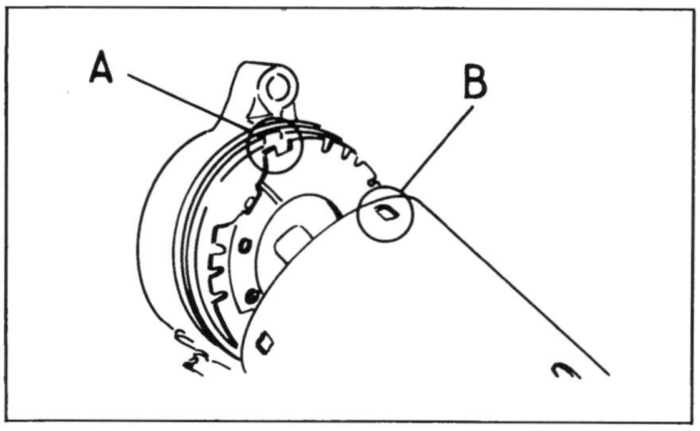

Bild 331 ▶
Einbaulage der Bürstenplatte
A Aussparung
B Nocken am Gehäuse

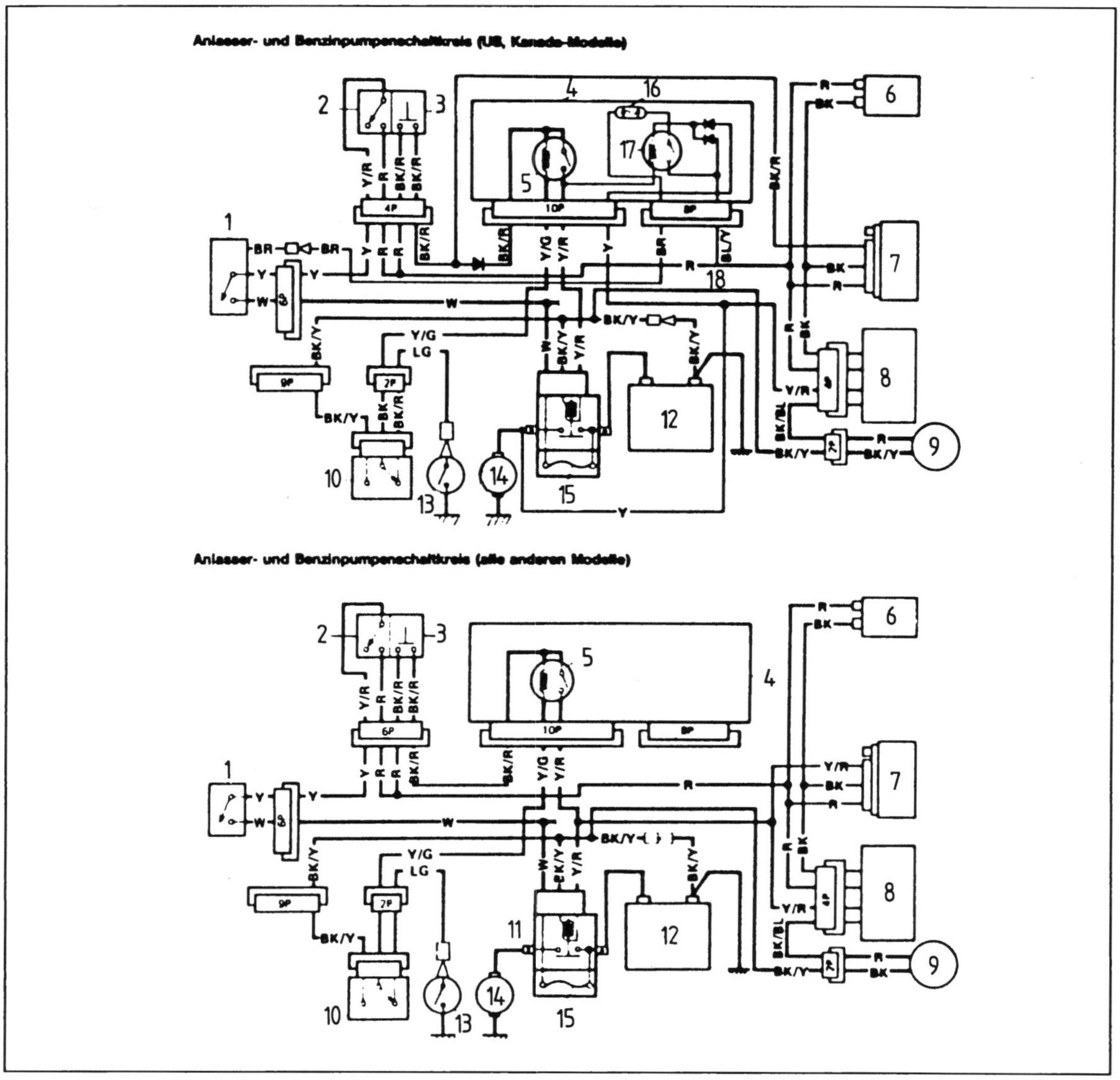

Bild 332
Anlasser- und Kraftstoffpumpenschaltkreis (US, Kanada)
Anlasser- und Kraftstoffpumpenschaltkreis (übrige)
1 Zündschloss
2 Zündunterbrecher
3 Anlasserknopf
4 Verteilerkasten
5 Relais Anlasser
6 Zündspule Zyl. 1/4
7 IC Zündung (Zündbox)
8 Kraftstoffpumpenrelais
9 Kraftstoffpumpe
10 Anlassssperrschalter
11 Anlasserrelais
12 Batterie
13 Leerlaufschalter
14 Anlasser
15 Hauptsicherung 30A
16 Sicherungen Scheinwerfer 10A
17 Relais Scheinwerferschaltkreis
18 Abblendschalter

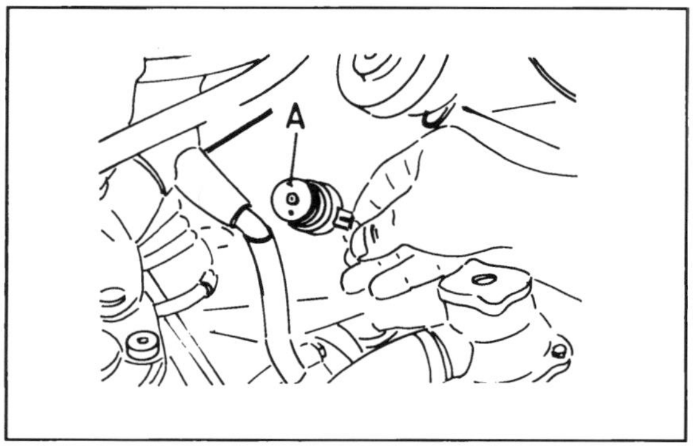

Bild 333
Einbaulage des Relais
A Relais

Schluss und Unterbrechung prüfen (Bild 328).
Zusammenbau des Anlassers:
- Bürsten anschliessen.
- Mit Ohmmeter Anschlüsse der Bürsten prüfen.

Wenn Widerstand nicht nahe Null ist, liegen Unterbrechung oder schlechter Kontakt vor (Bild 329).
Wenn kein Widerstand vorhanden ist, liegt Kurzschluss vor.
- Bürstenplatte in Deckel legen (Bild 330).
- Bürsten zurückdrücken und Anker einsetzen.
- Anlassergehäuse überschieben.

● Deckel aufsetzen (Bild 331).
● Die Verbindungsschrauben einsetzen und mit 4,9 Nm festziehen.

18.5 Beleuchtung

Dazu das Kapitel «Wartung» beachten.
Scheinwerferrelais aus- und einbauen:

● Verkleidung rechts abbauen.
● Batterie am Minuspol abklemmen.
● Relais abnehmen (Bild 333).

Prüfen des Relais:

● 12 Volt-Batterie und Ohmmeter gemäss Schema Bild 334 anschliessen.
● Anzeige Ohmmeter

Wenn Spannung 12 V: Widerstand 0 Ohm
Wenn Spannung 0 V: Widerstand ∞ Ohm

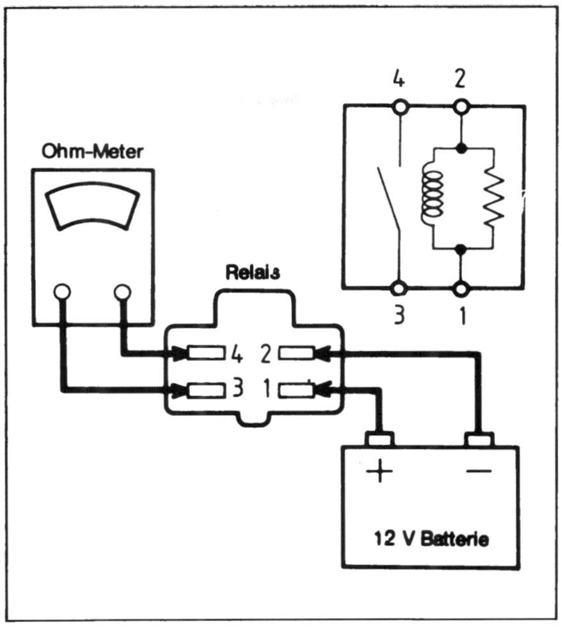

Bild 334
Prüfschema Scheinwerferrelais
1/2 Klemmen für Relaisspule
3/4 Klemmen für Relaisschalter

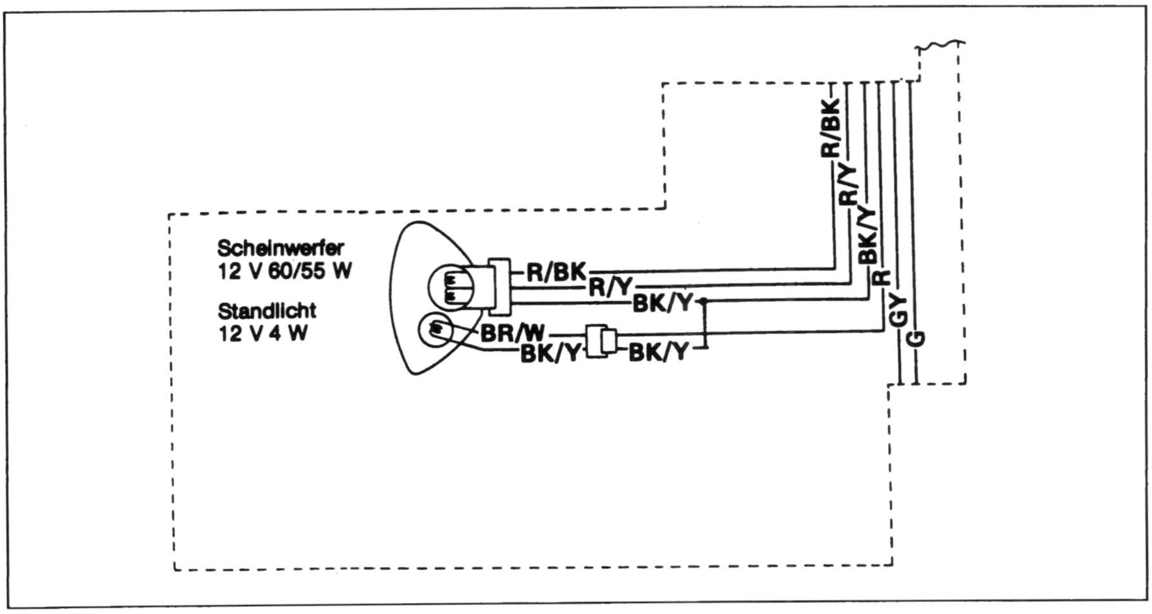

Bild 335
Schaltkreis der Scheinwerfer Modell Schweiz

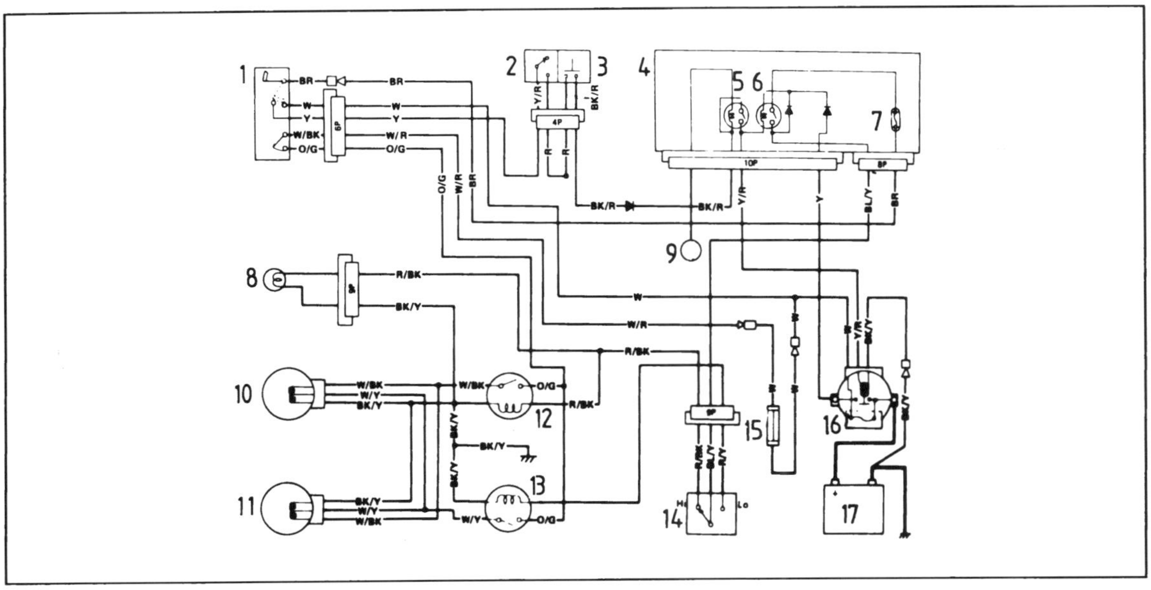

Bild 336
Schaltkreis der Scheinwerfer Modell US, Kanada

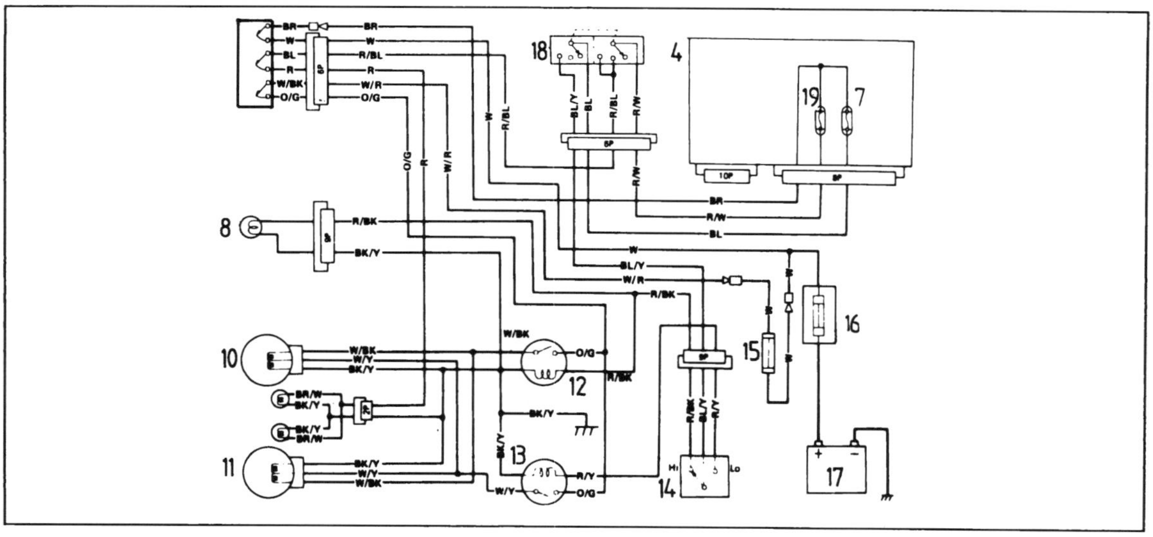

Bild 337
Schaltkreis der Scheinwerfer übrige Modelle

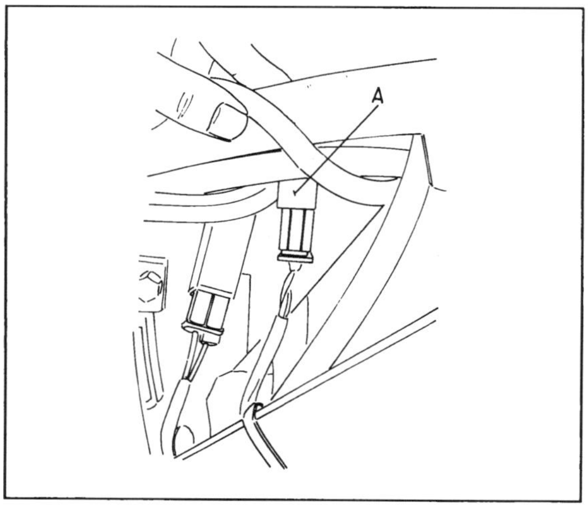

Bild 338
Einbaulage des Kraftstoffpumpenrelais
A Relais

Bereich x 1 kOhm	Anschluß der Testerplusleitung (+)			
Anschluß der Testerminusleitung (-)	1	2	3	4
1		∞	∞	∞
2	∞		∞	∞
3	∞	10 - 100		∞
4	∞	20 200	1 5	

Bild 339
Messschema Kraftstoffpumpenrelais

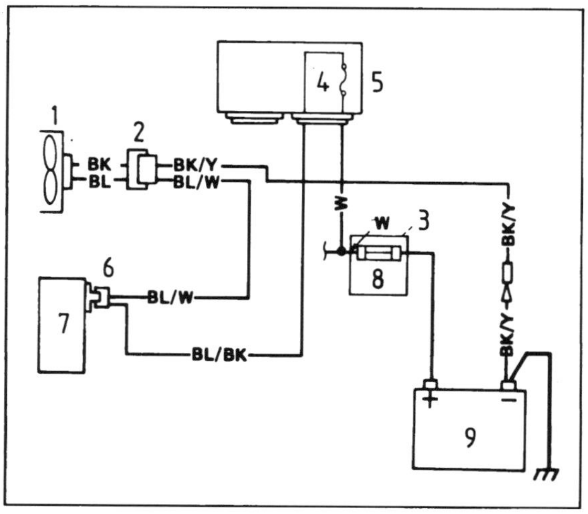

Bild 340
Schaltkreis Gebläse
1 Gebläse
2 Steckverbinder zweipolig
3 Anlasserrelais
4 Sicherung 10A
5 Verteilkasten
6 Gebläseschalter
7 Kühler
8 Hauptsicherung 30A
9 Batterie

18.6 Kraftstoffpumpe

Funktion:
Pumpe ist in Betrieb, wenn Anlasserknopf betätigt wird oder wenn Motor läuft.
- TIP Schaltplan findet sich im Schaltplan Anlasser.

Pumpe wird durch Druck in Vergaserleitung gesteuert.
Prüfen des Kraftstoffpumpenrelais:
- Sitze demontieren.
- Batterie am Minuspol abklemmen.
- Relais herausnehmen (Bild 338).
- Handtester 57001-983 auf Bereich 1kOhm schalten und Messungen gemäss Schema Bild 339 durchführen.
- Werden Werte nicht erreicht, muss Relais ersetzt werden.

Für diese Arbeit muss der angegebene Tester verwendet werden.

18.7 Kühlgebläse

Siehe Kapitel Kühlung.

18.8 Instrumente

Prüfen des Drehzahlmessers:
- Benzintank demontieren.
- Schwarze Leitung zur Zündspule abklemmen.
- Zündschloss auf On drehen.
- Schwarze Zündleitung kurz an 12 Volt-Spannung legen.

Zeiger des Drehzahlmessers muss ausschlagen.

Wird kein Ausschlag festgestellt, ist Drehzahlmesser defekt und muss ersetzt werden (Bilder 341 und 342).

Prüfen der Wassertemperaturanzeige:

- Zündschloss auf On drehen.
- Anschlüsse des Fühlers abziehen.
- Zeiger des Instruments muss auf C weisen.
- Anschluss kurzzeitig an Masse legen.

Zeiger muss gegen H ausschlagen (Bild 343).

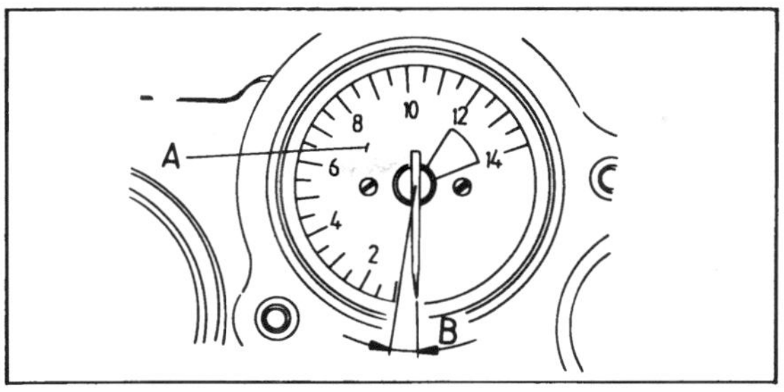

Bild 341
Drehzahlmesser
A Instrument
B Ausschlag

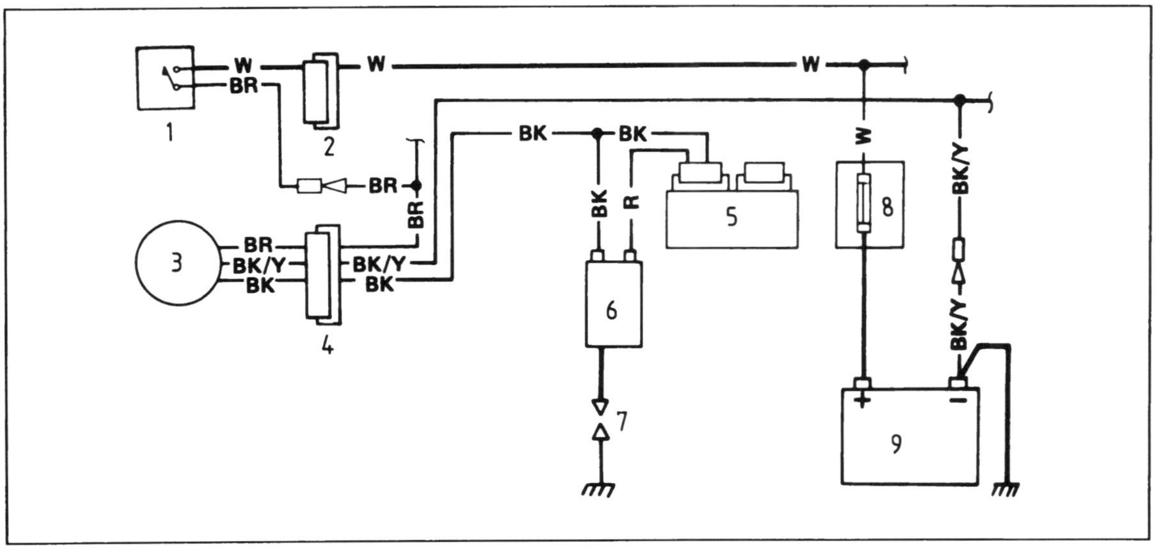

Bild 342
Schaltkreis Drehzahlmesser
1 Zündschloss
2 Steckverbinder sechspolig
3 Drehzahlmesser
4 Steckverbinder sechspolig
5 IC Zündung (Zündbox)
6 Zündspule 1/4
7 Zündkerze
8 Hauptsicherung 30A
9 Batterie

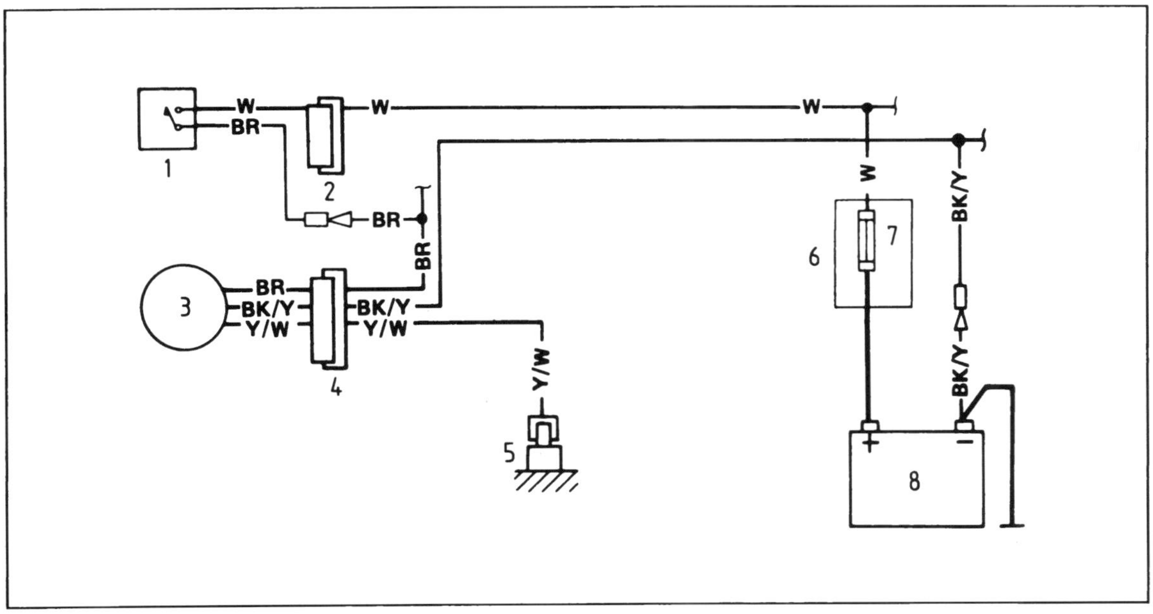

Bild 343
Schaltkreis Wassertemperaturanzeige
1 Zündschloss
2 Steckverbinder sechspolig
3 Wassertemperaturanzeige
4 Steckverbinder sechspolig
5 Fühler
6 Anlasserrelais
7 Hauptsicherung 30A
8 Batterie

18.9 Verteilerkasten

Im Verteilerkasten sind Sicherungen, Relais und Dioden untergebracht (Bild 344).

Dioden und Relais können nicht ausgebaut werden.

Ausbau:

- Sitze demontieren.
- Batterie am Minuspol abklemmen.
- Sicherungskasten ausbauen.

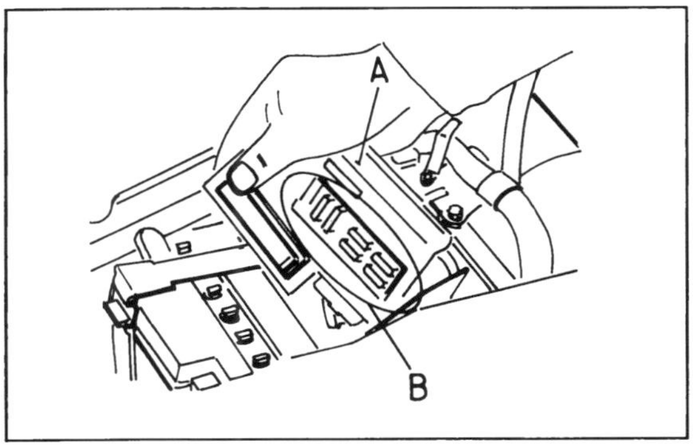

Bild 344
Verteilerkasten
A Verteilerkasten
B Sicherungen
C Hauptsicherung

● Alle Steckverbinder abziehen.
● Steckkontakte auf Sauberkeit prüfen.

Instrumentanschluß	Instrumentenanzeige (Ohm)
1 – 2	0
*1 – 3B	0
6 – 7	0
6 – 17	0
1 – 7	∞
*8 – 17	∞

Bild 345
Messschema Verteilerkasten

● Verbogene Kontakte geradebiegen.
● Mit Handtester 57001-983 Durchgang der Klemmen prüfen. Dazu das nachstehende Schema verwenden (Bilder 345–347).
Prüfen des Diodenschaltkreises:
● Folgende Klemmenpaare auf Durchgang prüfen:
*13/8 *13/9 12/14 15/14 16/14
* nur Modell US, Kanada
● In einer Richtung muss Durchgang, beim Polwechsel kein Durchgang vorhanden sein.
Wird Funktion nicht erfüllt, muss der Verteilerkasten ersetzt werden (Bild 348).

	Instrumenten-anschluß	Instrumenten-anzeige (Ohm)
Scheinwerferrelais	*7 - 8	∞
	*7 - 13	∞
Anlasserrelais	11 - 13	∞
	12 - 13	∞

Bild 346
Prüfung der Relaisstromkreise
Batterie abgeklemmt

	Instrumenten-anschluß	Batterie-anschluß + -	Instrumenten-anzeige (Ohm)
Scheinwerfer	*7 - 8	9 - 13	0
Anlasser	11 - 13	11 - 12	0

★ Nur für die Modell für US und Kanada

Bild 347 ▶
Prüfung der Relaisstromkreise
Batterie angeschlossen

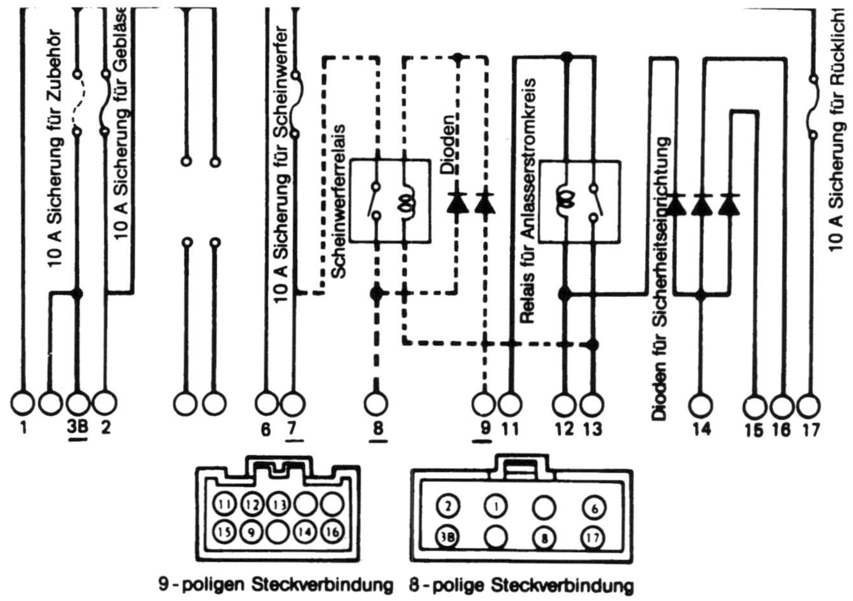

Bild 348
Schaltplan des Verteilerkastens

19 Kabel und Züge

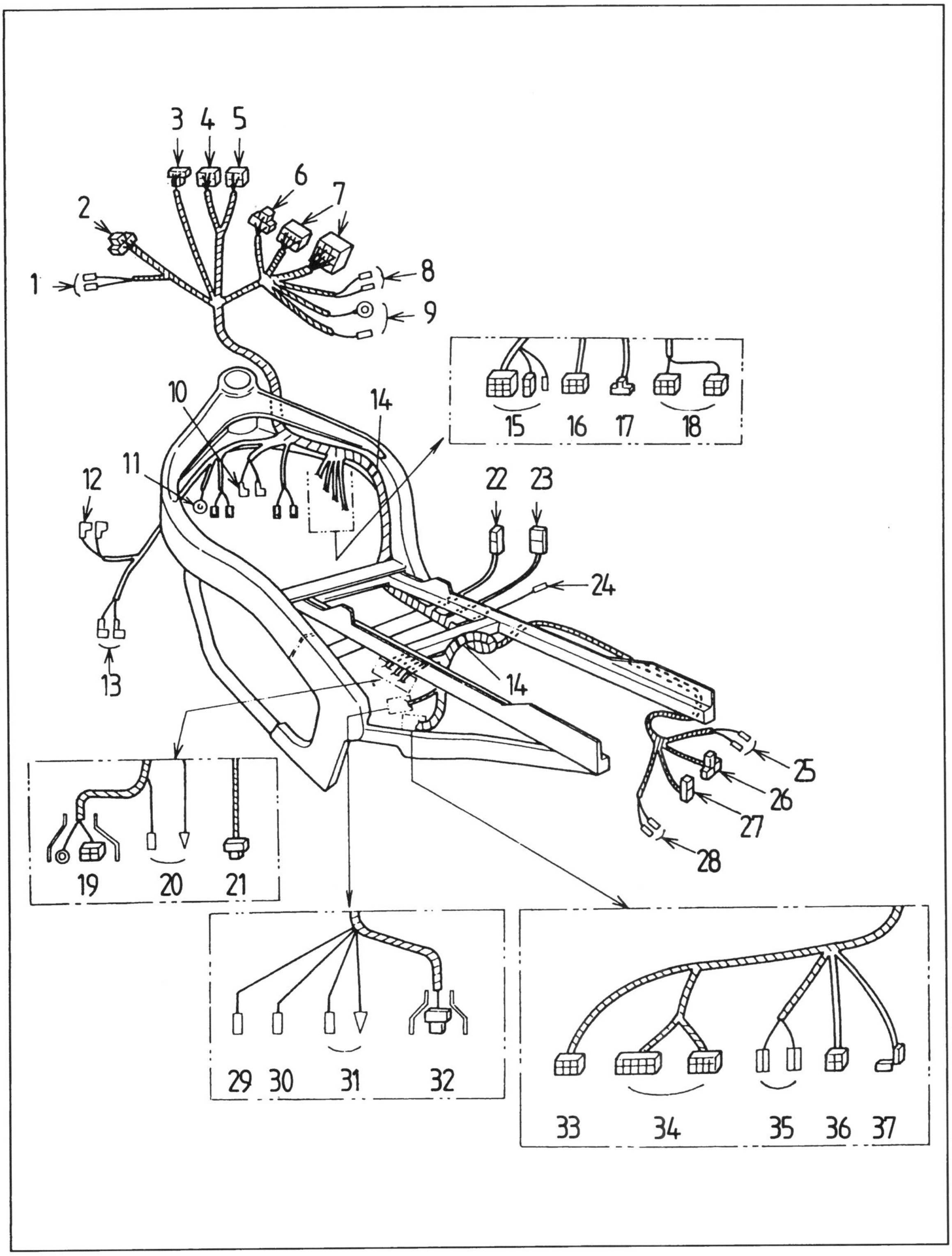

Bild 349
Kabelbaum Fahrgestell

1 Zum linken Blinker (grüne Leitung)
2 Zum linken Scheinwerfer
3 Zum Standlicht (Modell ausser U)
4 Zum Fernlichtrelais (rot, alle Modelle ausser W)
5 Zum Abblendlichtrelais (alle Modelle ausser W)
6 Zum rechten Scheinwerfer
7 Zur Instrumenteneinheit
8 Zum rechten Blinker (graue Leitung)
9 Zum Wassertemperatursensor
10 Zum Signalhorn
11 Zur Erdungsklemme
12 Zum Gebläseschalter
13 Zum linken Signalhorn (I)
14 Weisse Klebebänder
15 Zum linken Schaltergehäuse
16 Zum Zündschloss
17 Zum Kühlgebläsemotor
18 Zum rechten Schaltergehäuse
19 Zum Anlasserrelais
20 Zur 20 A Scheinwerfersicherung
21 Gleichrichter (U)
22 Zur Kraftstoffpumpe
23 Zum Hinterradbremslichtschalter
24 Steckverbinder für Batteriemasse
25 Zum rechten Blinker
26 Zum Rück-/Bremslicht
27 Zur Nummernschildbeleuchtung
28 Zum linken Blinker
29 Zum Leerlaufschalter
30 Zum Öldruckschalter
31 Zum Steitenständerschalter
32 Zur Lichtmaschine
33 Zur Zündbox
34 Zum Verteilerkasten
35 Zum Elektrozubehör (U)
36 Zu Kraftstoffpumpenrelais
37 Zum Blinkerrelais

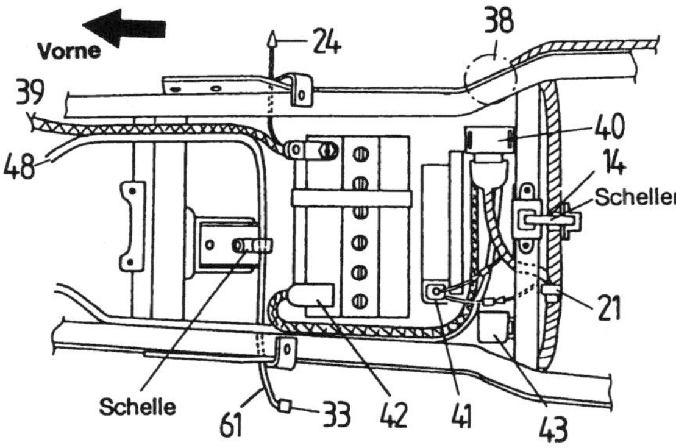

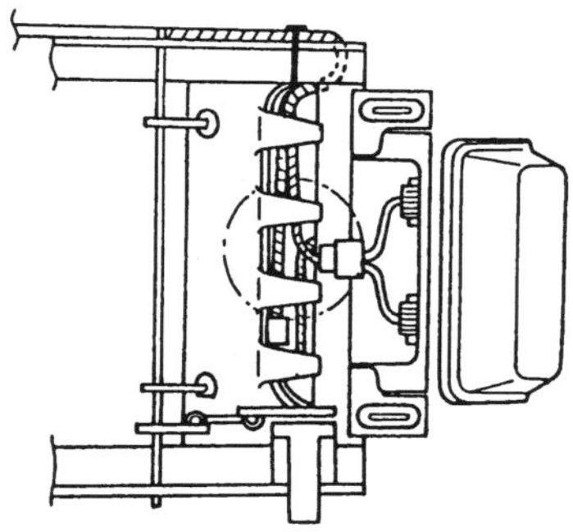

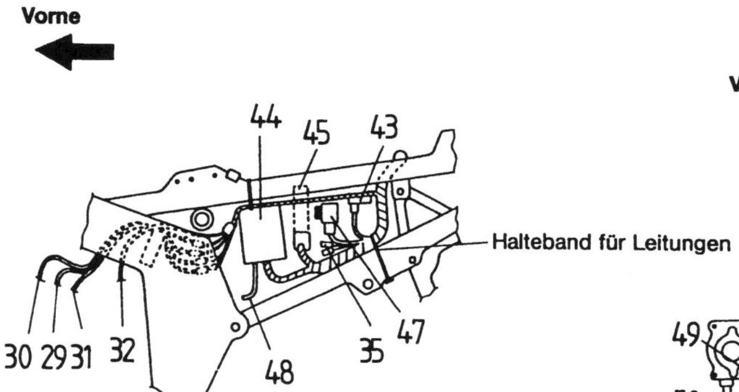

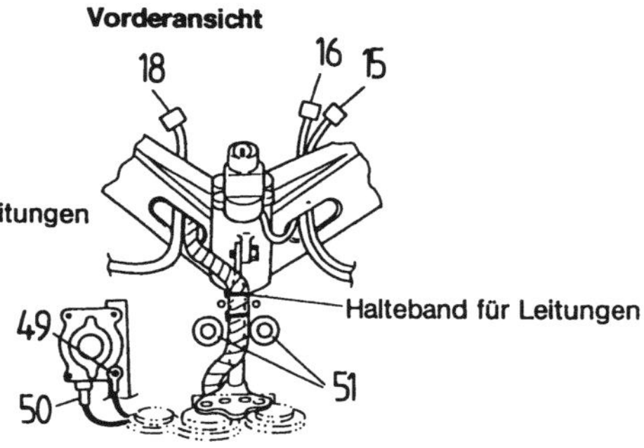

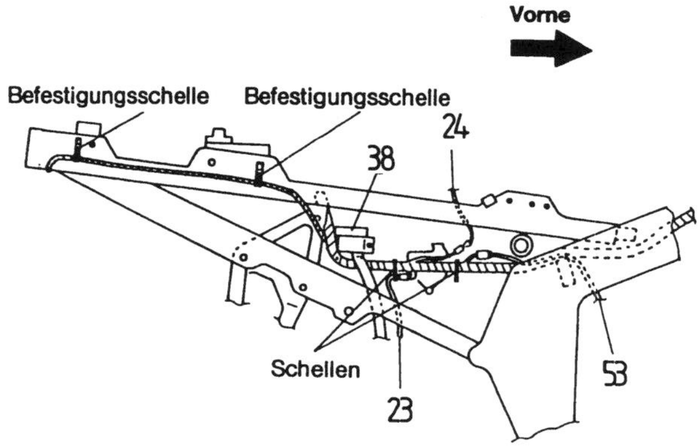

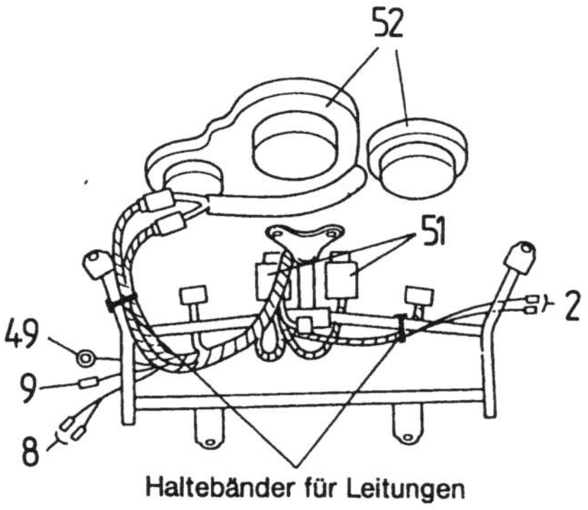

38 Zum Hinterrad-Bremsbelüftungsbehälter
39 Erdungsklemme
40 Anlasserrelais
41 20 A Scheinwerfersicherung
42 Anschlussklemme für Batteriepluskabel
43 Kraftstoffpumpenrelais
44 Zündbox
45 Verteilerkasten
46 Kraftstoffpumpenrelais
47 Blinkerrelais
48 Zum Impulsgeber
49 Erdungsklemme für Wassertemperatur
50 Wassertemperatursensor
51 Relais für Fern- und Abblendlicht
52 Instrumenteneinheit
53 Zur Kraftstoffpumpe
54 Anlasserkabel
55 Lichtmaschinenleitung
56 Öldruckschalter
57 Öldruckschalterleitung
58 Leerlaufschalterleitung
59 Seitenständerleitungen
60 Leerlaufschalter
61 Impulsgeberleitung
62 Kupplungsdeckel

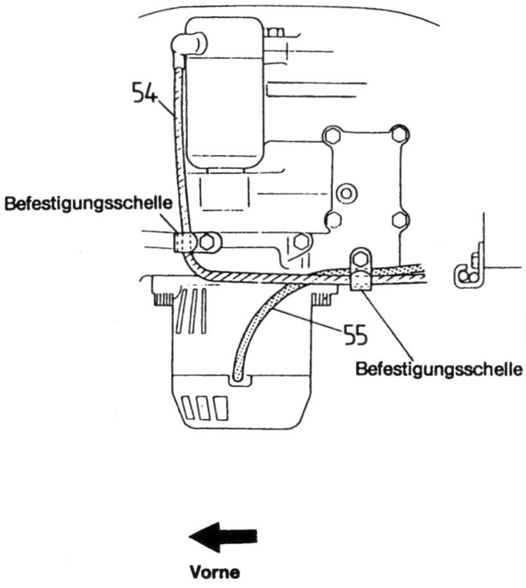
54
Befestigungsschelle
55
Befestigungsschelle
Vorne

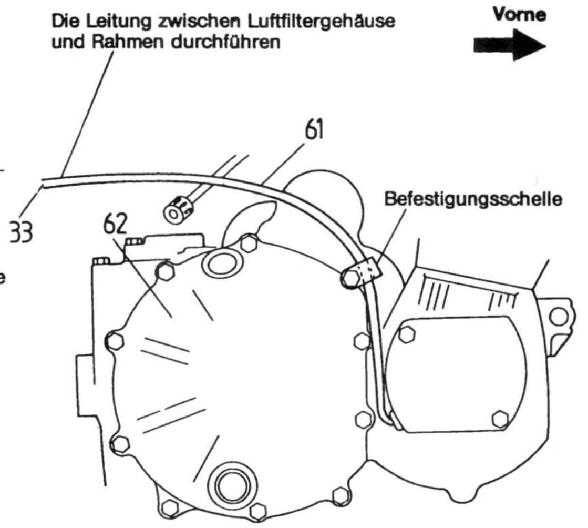
Die Leitung zwischen Luftfiltergehäuse und Rahmen durchführen
Vorne
61
Befestigungsschelle
33
62

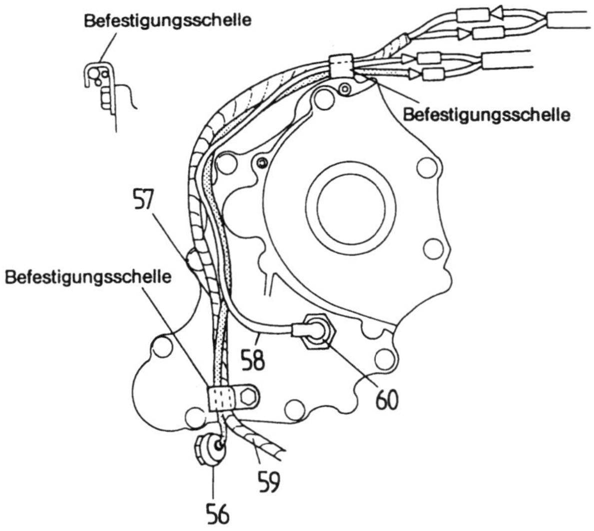
Befestigungsschelle
Befestigungsschelle
57
Befestigungsschelle
58
60
59
56

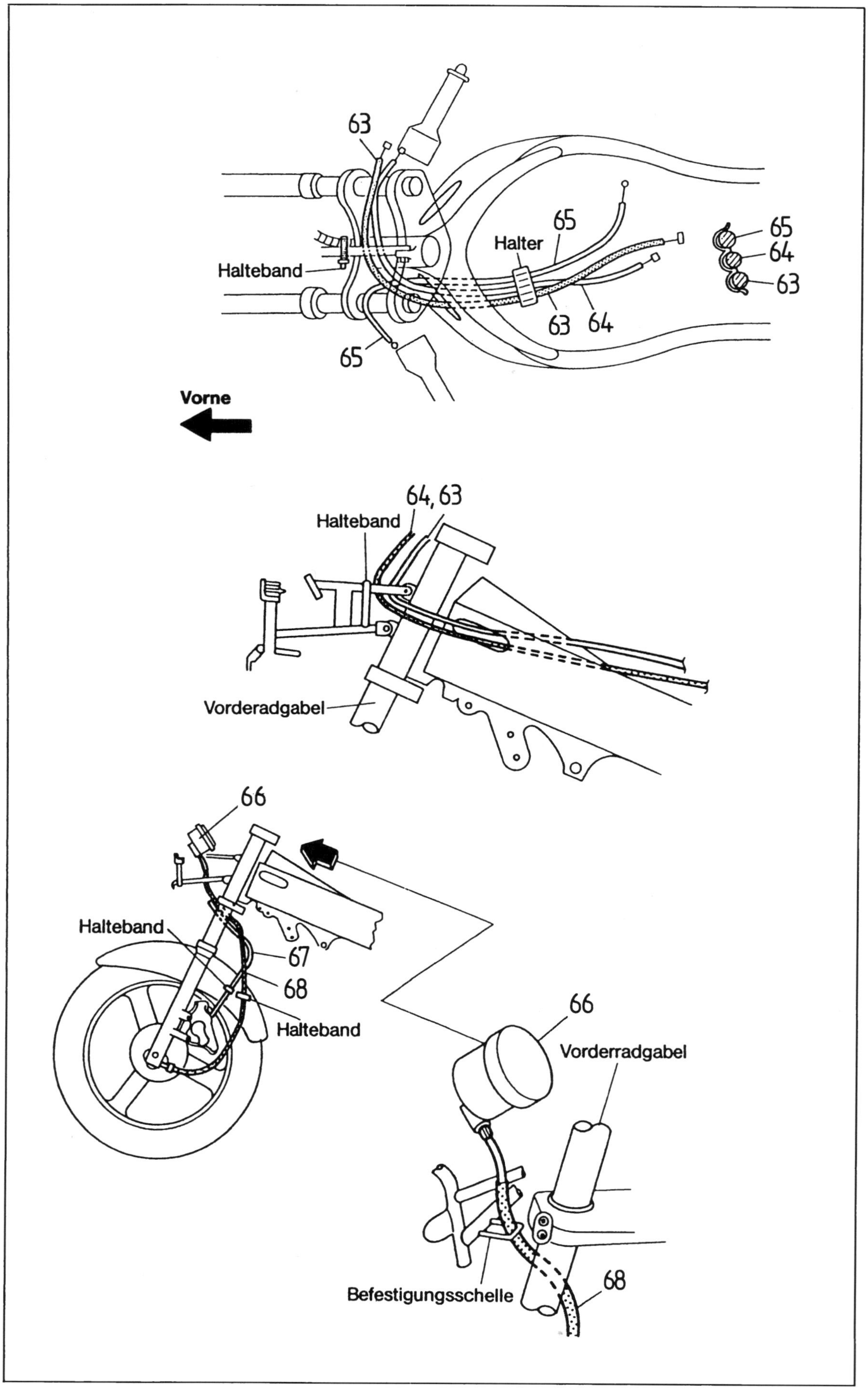

63 Gaszug
64 Schliesszug
65 Chokezug
66 Tachometer
67 Vorderradbremsschlauch
68 Tachometerwelle

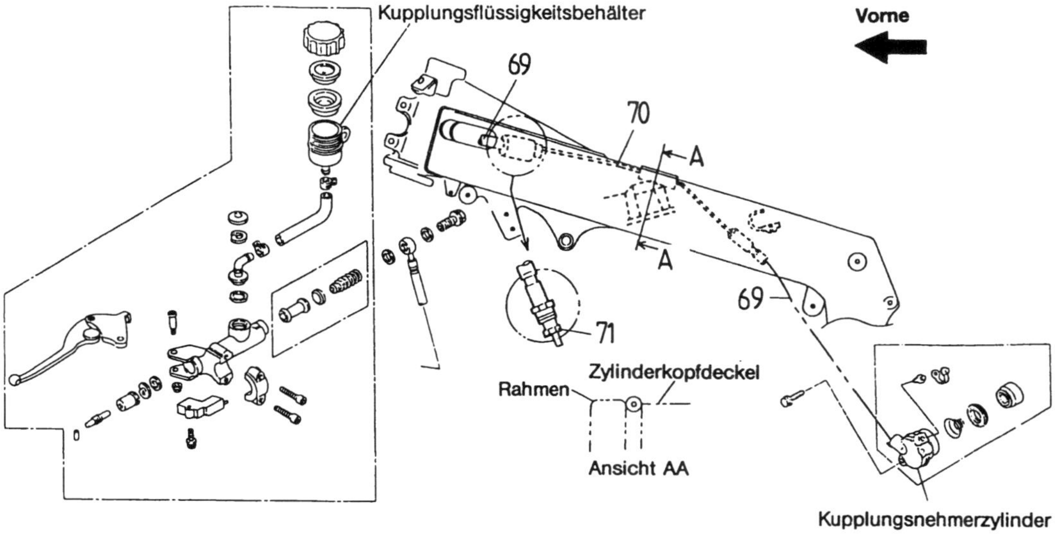

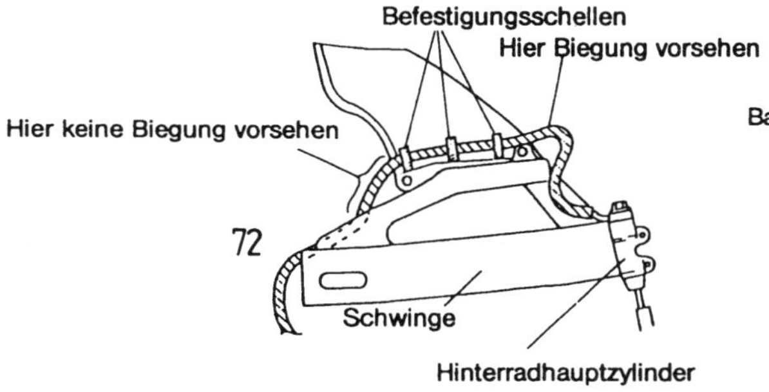

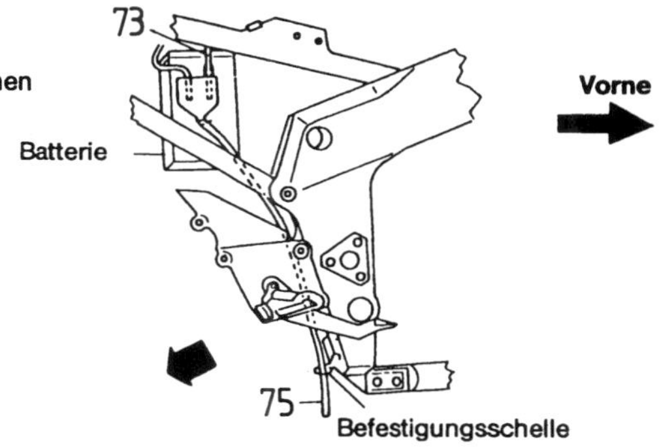

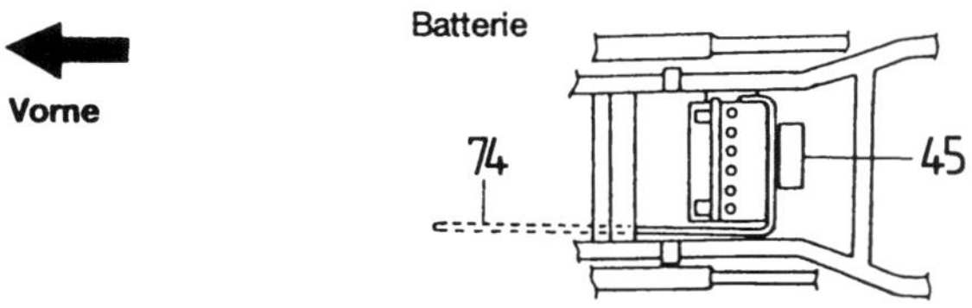

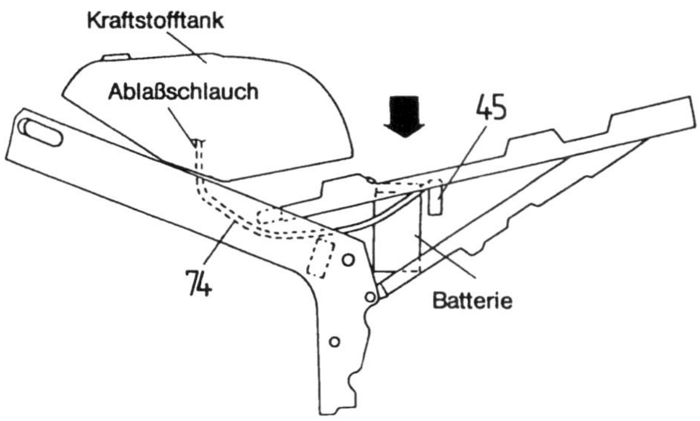

69 Kupplungsschlauch
70 Kupplungsleitung
71 Verbindungsmutter für Kupplungsleitung
72 Hinterradbremsschlauch
73 Batteriebelüftungsschlauch
74 Benzintankablassschlauch
75 Belüftungsschlauch

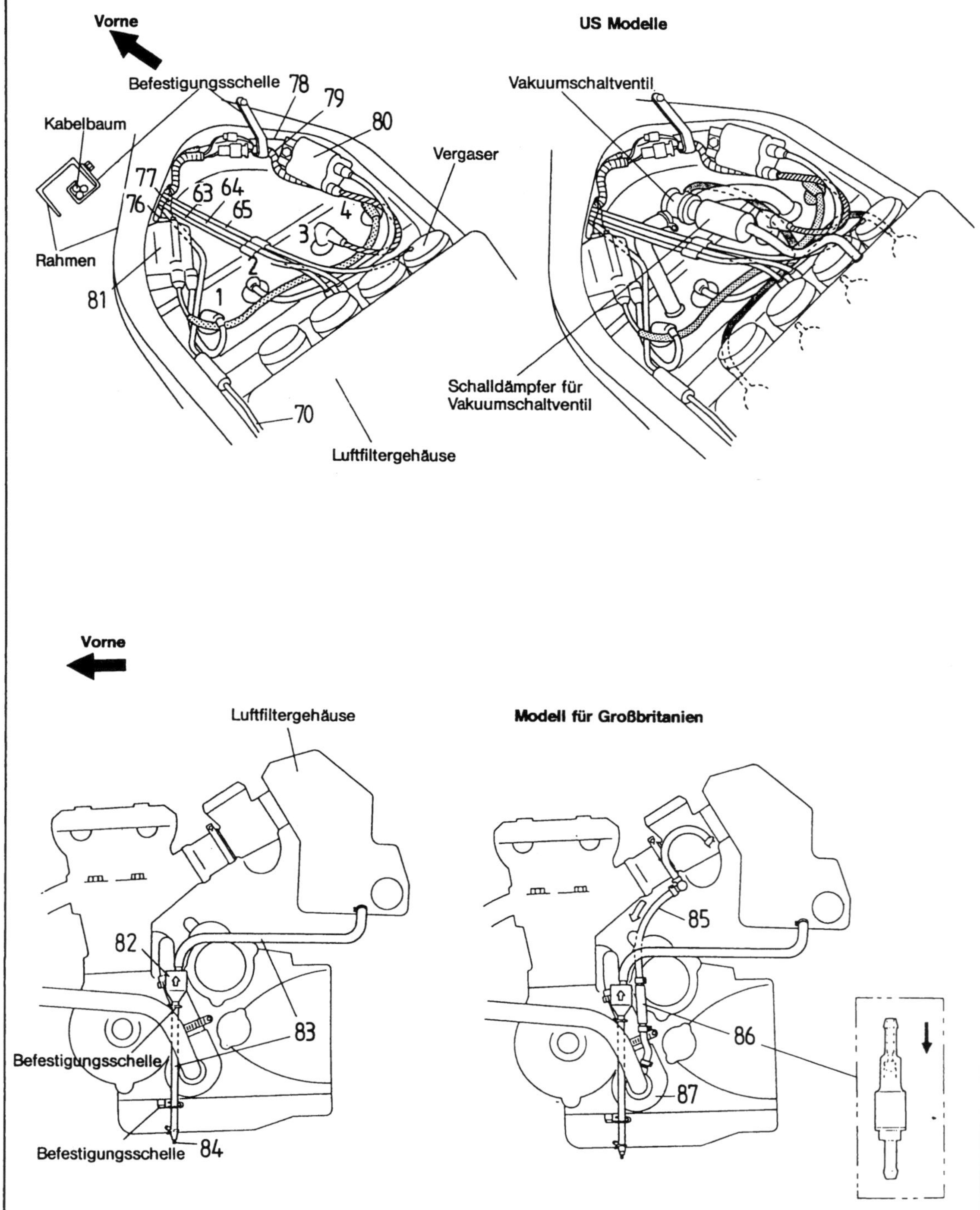

76 Schwarze Leitung (obere)
77 Rote Leitung (untere)
78 Rote Leitung (untere)
79 Grüne Leitung (untere)
80 Zündspule # 2, 3
81 Zündspule # 1, 4
82 Auffangbehälter
83 Luftfilterablassschläuche
84 Auffangbehälterablassschraube
85 Kühlflüssigkeitsauslassschlauch (vom Vergaser, B)
86 Rückschlagventil für Kühlflüssigkeit, Kühlflüssigkeit (B)
87 Wasserpumpe

Rechte Seitenansicht

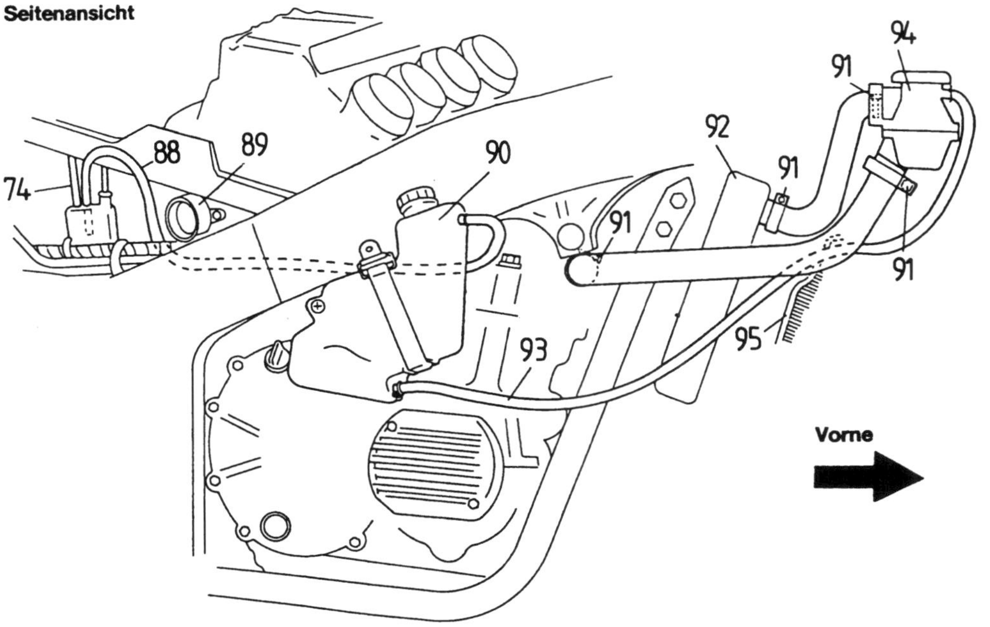

Rechte Seitenansicht (Modell für Großbritannien)

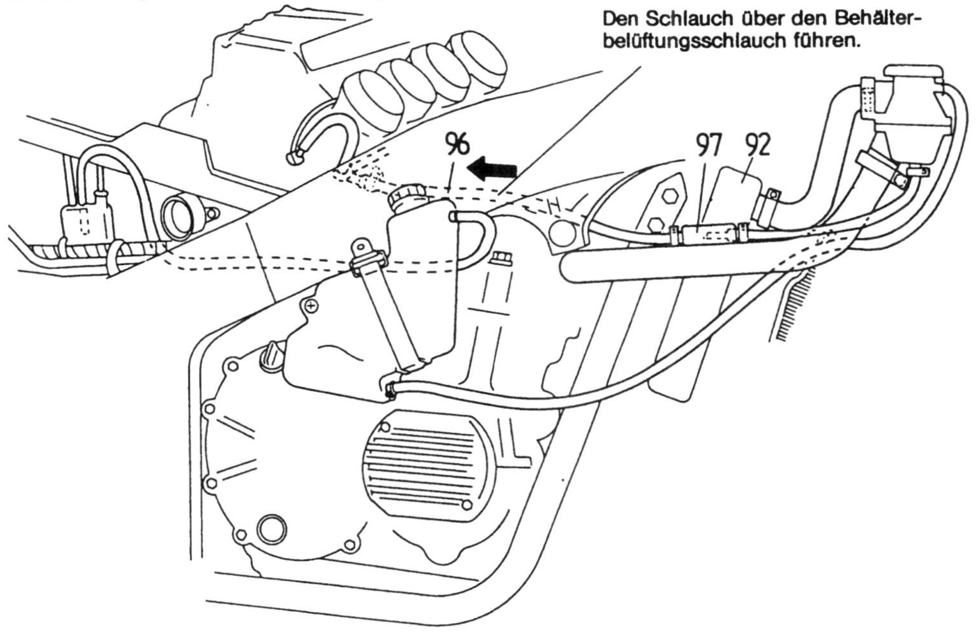

88 Reservetankbelüftungsschlauch
89 Schalldämpfer für Luftfiltereinlass
90 Kühlflüssigkeitsreservetank
91 Schraubenkopf
für Schlauchschelle
92 Kühler
93 Reservetankschlauch
94 Thermostatgehäuse
95 Ummantelung
96 Kühlflüssigkeitseinlassschlauch
(zum Vergaser, B)
97 Kühlflüssigkeitsfilter (B)

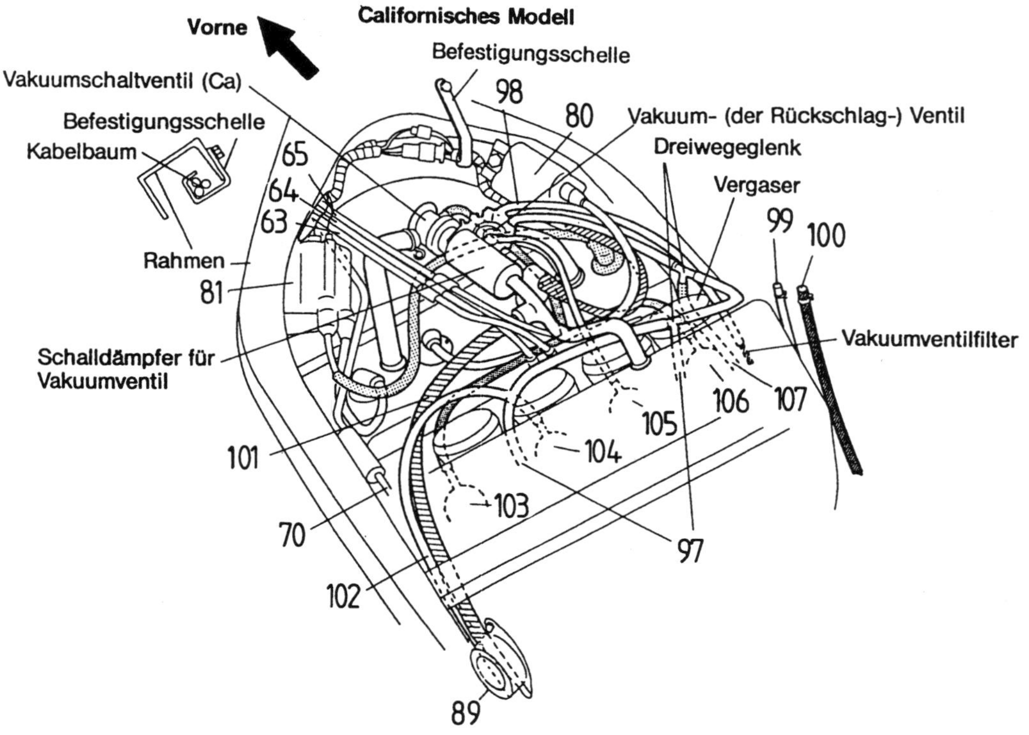

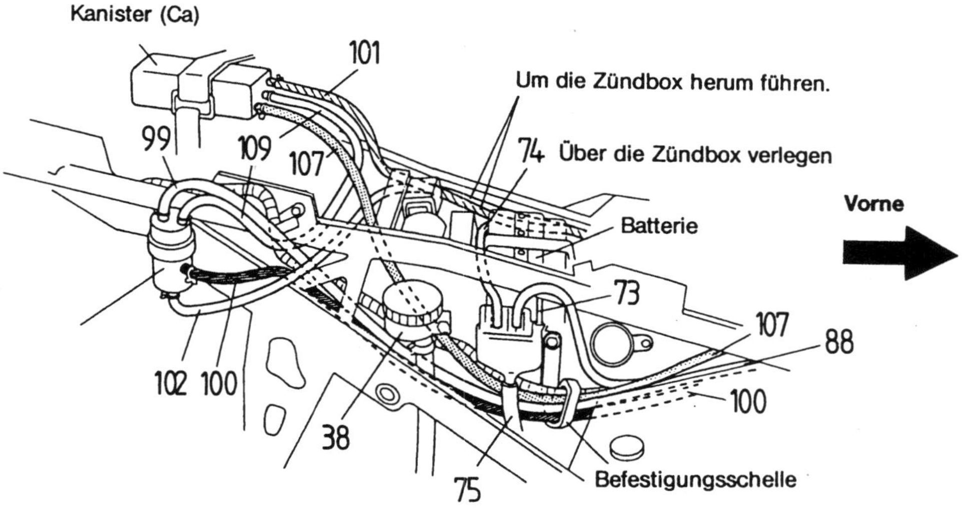

98 Luftschlauch für Vakuumventil
99 Belüftungsschlauch (blau, zur Vorderseite des Benzintankrohrs)
100 Rücklaufschlauch (rot, zum hinteren Kraftstofftankrohr)
101 Spülschlauch (grün)
102 Vakuumschlauch (weiss, zur Halterung für Vergaser # 2)
103 Halter für Vergaser # 1
104 Halter für Vergaser # 2
105 Halterung für Vergaser # 3
106 Halterung für Vergaser # 4
107 Belüftungsschlauch (gelb)
108 Vergaserbelüftungsschläuche
109 Entlüftungsschlauch (blau)

20 Mass- und Einstelltabelle

Allgemeine Daten

Abmessungen/Gewichte:	
– Länge	2150 mm
– Breite	755 mm
– Höhe	1170 mm
– Radstand	1455 mm
– Bodenfreiheit	110 mm
– Sitzbankhöhe	770 mm
– Leergewicht	233 kp
– Vorderradlast	118 kp
– Hinterradlast	115 kp
– Tankinhalt	18 Liter

Motor

Typ	Viertakt, Vierzylinder, 2 OHC-Nockenwellen
Kühlung	Flüssigkeitskühlung
Bohrung/Hub	68,0 / 51,5 mm
Hubraum	742 cm^3
Verdichtung	11,3:1
Motorleistung	73,5 kW (100 PS) bei 10000 U/min
Gemischaufbereitung	Vergaser Keihin CVK-D 36×4
Startsystem	Elektrostarter
Zündsystem	Transistor
Zündverstellung	von 10° vor OT / 1000 U/min
Zündzeitpunkt	bis 35° vor OT / 3500 U/min
Zündkerzen	NGK CR9E oder ND U27ESR-N
Zündfolge	1-3-4-2
Numerierung der Zylinder	von links nach rechts 1-2-3-4
Steuerwinkel:	
– Einlass öffnet	36° vor UT
– Einlass schliesst	65° nach OT
– Auslass öffnet	55° vor UT
– Auslass öffnet	35° nach OT
Schmiersystem	Druckumlaufsystem (Nassumpf mit Kühler)
Motorenöl	SAE 10 W-40 / SAE 10 W-50 / 20 W-40 / 20 W-50 Qualität SE oder SF
Ölinhalt	3,7 Liter

Getriebe/Kupplung

Primärübersetzung	1,732 (97/56)
Kupplung	Mehrscheiben/Ölbad
Anzahl der Gänge	6

MASS- und EINSTELL-DATEN

Übersetzungen:	
– 1. Gang	1,923 (38/13)
– 2. Gang	2,125 (34/16)
– 3. Gang	1,667 (35/21)
– 4. Gang	1,380 (29/21)
– 5. Gang	1,217 (28/23)
– 6. Gang	1,083 (26/24)
Kraftübertragung:	
– Typ	Kette
– Übersetzung	2,875 (46/16)
– Gesamtübersetzung	5,394 (6. Gang)

Rahmen/Fahrgestell

Typ	Doppelschleifen-Rohrrahmen
Nachlaufwinkel	24,5°
Nachlauf	100 mm
Vorderradreifen	120/70 VR 17-V 260 schlauchlos
Hinterradreifen	170/60 VR 17-V 260 schlauchlos
Vorderradfedern	Telegabel, Federweg 120 mm
Hinterradfedern	Schwinge/Uni-Trak, Federweg 140 mm
Bremsen vorn	Doppelscheiben-Bremse
Bremsen hinten	Einscheiben-Bremse

Elektrik

Batterie	12 V - 14 Ah
Scheinwerfer:	
– Typ	asymmetrisch
– Lampe	12 V links 60/55 W, rechts 55 W
– Rück-Bremslicht	12 V 5/21 W×2
Lichtmaschine:	
– Typ	Drehstrom
– Nennleistung	27 A / 6000 U/min – 14 V

Motor

Abgasreinigungssytem (US Modell)		
Vakuumschliessdruck:		
– Offen → Geschlossen	67 – 61 kPa (430 – 460 mm Hg)	
Nockenwelle		
Nockenhöhe Einlass	36,95 – 37,05 mm	36,85 mm
Nockenhöhe Auslass	36,55 – 36,65 mm	36,45 mm
Nockenwellenlagerspiel	0,048 – 0,091 mm (# 1, # 4)	0,18 mm
	0,078 – 0,121 mm (# 2, # 3)	0,21 mm
Durchmesser der Nockenwellenlagerzapfen	23,930 – 23,952 mm (# 1, # 4)	23,90 mm
	23,900 – 23,922 mm (# 2, # 3)	23,87 mm
Nockenwellen-Lagerinnendurchmesser	24,000 – 24,021 mm	24,08 mm

Nockenwellenschalg	0,02 mm Gesamtausschlag oder weniger	0,1 mm Gesamtausschlag
Steuerkettenlänge über 20 Glieder	127,0 – 127,4 mm	128,9 mm

Zylinderkopf

Zylinderkompression (nutzbarer Bereich)	960 – 1470 kPa (9,8 – 15,0 kp/cm²) bei 290 min⁻¹	
Zylinderkopfverzug	–	0,05 mm

Ventile

Ventilspiel Einlass	0,15 – 0,24 mm	–
Ventilspiel Auslass	0,20 – 0,29 mm	–
Ventilfederlänge Innere Feder	36,5 mm	34,8 mm
Ventilfederlänge Äussere Feder	41,4 mm	39,7 mm
Ventiltellerdicke Einlass	0,5 mm	0,25 mm
Ventiltellerdicke Auslass	0,8 mm	0,4 mm
Ventilschaftverbiegung	0,01 Gesamtausschlag oder darunter	0,05 mm Gesamtausschlag
Ventilsitz-Frässwinkel	45°, 32°, 60042	–
Ventilsitzfläche Breite Einlass	0,5 – 1,0 mm	–
Ventilsitzfläche Breite Auslass	0,5 – 1,0 mm	–
Aussendurchmesser Einlass	25,9 – 26,1 mm	–
Aussendurchmesser Auslass	21,9 – 22,1 mm	–
Ventilspiel (ohne Messlehre) Einlass	0,033 – 0,144 mm	0,34 mm
Ventilspiel (ohne Messlehre) Auslass	0,095 – 0,181 mm	0,40 mm
Ventilschaftdurchmesser Einlass	4,975 – 4,990 mm	4,95 mm
Ventilschaftdurchmesser Auslass	4,955 – 4,970 mm	4,93 mm
Innendurchmesser der Ventilführung Einlass	5,000 – 5,012 mm	5,08 mm
Innendurchmesser der Ventilführung Auslass	5,000 – 5,012 mm	5,08 mm

Zylinder, Kolben

Zylinderinnendurchmesser	68,000 – 68,012 mm	68,10 mm
Kolbendurchmesser	67,942 – 67,958 mm	67,80 mm
Kolbenspiel	0,042 – 0,070 mm	–
Kolben und Ringe mit Übermass	+0,5 mm	–
Kolbenringspiel Oberer Ring	0,030 – 0,070 mm	0,17 mm
Kolbenringspiel Zweiter Ring	0,020 – 0,060 mm	0,16 mm
Ringnutbreite Oberer Ring	1,02 – 1,04 mm	1,12 mm
Ringnutbreite Zweiter Ring	1,01 – 1,03 mm	1,11 mm
Kolbenringdicke Oberer Ring	0,97 – 0,99 mm	0,90 mm
Kolbenringdicke Zweiter Ring	0,97 – 0,99 mm	0,90 mm
Kolbenringspalt Oberer Ring	0,20 – 0,35 mm	0,70 mm
Kolbenringspalt Zweiter Ring	0,20 – 0,35 mm	0,70 mm

Kurbelwelle/Getriebe

Kurbelwelle/Pleuel

Pleuelfuss-Seitenspiel	013 – 0,38 mm	0,60 mm
Spiel zwischen Pleuelfuss-Lagereinsatz und Kurbelzapfen	0,046 – 0,076 mm	0,11 mm
Kurbelzapfendurchmesser	34,984 – 35,000 mm	34,97 mm
Markierung Keine	34,984 – 34,992 mm	–
Markierung 0	34,993 – 35,000 mm	–
Durchmesser der Pleuelfussbohrung	38,000 – 38,016 mm	–
Markierung Keine	38,000 – 38,008 mm	–
Markierung 0	38,009 – 38,016 mm	–

Dicke der Pleuelfuss-Lagereinsätze:		
– Blau	1,480 – 1,485 mm	–
– Schwarz	1,475 – 1,485 mm	–
– Braun	1,470 – 1,475 mm	–

Auswahl der Pleuelfuss-Lagereinsätze

Markierung des Durchmessers der Pleuelfussbohrung:	*Farbe*	*Teilenummer*
– 0	Blau	92028-1407
– Keine	Schwarz	920288-1408
– 0	–	–
– Keine	Braun	92028-1409
Markierung des Kurbelzapfendurchmessers:		
– Keine	Blau	92028-1407
– Keine	Schwarz	920288-1408
– 0	–	–
– 0	Braun	92028-1409

Kurbelwellenseitenspiel	0,05 – 0,20 mm	0,40 mm
Kurbelwellenschlag	0,03 mm oder weniger	0,075 mm Gesamtanzeige
Spiel zwischen Kurbelwellen Hauptlagereinsatz und Lagerzapfen	0,020 – 0,044 mm	0,08 mm
Durchmesser des Kurbelwellen-Hauptlagerzapfens	33,984 – 34,000 mm	33,96 mm
Markierung Keine	33,984 – 33,992 mm	–
Markierung 1	33,993 – 34,000 mm	–
Durchmesser der Kurbelgehäuse-Hauptlagerbohrung	37,000 – 37,016 mm	–
Markierung 0	37,000 – 37,008 mm	–
Markierung Keine	37,009 – 37,016 mm	–
Dicke der Kurbelwellen-Hauptlagereinsätze:		
– Braun	1,490 – 1,494 mm	–
– Schwarz	1,494 – 1,498 mm	–
– Blau	1,498 – 1,502 mm	–

Auswahl der Kurbelwellen-Hauptlagereinsätze*

Durchmesser-Markierung der Kurbelgehäuse-Hauptlagerbohrung:	*Farbe*	*Teilenummer*	*Lagerzapfen-Nr.*
– 0	Braun	92028-1447	1, 3, 5
		92028-1444	2, 4
– Keine	Schwarz	92028-1446	1, 3, 5
– 0		92028-1443	2, 4
– Keine	Blau	92028-1445	1, 3, 5
		92028-1442	2, 4
Durchmesser-Markierung der Kurbelwellen-Hauptlagerzapfen:			
– 1	Braun	92028-1447	1, 3, 5
		92028-1444	2, 4
– 1	Schwarz	92028-1446	1, 3, 5
– Keine		92028-1443	2, 4
– Keine	Blau	92028-1445	1, 3, 5
		92028-1442	2, 4

* Die Lagereinsätze für die Lagerzapfen Nr. 2 und Nr. 4 haben Ölnuten

Getriebe

Schaltgabeldicke	4,9 – 5,0 mm	4,8 mm
Breite der Schaltgabelnut	5,05 – 5,15 mm	5,3 mm
Durchmesser der Schaltgabelführungsstifte	7,9 – 8,0 mm	7,8 mm
Breite der Schaltwalzennut	8,05 – 8,30 mm	8,3 mm

Motorschmiersystem

Motoröl	
Sorte	SE- oder SF-Klasse
Viskosität	SAE 10W40, 10W50, 20W40 oder 20W50
Menge	2,7 Liter (wenn Filter nicht ausgebaut)
	2,9 Liter (wenn Filter ausgebaut wird)
	3,7 Liter (wenn der Motor vollkommen trocken ist)
Messen des Öldrucks	
Öffnungsdruck für Überdruckventil	315 – 540 kPa (3,2 – 5,5 kp/cm²)
Öldruck bei 4000 min⁻¹ Öltemperatur 90° C	265 – 365 kPa (2,7 – 3,7 kp/cm²)

Kupplung

Empfohlene Kupplungsflüssigkeit		
Qualität	D.O.T.4	
Marke	Castrol Girling-Universal	
	Castrol GT (LMA)	
	Castrol Disc Brake Fluid	
	Castrol Shock Premium Heavy Duty	
Kupplung		
Stellung des Kupplungshebeleinstellers	Nr. 1	
Kupplungshebelspiel	Nicht nachstellbar	
Federplattenspiel (neue Platten)	0,2 – 0,5 mm (nutzbarer Bereich)	
Federplattenspiel (keine neuen Platten	0,3 – 0,9 mm (nutzbarer Bereich)	
Verschleiss der Kupplungs- und Stahlscheiben	0,02 mm oder darunter	0,3 mm
Freie Länge der Kupplungsfeder	33,2 mm	32,1 mm

Achsantrieb

Antriebskette		
Fabrikat und Typ	ENUMA, endlos, 112 Glieder, EK 50 MV-0	
Kettendurchhang	20 – 25 mm	weniger als 20 mm oder mehr als 30 mm
Länge über 20 Glieder	317,5 – 318,4 mm	323 mm
Kettenräder		
Kettenradverzug	Unter 0,4 mm	0,5 mm

Federung

Empfohlene Kühlflüssigkeit	
Art	Dauerfrostschutzmittel (weiches Wasser und Äthylen-Glycol plus Korrosions- und Rostschutzchemikalien für Aluminiummotoren und Kühler)
Farbe	Grün
Mischungsverhältnis	Weiches Wasser 50%
	Kühlmittel 50%

MASS- und EINSTELL-DATEN

Gefrierpunkt	–35°	
Gesamtmenge	2,0 Liter (Reservetank voll einschliesslich Kühler und Motor)	
Kühlerdeckel Überdruckfreigabe	93 – 123 kPa (0,95 – 1,25 kp/cm²)	
Thermostat:		
– Ventilöffnungstemperatur	80 – 84° C	
– vollständiger Ventilöffnungshub	8 mm oder mehr bei 95° C	
Vorderradgabel (pro Einheit):		
– Innenrohrdurchmesser	43 mm	
Einstellung der Federvorspannung	Überstand des Einstellers 16 mm	
Einstellung der Dämpfung	4. Einrastung ab voller Uhrzeigersinnstellung	
Viskosität des Gabelöls	SAE 5 W	
Ölmenge	445±4 cm³ (vollständig trocken) ca. 380 cm³ (bei Ölwechsel)	
Ölstand	135±2 mm unterhalb Oberkante Innenrohr (voll eingefedert, ohne Hauptfeder)	
Freie Länge der Gabelfeder	387,5 mm (Grenzwert: 380 mm)	
Hinterradstossdämpfer:		
– Einstellung der Dämpfung	II	
– Einstellung der Federvorspannung	Freie Länge der Feder minus 10 mm	
Gasdruck	980 kPa (10 km/cm²) nicht verstellbar	

Bremsen

Bremsflüssigkeit		
Sorte	D.O.T.4	
Marke (Empfehlung)	Castrol Shock Premium Heavy Duty Castrol Girling-Universal Castrol GT (LMA) Castrol Disc Brake Fluid	
Position des Bremshebeleinstellers	Nr. 1	
Bremshebelspiel	Nicht verstellbar	
Fussbremshebel Spiel	Nicht verstellbar	
Fussbremshebelstellung	55 mm unterhalb Oberkante Fussraste	
Bremslichtschalter Vorne	Nicht verstellbar	–
Bremslichtschalter Hinten	Leuchtet nach etwa 10 mm Fussbremshebelweg auf	
Bremsbelagdicke Vorne	4 mm	1 mm
Bremsbelagdicke Hinten	4 mm	1 mm
Bremsscheibendicke Vorne	4,8 – 5,1 mm	4,5 mm
Bremsscheibendicke Hinten	5,8 – 6,1 mm	5,5 mm
Bremsscheibenschlag	0,2 mm oder weniger	0,3 mm

Räder und Reifen

Räder		
Reifenprofiltiefe Vorne	4,0 mm	1 mm
Reifenprofiltiefe Hinten	6,0 mm	2 mm (bis 130 km/h) 3 mm (über 130 km/h)
Standardreifen Vorne:		
– Grösse	120/70 VR 17-V 260 schlauchlos	
– Fabrikat/Typ	Dunlop K 51 OF Bridgestone Cyrox-15	

Standardreifen Hinten:		
– Grösse	170/60 VR 17-V 260 schlauchlos	
– Fabrikat/Typ	Dunlop K 51 O Bridgestone Cyrox-16	
Reifendruck Vorne:		
– Belastung	bis 182 kg	
– Luftdruck (Reifen kalt)	250 kPa (2,5 kg/cm²)	
Reifendruck Hinten:		
– Belastung	bis 182 kg	
– Luftdruck (Reifen kalt)	290 kPa (2,9 kg/cm²)	
Felgenschlag Axial	–	0,5 mm
Felgenschlag Radial	–	0,8 mm
Achsenschlag/100 mm	unter 0,05 mm	0,2 mm

Elektrische Anlage

Batterie		
Typ	12 V 14 Ah	–
Spezifische Dichte	1,280 bei 20° C	–
Lichtmaschine		
Ladespannung	14,5 V bei 4000 min^{-1}	–
Widerstand der Rotorspule	etwa 3 – 5 Ohm	–
Widerstand der Ankerspule	unter 1,0 Ohm	–
Schleifringdurchmesser	14,4 mm	14,0 mm
Länge der Kohlebürsten	10,5 mm	4,5 mm
Zündsystem		
Luftspalt der Impulsgeberspule	0,5 mm	–
Widerstand der Impulsgeberspule	400 – 490 Ohm	–
Zündspule:		
– Funkenlänge	7 mm oder mehr	–
– Primärwicklungswiderstand	1,8 – 2,8 Ohm	–
– Sekundärwicklungswiderstand	10 – 16 kOhm	–
– Elektrodenabstand	0,7 – 0,8 mm	–
Anlasser		
Länge der Kohlebürsten	12 mm	8,5 mm
Tiefe der Kollektornut	0,45 – 0,75 mm	0,2 mm
Kollektordurchmesser	28 mm	27 mm
Benzinpumpe		
Benzinpumpendruck	11 – 16 kPa (0,11 – 0,16 kp/cm²)	–
Schalter und Sensoren		
Hinterradbremslichtschalter	leuchtet nach etwa 10 mm Fussbremshebelweg auf	–
Gebläseschalter: AUS → EIN	96 – 100° C	–
Gebläseschalter: EIN → AUS	91 – 95° C	–
Widerstand des Wassertemperaturgeber	80° C: etwa 47 – 57 Ohm 100° C: etwa 25 – 30 Ohm	– –
Zündkerzen		
Normal:		
– US, Australien	NKG C9E	
– Italien, Südafrika	ND U27ES-N	
Sonstige Modelle	NGK CR9E ND U27ESR-N	

MASS- und EINSTELL-DATEN

21 Anzugsmomente

Allgemeine Befestigungen			
Gewindedurchmesser (mm):	*Nm*	*mkp*	
– 5	3,4 – 4,9	0,35 – 0,50	
– 6	5,9 – 7,8	0,60 – 0,80	
– 8	14 – 19	1,4 – 1,9	
– 10	25 –34	2,6 – 3,5	
– 12	44 – 61	4,5 – 6,2	
– 14	73 – 98	7,4 – 10,0	
– 16	115 – 155	11,5 – 16,0	
– 18	165 – 225	17,0 – 23	
– 20	225 – 325	23 – 33	
Kühlsystem	*Nm*	*mkp*	*Bemerkungen*
Schrauben für Vergaserhalterung	12	1,2	
Schrauben für Kraftstoffhahnplatte	0,8	0,08	
Kühlsystem			
Kühlflüssigkeitsbelüftungsschrauben (Ablassschraube)	9,8	1,0	
Kühlflüssigkeitsablassschrauben (Zylinder)	7,8	0,80	
Gebläseschalter	27	2,8	
Wassertemperatursensor	7,4	0,75	SS
Klemmschrauben für Kühlerschlauch	2,0	0,2	
Motoroberteil			
Zündkerze	13	1,3	
Schrauben für Zylinderkopfdeckel	9,8	1,0	
Befestigungsschrauben für Steuerkettenspanner	12	1,2	
Schrauben für Kettenspannerdeckel	4,9	0,50	
Schrauben für Impulsgeberdeckel	9,8	1,0	L
Schrauben für Nockenwellenlagerdeckel	12	1,2	
Schrauben für Nockenwellenkettenrad	15	1,5	L
Hohlschrauben für Ölleitung (Zylinderkopf)	12	1,2	
Hohlschrauben für Ölleitung (Ölwanne)	25	2,5	
Zylinderkopfschrauben Neue Teile	54	5,5	S, O (Unterlegscheibe)
Zylinderkopfschrauben Gebrauchte Teile	49	5,0	S, O (Unterlegscheibe)
Verschlussschraube für Zylinderkopfmantel PT3/8	20	2,0	L
Verschlussschraube für Zylinderkopfmantel PT1/2	25	2,5	L
Schrauben für Vergaserhalterung	12	1,2	
Kupplung			
Kupplungshebellagerschraube	9,8	1,0	
Kontermutter für Kupplungshebellagerschraube	5,9	0,60	
Entlüftungsventil für Kupplungsnehmerzylinder	7,8	0,80	
Mutter für Kupplungsleitungsverbindung	18	1,80	
Hohlschrauben für Kupplungsleitung	25	2,5	
Kupplungsdeckelschrauben	9,8	1,0	
Schrauben für Kupplungsdeckeldämpfer	9,8	1,0	
Schrauben für Haltewinkel (Kupplungsflüssigkeitsbehälter)	6,9	0,7	

Halteschrauben für Deckel (Kupplungsflüssigkeitsbehälter)	1,5	0,15	
Klemmbolzen für Kupplungshauptzylinder	8,8	0,90	
Schrauben für Anlasssperrschalter	0,9	0,09	
Kupplungsfederschrauben	8,8	0,90	
Kupplungsnabenschrauben ∅ 8	25	2,5	L
Kupplungsnabenmutter	135	14,0	R
Motorschmiersystem			
Motorölablassschraube	20	2,0	
Ölfilter	9,8	1,0 oder fingerfest	R
Schrauben für Ölfilterhalter	12	1,2	
Ölfilterbefestigungsschraube	29	3,0	
Öldrucksicherheitsventil	15	1,5	L
Öldruckschalter-Anschlussschraube	1,5	0,15	
Öldruckschalter	15	1,5	SS
Schrauben für Ölpumpenhalterung	12	1,2	L
Ölpumpenbefestigungsschrauben	12	1,2	L
Schraube für Ölpumpenkettenrad	9,8	1,0	L
Schrauben für Ölpumpendeckel	9,8	1,0	
Schrauben für Ölabscheiderdeckel	12	1,2	
Hohlschrauben für Ölfilterhalterung	34	3,5	
Hohlschrauben für Ölrohr	25	2,5	
Schrauben für Ölrohrflansch	12	1,2	
Verschlussschraube (Kurbelgehäuseunterseite ∅ 20)	20	2,0	
Schrauben für Ölkühlerhaltewinkel ∅ 6	12	1,2	
Hauptkanalverschlussschrauben PT3/8	20	2,0	L
Verschlussschraube für Ölwanne PT1/4	20	2,0	SS
Ölwannenschrauben	12	1,2	
Motor Aus- und Einbau			
Schrauben für Seitenständerhaltewinkel	–	–	L
Schrauben für Unterzug ∅ 8	20	2,0	
Schrauben für Unterzug ∅ 10	44	4,5	
Motorbefestigungsschrauben ∅ 10	44	4,5	
Kurbelwelle/Getriebe			
Schrauben für Ölabscheiderdeckel	12	1,2	
Flachkopfschrauben für Abdeckung des äusseren Schaltmechanismus	4,9	0,50	L
Schrauben für Deckel des äusseren Schaltmechanismus	4,9	0,50	L
Schrauben für Schaltstangenhalterung	–	–	L
Schaltwalzen-Stiftplattenschrauben	–	–	L
Schraube für Schaltwalzenhalterung	–	–	L
Schaltwellen-Rückholfederstift	25	2,5	L
Leerlaufschalter	15	1,5	
Kurbelgehäuseschrauben ∅ 6	12	1,2	S
Kurbelgehäuseschrauben ∅ 6 (weiss)	22	2,2	S
Kurbelgehäuseschrauben ∅ 8	27	2,8	S
Schrauben für Impulsgeberdeckel	9,8	1,0	L
Imbusschraube für Steuerrotor	25	2,5	
Muttern für Pleuelfusslagerdeckel	36	3,7	
Schraube für Zwischenwellenscheibe	39	4,0	L
Schrauben für Zwischenwellenlagerhalterung	9,8	1,0	L
Schrauben für Zwischenwellenkettenführung (oben, unten)	12	1,2	L

MASS- und EINSTELL-DATEN

Schrauben für Anlasserkupplung	12	1,2	L
Verschlussschrauben für Hauptölkanal PT3/8	20	2,0	L
Räder/Reifen			
Vorderachsklemmbolzen	20	2,0	
Vorderachsmutter	110	11,0	
Hinterachsmutter	110	11,0	
Achsantrieb			
Schrauben für Motorritzeldeckel	12	1,2	
Motorritzelmutter	98	10,0	
Muttern für hinteres Kettenrad	74	7,5	
Bremsen			
Entlüftungsventile	7,8	0,80	
Bremssattelbefestigungsschrauben (vorne)	34	3,5	
Schrauben für Bremsbelagfeder	2,9	0,30	
Bremssattelschrauben (vorne)	21	2,1	
Bremsschlauchhohlschrauben	25	2,5	
Bremshebellagerbolzen	1,0	0,10	
Kontermutter für Bremshebellagerbolzen	5,9	0,60	
Befestigungsschraube für Vorderradbremslichtschalter	1,2	0,12	
Befestigungsschrauben für Bremsflüssigkeitsbehälter (vorne, hinten)	6,9	0,70	
Klemmbolzen für Vorderradhauptzylinder	11	1,1	
Schraube für Deckelhalterung (Bremsflüssigkeitsbehälter)	1,5	0,15	
Befestigungsschrauben für Bremsschlauchverbindung (vorne)	6,9	0,70	
Bremsscheibenbefestigungsschrauben (vorne)	23	2,3	
Fussbremshebelschraube (Schraube für rechte Fussraste)	25	2,5	
Kontermutter für Hinterradhauptbremszylinder-Haltewinkel	18	1,8	
Bremssattelbefestigungsschrauben (hinten)	25	2,5	
Bremssattelschrauben (hinten)	32	3,3	
Befestigungsschrauben für Hinterradhauptbremszylinder	25	2,5	
Bremsscheibenbefestigungsschrauben (hinten)	23	2,3	
Zugankermutter und Schraube	25	2,5	
Klemmbolzen für Hinterradbremsschlauch	6,9	0,70	
Federungen			
Obere und untere Vorderradgabelklemmbolzen	20	2,0	
Obere Bolzen für Vorderradgabel	23	2,3	
Kolbenstangenmutter	13	1,3	
Untere Imbusschrauben für Vorderradgabel	39	4,0	L
Vorderachsklemmbolzen	20	2,0	
Vorderachse	110	11,0	
Befestigungsmuttern für Hinterradstossdämpfer	59	6,0	
Schwingenlagerwelle	9,8	1,0	S
Schrauben für Lagerwellenhalterung	20	2,0	S
Mutter für Schwingenlagerwelle	88	9,0	S
Schwingenhebelmuttern	59	6,0	
Muttern für Verbindungsgestänge	59	6,0	

Lenkung			
Befestigung für obere Gabelbrücke	39	4,0	
Einstellmutter	4,9	0,50 oder fingerfest	
Lenkerbefestigungsschrauben	23	2,3	
Inbusschrauben für Lenkerhalterung	9,8	1,0	
Befestigungsschrauben für Bremsschlauchverbindung (vorne)	6,9	0,70	
Rahmen			
Befestigungsschrauben für Hinterradrahmen ∅ 8	20	2,0	
Befestigungsschrauben für Hinterradrahmen ∅ 10	44	4,5	
Muttern für obere Verkleidung	23	2,3	
Schrauben für Seitenständerhaltewinkel	–	–	L
Elektrik			
Zündkerzen	13	1,3	
Schrauben für Impulsgeberdeckel	9,8	1,0	L
Imbusschrauben für Steuerrotor	25	2,5	
Lichtmaschine:			
– Lichtmaschinenbefestigungsschrauben ∅ 12	39	4,0	
– Schrauben für Lichtmaschinenhaltewinkel ∅ 6	12	1,2	
– Schrauben für Lichtmaschinenhaltewinkel ∅ 8	25	2,5	
– Schrauben für oberen Lichtmaschinendeckel	4,9	0,50	L
– Schrauben für Lichtmaschinenseitendeckel	4,9	0,50	L (F) (G) (Sw)
– Mutter für Lichtmaschinenscheibe	110	11,2	
– Durchgangsschrauben für Lichtmaschine	8,8	0,90	
– Muttern für Abschlussdeckel	4,4	0,45	
– Schrauben für Lichtmaschinengehäuse	6,9	0,70	
– Schrauben für vordere Lagerhalterung	2,5	0,25	
– Gleichrichterschrauben	3,4	0,35	
– Klemmschrauben	2,0	0,20	
Anlasserbefestigungsschrauben	9,8	1,0	
Durchgangsschrauben für Anlasser	4,9	0,50	
Anschlussmutter für Anlasserrelais	4,9	0,50	
Öldruckschalter	15	1,5	SS
Anschlussbolzen für Öldruckschalter	1,5	0,15	
Gebläseschalter	27	2,8	
Wassertemperatursensor	7,4	0,75	SS
Leerlaufschalter	15	1,5	
Schrauben für Anlasssperrschalter	8,8	0,90	
Schrauben für Seitenständerschalter	–	–	L
Muttern für Rücklichtscheibe	5,9	0,60	

Die in der Spalte «Bemerkungen» verwendeten Buchstaben haben folgende Bedeutung:

L: Sicherungslack auf Gewinde auftragen
LG: Dichtmasse auf Gewinde auftragen
Lh: Linksgewinde
M: MoS2 Fett auftragen
O: Öl auf Gewinde und Sitzfläche auftragen
S: Die Befestigungen in der vorgeschriebenen Reihenfolge anziehen
SS: Silikondichtstoff auftragen
St: Die Befestigungen ankörnen, damit sie sich nicht lösen können

(F): Französisches Modell
(G): Westdeutsches Modell
(Sw): Schwedisches Modell

MRA 5105

1. Schein…
2. Vorder…
3. Zundu…
4. Anlass…

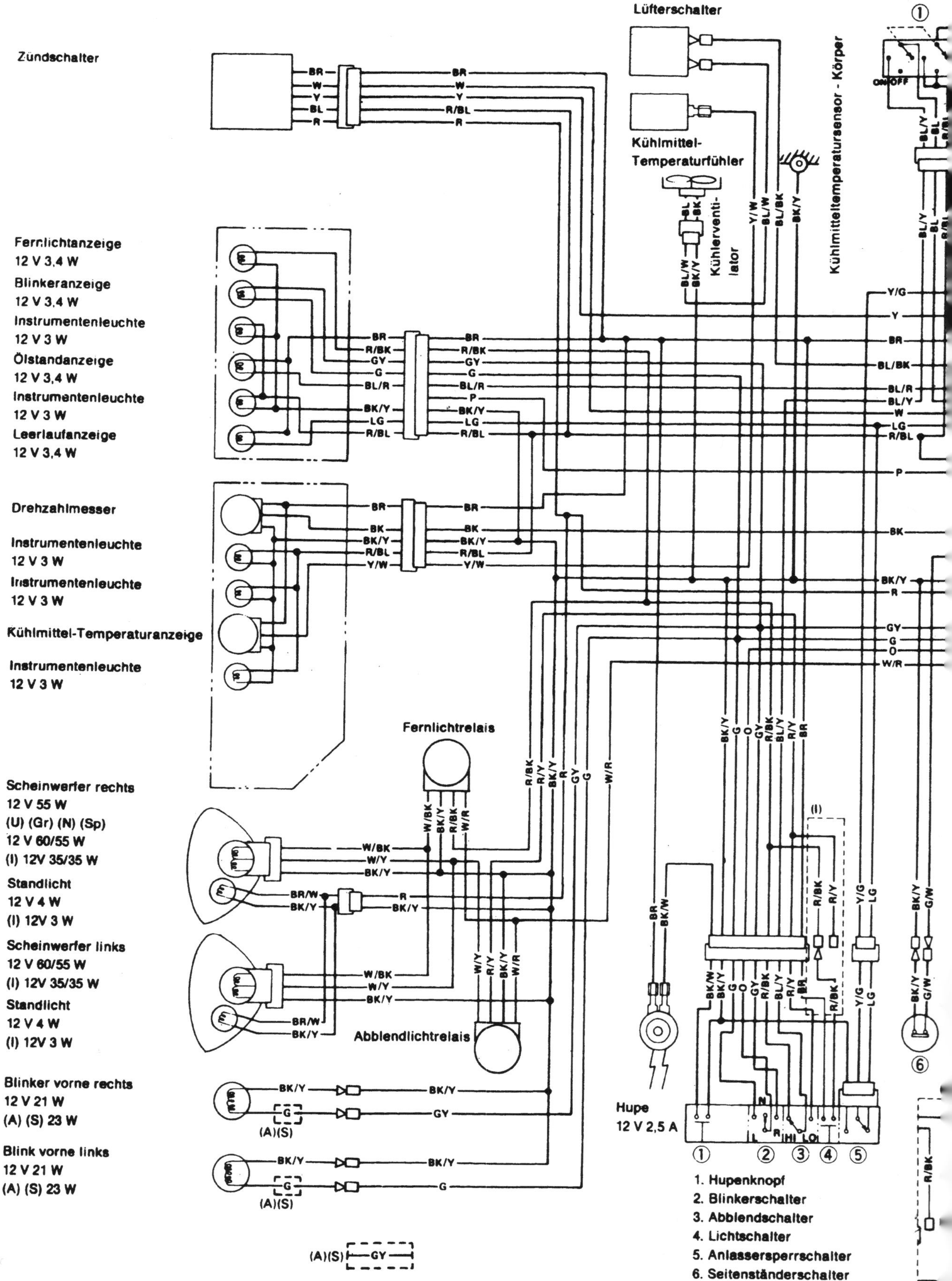

1. Hupenknopf
2. Blinkerschalter
3. Abblendschalter
4. Lichtschalter
5. Anlassersperrschalter
6. Seitenständerschalter
7. Öldruckschalter
8. Leerlaufschalter

LINKE SCHALTEREINHEIT

Anlassersperrschalter				Hupenknopf			Abblendschalter				Blinkerschalter				Lichtschalter		
Farbe	BK/Y	Y/G	LG	Farbe	BK/Y	BK/W	Farbe	R/BK	BL/Y	R/Y	Farbe	GY	O	G	Farbe	R/BK	BR
Frei		O	O	ON(Drücken)	O	O	HI	O	O		R	O	O		ON(Drücken)	O	O
											N						
Gezogen	O	O					LO		O	O	L		O	O			

ZÜNDSCHLOS…

	Licht	Batterie	Zü…
Farbe	BR	W	
OFF LOCK			
ON	O	O	
P(PARK)		O	

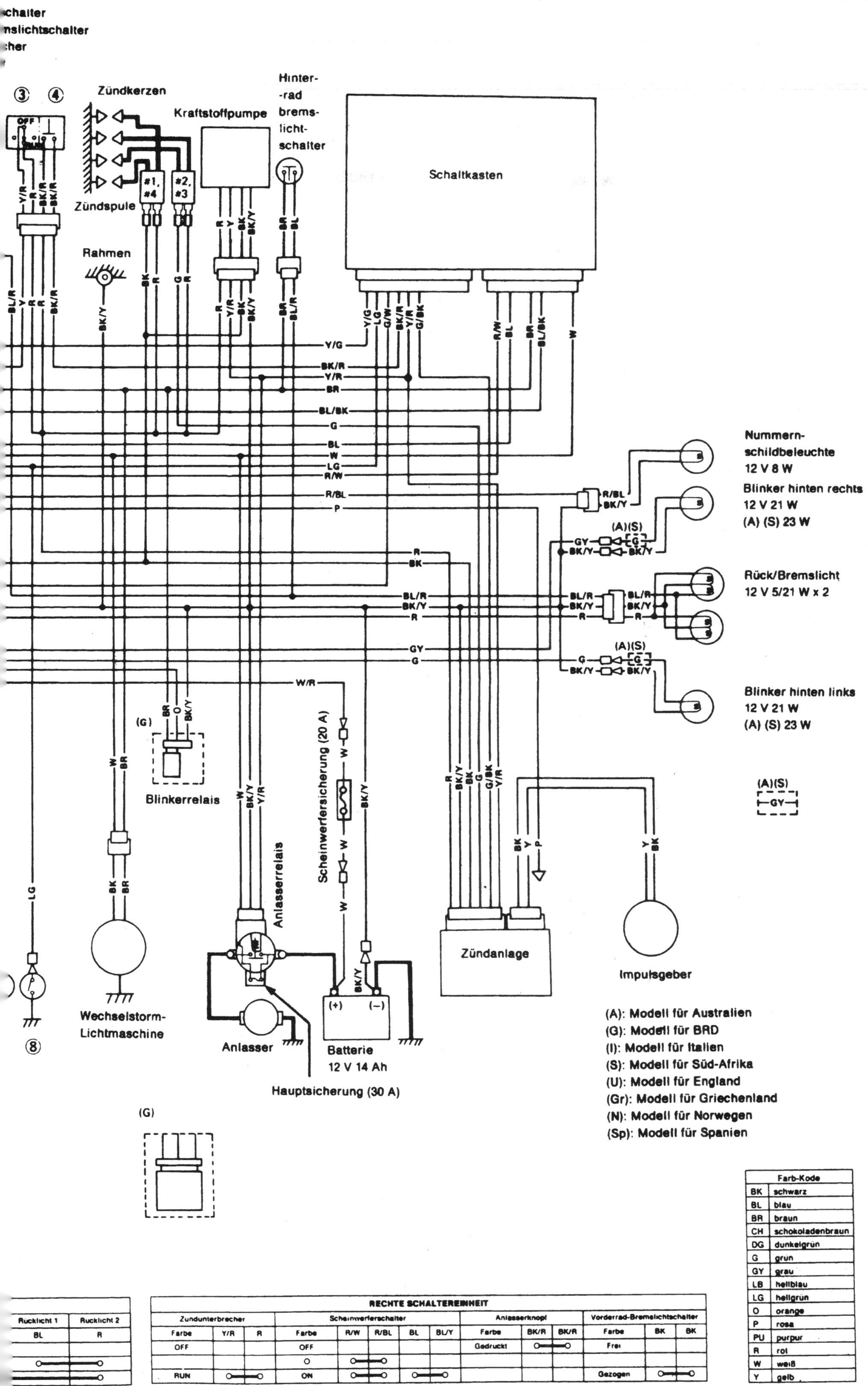

(A): Modell für Australien
(G): Modell für BRD
(I): Modell für Italien
(S): Modell für Süd-Afrika
(U): Modell für England
(Gr): Modell für Griechenland
(N): Modell für Norwegen
(Sp): Modell für Spanien

Rucklicht 1	Rucklicht 2
BL	R
o—	—o
o—	—o

RECHTE SCHALTEREINHEIT

Zundunterbrecher			Scheinwerferschalter					Anlasserknopf			Vorderrad-Bremslichtschalter		
Farbe	Y/R	R	Farbe	R/W	R/BL	BL	BL/Y	Farbe	BK/R	BK/R	Farbe	BK	BK
OFF			OFF					Gedruckt	o—	—o	Frei		
			o	o—	—o								
RUN	o—	—o	ON	o—	—o	o—	—o				Gezogen	o—	—o

(98051-1137A, 1145A, 1146A)

Farb-Kode	
BK	schwarz
BL	blau
BR	braun
CH	schokoladenbraun
DG	dunkelgrün
G	grün
GY	grau
LB	hellblau
LG	hellgrün
O	orange
P	rosa
PU	purpur
R	rot
W	weiß
Y	gelb

FSC
www.fsc.org
MIX
Papier | Fördert
gute Waldnutzung
FSC® C083411

Zeitfracht Medien GmbH
Ferdinand-Jühlke-Straße 7
99095 Erfurt, Deutschland
produktsicherheit@kolibri360.de